Human Cyber Physical Intelligent Manufacturing Mode and its Applications

人机物共融制造模式与应用

刘敏　鄢锋　著

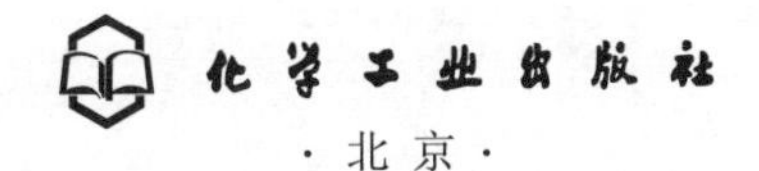

·北京·

内容简介

本书以新一代智能制造理念为起点，介绍了新一代信息技术对传统制造业企业的支持、渗透、冲击和融合，包括制造范式和制造模式的变革、制造系统的发展、产品服务方式和商业模式的演变；探讨了人机物共融制造模式、人机物共融的智能制造机理和人机物协同感知、认知和决策过程模型；提出了有色金属工业人机物共融制造模式和人机物共融的智能制造系统体系结构，给出了基于知识图谱的人机物融合框架以及基于信息物理系统的人机物协同决策框架；探讨了支持产供销一体化计划、主工艺跨层域优化控制、关键装备预测性维护与调度生产联合优化的人机物协同决策过程模型；搭建了基于人机物共融制造模式的智能网络协同制造平台并提供验证案例。

本书可供自动化、机械工程、管理工程、计算机等领域的管理人员、技术人员参考，也可作为以上领域相关专业高年级本科生和研究生的选修教材。

图书在版编目（CIP）数据

人机物共融制造模式与应用 / 刘敏，鄢锋著. —北京：化学工业出版社，2022.9
ISBN 978-7-122-41655-1

Ⅰ. ①人…　Ⅱ. ①刘…②鄢…　Ⅲ. ①智能制造系统　Ⅳ. ①TH166

中国版本图书馆CIP数据核字（2022）第100351号

责任编辑：宋　辉

文字编辑：李亚楠　陈小滔

责任校对：宋　玮

装帧设计：王晓宇

出版发行：化学工业出版社

（北京市东城区青年湖南街13号　邮政编码100011）

印　　装：三河市延风印装有限公司

710mm×1000mm　1/16　印张17½　字数331千字

2023年1月北京第1版第1次印刷

购书咨询：010-64518888

售后服务：010-64518899

网　　址：http://www.cip.com.cn

凡购买本书，如有缺损质量问题，本社销售中心负责调换。

定　　价：88.00元

版权所有　违者必究

前言

PREFACE

信息、机械、系统工程和管理等学科的发展，特别是以工业互联网、大数据、人工智能等为代表的新一代信息技术的出现，促进了智能制造理论的快速发展，现有生产方式和制造模式亟待革新。

人、信息、物理三元融合系统突破了信息物理二元系统的局限性，形成人机物融合智能，人和设备作为智能部件存在于万物互联的计算系统之中。在人机物融合的智能环境中，各类传感器采集的客观数据和人类五官感知到的主观信息有效地结合起来，融合人的先验知识，形成人机物感知融合；信息处理阶段将人的认知方式与计算机的计算能力有机融合起来，构建包括各种工业模型和数据模型的数字模型，实现人机物认知协同；人机物协同决策将人在决策中体现的价值效应加入数字模型逐渐迭代的算法之中相互匹配，形成有机化与概率化相互协调的优化判断，实现人、信息、物理系统的协同优化和决策，并将性能评估结果反馈至物理系统；智能控制层面根据人机物协同决策结果修正数字模型的参数，通过修正后的参数控制和执行物理系统。人机物感知融合、模型融合和决策融合贯穿在人机物协同决策的全过程，不断提高信息系统自主决策的准确率，以及设备、工艺、流程等物理对象的自主决策和运行优化能力，逐渐减少人参与决策的比例，为制造系统的智能化发展带来难得的机遇。

人机物融合智能与制造系统相结合，在制造领域形成了人机物交互、人机物协同和人机物融合等层面的人机物共融智能制造环境，催生了人机物共融制造模式。在制造企业的生产过程中，业务流程、服务和数据等产品 / 制造 / 管理信息，分布在设备、工序、车间和企业等不同层级，以及采购、生产、运营服务等不同业务部门之间，形成了产品 / 制造 / 管理等企业信息的跨层域分布；同时，产品种类多和工艺差异导致生产工艺多、流程长，设备与装置更加复杂；更进一步，全流程不确定性影响因素多，决策效率低。这些因素使得研发面向企业流程精细管控的智能网络协同制造平台面临三大挑战性难题：①如何实现企业数据、服务和流程管理的跨域集成？②如何实现流程跨层域协同优化控制与预测运营？③如何构建覆盖企业全流程精细管控的智能协同制造平台？这些问题成为了企业智能制造系统构建的瓶颈，需要研究面向智能制造环境的人机物融合框架、人机物交互机理、人机物协同决策模型的理论与方法，构建支持产供销一体化计划、主工艺跨层域优化控制、关键装备预测性维护与调度生产联合优化协同决策的人机物共融智能制造系统。在产品运营过程，将产品融入平台或生态系统或服务解决方案，以产品即服务的形式销售，形成产品运营服务平台，支持产品的智能运营和服务。在新型商业模式的形成过程中，结合新一代信息技术的发展，持续地变革商业模式，连接企业的合作伙伴。

本书共 6 章。第 1 章对制造业的发展、制造业生产类型的划分、有色金属工业的发展状况、人机物共融制造模式进行综述，并为全书内容的展开进行铺垫；第 2 章介绍制造范式的演变过程、制造模式模型及变革、制造系统的发展历程、产品服务方式的演变、商业模式及创新过程；第 3 章结合人机物融合智能的思想，系统地介绍人机物共融系统、人机物共融制造模式及机理，以及建模、信息融合、数字孪生、信息物理系统等支撑技术；第 4 章结合有色金属工业智能制造的需求，探讨有色金属工业人机物共融的智能制造系统、可持续的商业创新以及产品服务系统；第 5 章探讨支持产供销一体化计划、主工艺跨层域优化控制、关键装备预测性维护与调度生产联合优化的人机物协同决策模型，支持有色金属工业的智能网络协同制造；第 6 章结合有色金属工业网络协同制造的需求，给出有色金属工业人机物共融的智能网络协同制造平台体系架构，建立企业各级设备、工序和工艺的数字模型，并设计给出产供销一体化、主工艺跨层域优化控制与预测运行等协同决策功能。

本书受到国家重点研发计划项目“面向有色金属冶炼流程精细管控的网络

协同制造关键技术与平台研发”（2019YFB1704700）、国家自然科学基金项目（62273261）和“湖南省科技创新计划”（2021RC4047）的资助。感谢项目执行过程中加拿大工程院沈卫明院士的指导，以及项目组韩瑜教授、李勇刚教授和王学雷教授的共同协作。在编写过程中，得到同济大学电子与信息工程学院系统工程专业博士研究生刘清、王子淳、汪韩、王晨泽等同学的协助，浙大城市学院李飞副教授对书稿进行了校正，在此表示衷心感谢。

由于本书涉及范围比较广，所讨论问题比较新也比较复杂，难免会有不足之处，诚挚地欢迎广大读者批评指正。

著者

目录

CONTENTS

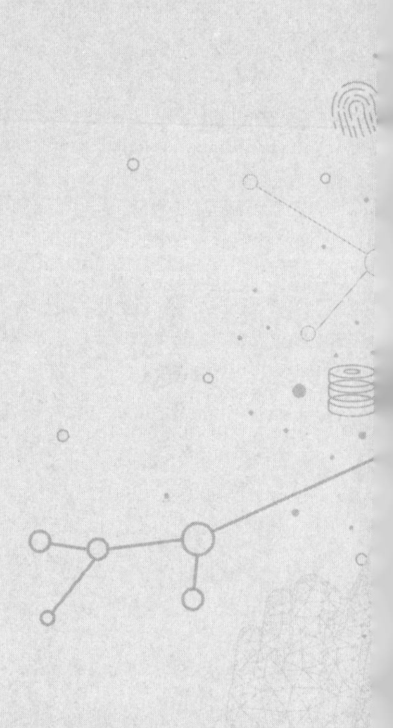

The Road of
Industrial
Intelligent
Innovation

第1章 从传统制造到人机物共融制造

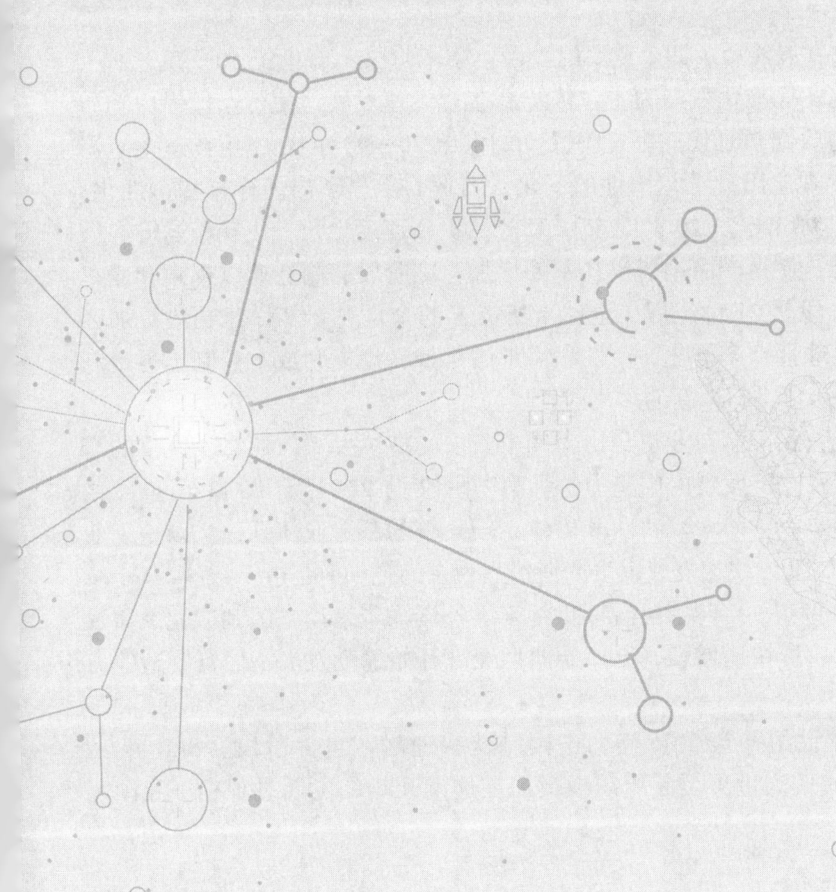

工业互联网、大数据和人工智能等新一代信息技术与制造过程深度融合，推动了制造业产业模式、企业形态、管理体系、生产方式和商业模式的深刻变革，促进了传统制造向人机物共融智能制造的转型升级。本章主要概述制造业发展、制造业生产类型划分、有色金属工业的发展状况、人机物共融的智能制造模式。

1.1 概述

1.1.1 制造业的发展

制造业（manufacturing industry）是按照市场要求，通过制造过程，将资源（物料、能源、设备、工具、资金、技术、信息和人力等）转化为可供人们使用和利用的大型工具、工业品与生活消费品的行业。制造业的发展情况直接体现了一个国家的生产力水平，是区别发展中国家和发达国家的重要因素，在国民经济中占有重要份额。

全球制造业的发展经历了四个重要的阶段：第一阶段（20 世纪 50—70 年代），以机械化、自动化、标准化发展为主，传统制造业飞速发展，使得全世界由物质匮乏时代走向了物质饱和时代；第二阶段（20 世纪 70—90 年代），市场进入了需求导向时代，消费观念出现了结构性的变化，消费需求呈现出多样化和个性化；第三阶段（20 世纪 90 年代—20 世纪末），新产品更新速度更快，集装箱运输和信息技术的快速发展，使得产品销售半径不断增加，该阶段的制造业以规模和成本控制制胜；第四阶段是 21 世纪后，全球市场需求的个性化、多样化趋势更加明显，制造业面临全球性、多样化、个性化需求的挑战，规模和成本控制不再是制胜的法宝，制造业需要进行全新的多模式发展。

改革开放以来，我国制造业也经历了四个阶段的持续发展，建立了完整的产业体系，已成为国民经济发展的中坚力量。第一阶段，1978 年至 20 世纪 90 年代初，中国制造业逐步完善阶段。我国开始建立较完整的制造业体系，从以重工业以及国营企业为主，开始快速发展以生产消费品为主的轻工业制造。

第二阶段，20 世纪 90 年代初至 20 世纪末，外资入华带动中国制造业快速发展阶段。外国直接投资快速增长，出口导向型经济开始蓬勃发展，民营制造业方兴未艾。

第三阶段，21 世纪初至 2018 年，中国制造快速融入世界阶段。2001 年 12 月 11 日，我国正式成为世界贸易组织成员，在这十几年的发展过程中，我国船舶、机床、汽车、工程机械、电子与通信等产业迅速发展，进而又带动了对重型机械、模具以及对钢铁等原材料需求的海量增长，促进了整个制造业产业链的发展。同时，中国制造业的快速发展，带动了对电子商务的巨大需求。企业资源计划（enterprise resource planning，ERP）、产品全生命周期管理（product lifecycle management，PLM）、客户关系管理（customer relationship management，CRM）等制造业信息化技术的应用，以及2000年左右发展的互联网、2010年左右发展的移动互联网以及2018年左右发展的新一代人工智能，成为支撑制造业快速发展的重要技术手段。

第四阶段，2018年至今，我国经济由高速增长阶段转向高质量发展阶段。2019年以来全球对数字经济的关注度空前高涨，工业互联网、大数据、新一代人工智能、云计算、区块链等新型数字技术的发展迎来新一轮高潮，单纯的互联网经济已经难以涵盖数字经济的全部内容，而数字经济则已经囊括了一切数字技术以及建立在它们之上的经济活动。2020年我国对新基建的关注集中在5G网络、物联网、车联网、工业互联网、人工智能、一体化大数据中心等领域。工业互联网、大数据、新一代人工智能等新一代数字技术与制造业融合，孕育了新一代智能制造的理念，变革着现有的产业模式、企业形态、管理体系和制造模式，商业模式、制造系统和产品系统等亟待革新，进一步推动制造业走向高质量发展之路。

当前，全球制造业格局面临重大调整，各发达国家纷纷重塑制造业竞争新优势，提出了各种工业和制造业战略计划（表1.1），发展中国家也积极参与国际产业再分工。

表1.1　世界各国发布的工业和制造业战略计划

时间/年	国家	名称
2012	美国	工业互联网（Industrial Internet：Pushing the Boundaries of Minds and Machines）
2013	德国	工业4.0（Industrie 4.0）
2013	英国	工业2050战略（The Future of Manufacturing：A New Era of Opportunity and Challenge for the UK）
2014	韩国	制造业创新3.0战略（Manufacturing Industry Innovation 3.0 Strategy）
2015	中国	中国制造2025
2015	法国	未来工业计划（Industrie du Futur）
2016	日本	智能社会5.0（Society 5.0）
2018	美国	美国先进制造领先战略（Strategy for American Leadership in Advanced Manufacturing）
2019	德国	国家工业战略2030（Nationale Industriestrategie 2030）

2020 年 5 月，国务院政府工作报告中提出“打造数字经济新优势”。数字经济作为经济学的概念，是人类通过大数据（数字化的知识与信息）的识别、选择、过滤、存储、使用，引导和实现资源的快速优化配置与再生，实现经济高质量发展的一种经济形态。数字经济也称智能经济，是工业 4.0 或后工业经济的本质特征，是信息经济、知识经济、智慧经济的核心要素。迅速发展的信息技术、网络技术，具有极高的渗透性功能，使得信息服务业迅速地向第一、第二产业扩张，使三大产业之间的界限模糊，出现了第一、第二和第三产业相互融合的趋势。数字经济既可进行制造业活动，又可提供服务性业务，或者同时从事两种活动，成为制造业与服务业的混合物。制造业与新一代信息技术融合的智能制造已成为数字经济时代全球提升制造业整体竞争力的核心理念和技术。

1.1.2 制造业生产类型的划分

（1）按生产对象在生产过程中的工业特点划分

根据生产对象在生产过程中的工业特点，制造业分为图 1.1 所示的流程制造业和离散制造业。在流程制造过程中，物料均匀、连续地按一定工业顺序运动，如石油、化工（塑料、药品、肥料等）、钢铁、有色金属等，都是典型的流程制造例子。另一类产品，如汽车、柴油机、电视机、洗衣机等，产品是由离散的零部件装配而成，零部件以各自工艺规程通过各生产环节，物料运动呈离散状态，这类产品的加工过程称为离散制造。

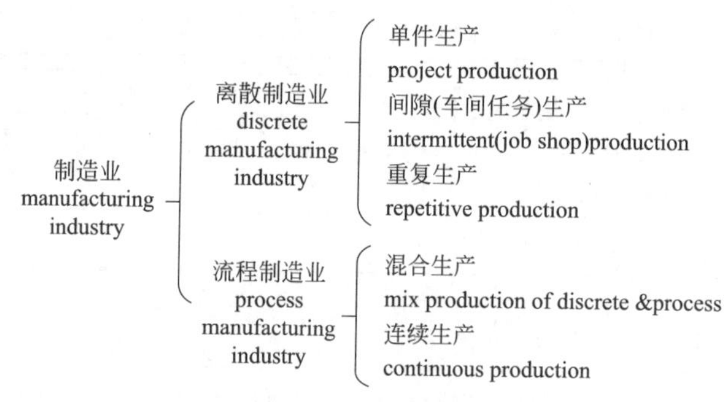

图 1.1　制造业的分类

离散制造包括单件生产、间隙（车间任务）生产和重复生产 3 种生产类型。单件生产根据购买订单所提的规格要求进行生产，例如造船和重型机器，其主要特点是产品种类多，生产一件或几件后不再重复生产。这类生产按照购买者的要求安排，产品性能和规格比较特殊，产量不多，设备利用率低。单件生产要承担很多道工序，专业化程度不高，劳动生产率低、生产周期长、成本高，但其容易适应社会对产品的多品种需求。

在车间任务生产过程中，加工对象的生产过程通常被分解成很多加工任务来完成，每项任务仅要求企业的一小部分能力和资源。企业一般将功能类似的设备按照空间和行政管理建成一些生产组织（部门、工段或小组）。在每个部门，工件从一个工作中心到另外一个工作中心进行不同类型的工序加工。企业常常按照加工对象主要的工艺流程安排生产设备的位置，以使物料的传输距离最小。另外，加工对象加工的工艺路线和设备使用也非常灵活，在产品设计、处理需求和定货数量方面变动较多。

在单件生产和车间任务生产中，加工设备的布局采用工艺专业化方法（图 1.2）。工艺专业化是按照不同的生产工艺特征，分别建立不同的生产单位，在这样的生产单位里集中了同类工艺设备和相同工种的工人，可以对不同种类的工作，从事相同工艺方法的加工。在生产过程中，生产成本通常会被计入任务，就是所谓的任务成本计算方法。

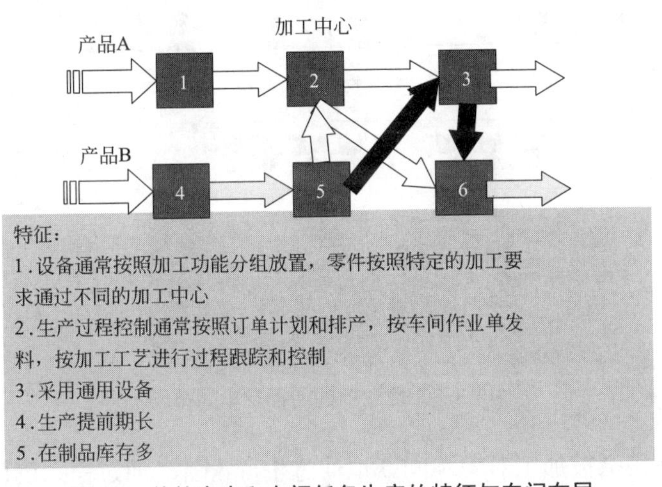

图 1.2　单件生产和车间任务生产的特征与车间布局

重复生产又称大批量生产，是指在一条固定的生产线中生产大批量标准化加工对象（产品）的生产类型。标准化产品可以是一种产品或一个产品族中的多种产品。重复生产的产品通常可一个个分开；生产商可能需要负责整个产品系列的原料，并且在生产线上跟踪和记录原料的使用情况。此外，生产商还要在长时期内关注质量问题，以避免某一类型产品的质量逐步退化。属于重复生产类型的产品有：用于固定物品的装置（如拉链）、轮胎、纸制品等绝大多数消费品。

重复生产环境中生产线上的工作站是紧密且依序排列的，物料流从一个工作站到下一个工作站以等速进行（图 1.3）。通常使用某种自动化的物料搬运系统将物料从生产线的一个工序移动到下一个工序。一般而言，生产线随时保持足够的产量，以免生产中断。重复性的生产是以不间断的物流为基础的。重复性生产较适合的生产管理方式是准时制生产。

对于在预定义的时间间隔内连续或半连续生产的装配件，可以采用重复生产方法。可以提前标识在哪一条生产线上生产哪些装配件，也可以在专用生产线（一条生产线一个装配件）或在混合模型生产线（一条生产线多个装配件）上生产装配件，还可以在多条生产线上生产一个装配件。在没有任何任务或工作单的情况下，可以按装配件及其日产量和生产线来定义重复性计划。可以计划连续几小时或任意天生产单个装配件。如果各个装配件的提前期都相同，则可以根据生产线的固定提前期计划重复生产；如果提前期随装配件的改变而改变，就可以根据生产线所生产的装配件的工艺路线来计划重复生产时间。

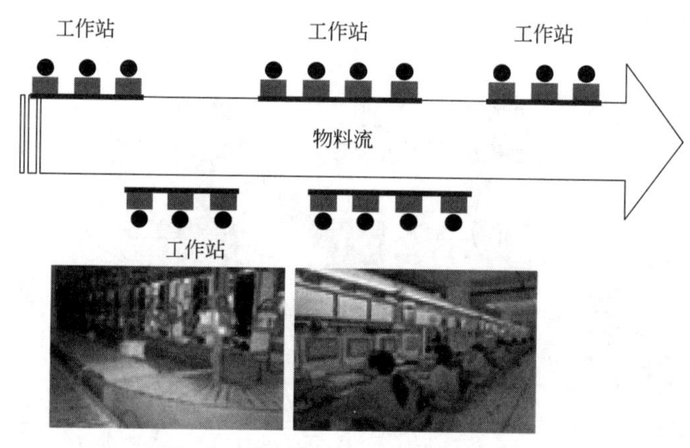

图 1.3 重复生产的特征及车间布局

流程制造是指被加工对象不间断地通过生产设备，通过一系列的加工装置使原材料进行化学或物理变化，最终得到产品。流程制造包括连续生产（continuous production）和混合生产（mix production）两种类型。

在连续生产类型中，单一产品的生产永不停止，机器设备一直运转。连续生产的产品连续不断地经过加工设备，一批产品通常不可分开（图 1.4）。连续生产的特征包括：流程行业一般会在工厂设计时有一个能力的约束；在生产一个产品或生产相似产品时很少中断；生产能力很大程度上取决于工厂的设计（能力有限制），生产排程和物料计划必须以能力为主要考虑因素，很少使用能力需求计划排程。连续生产的产品一般是企业内部其他工厂的原材料，基本没有客户化，此类产品主要有：石油化工、有色金属冶炼、初始纸制品等。

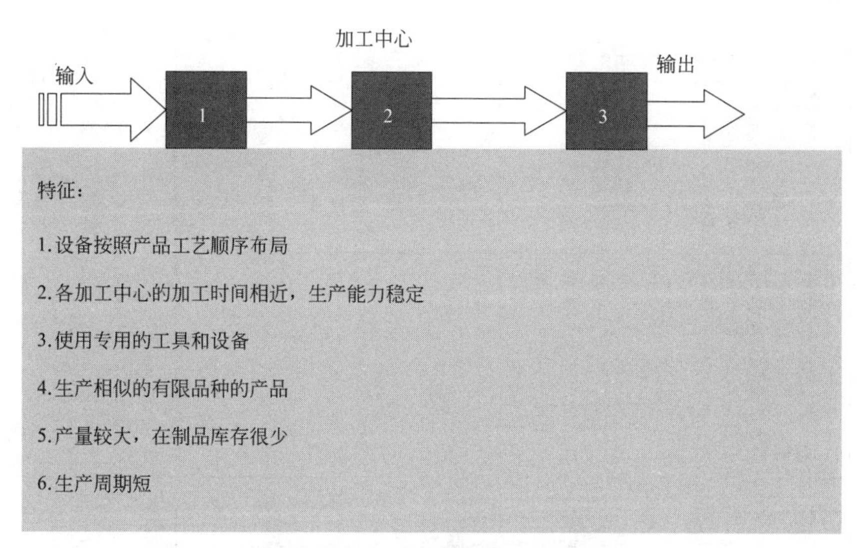

图 1.4　连续生产的特征及车间布局

混合生产既有离散生产过程，又有连续生产过程，是具有混合特性的生产方式。按通常行业划分，属于混合生产行业的有：钢铁行业、制药行业、化妆品生产行业、食品制造行业、酒类生产行业等。这类企业的前期生产与流程行业完全相同，后期生产与离散行业基本相同，但是后期有一个与一般离散行业最大的区别是，混合行业的后期生产基本没有半制品和在制品，这是由于这类行业的后期都是包装，自动化程度较高，往往都能做到当天投料当天完。

单件生产和车间任务生产、重复生产与连续生产等几种生产类型的相关生产特征、生产计划、生产过程控制、成本管理、适用领域等属性如表 1.2 所示。其中，车间任务型生产将功能类似的设备按空间和管理的方便组成车间或小组，工艺路线是多变的，每项生产任务仅要求企业组织的部分资源。重复生产的加工能力和设备是专门设定的，工艺路线是固定的，加工的零部件以流水方式通过流水线。流程制造业通过能源、设备和其他资源来混合或分离各种成分并引起化学反应，从而达到增值的目的。

（2）按生产组织方式划分

按照企业生产组织方式的特点，可以把制造企业划分为按订单设计（engineer to order，ETO）或按项目设计（engineer to project，ETP）、按订单装配（assemble to order，ATO）、订货型生产（make to order，MTO）、备货型生产（make to stock，MTS）和大量定制生产（mass customization，MC）等五种生产类型。

表 1.2 单件生产和车间任务生产、重复生产与连续生产的属性

类型	特征	生产计划	生产过程控制	成本管理	适用领域
单件生产和车间任务生产	1. 频繁更改产品 2. 按限制生产、批量生产 3. 变换工作中心顺序（复杂工艺路线） 4. 半成品要放入中间库存 5. 按生产批次 / 订单领用物料 6. 下达生产过程 7. 完成单个工序或订单的确认 8. 基于订单的成本控制	1. 影响计划的因素很多，生产计划的制定非常复杂 2. 能力需求计划根据每个产品混合建立，计算过程很复杂	1. 生产任务多，生产过程控制非常困难 2. 生产数据多，且数据的收集、维护和检索工作量大 3. 工作流程根据特定产品的不同经过不同的加工车间，因每个生产任务对同一车间的能力的需求不同，因此工作流经常出现不平衡 4. 因产品的种类变化较多，非标准产品多，设备和工人必须有足够的适应能力 5. 通常情况下，一个产品的加工周期较长，每项工作在工作中心前排队的时间就很长，可能引起加工时间的延迟和在制品库存的增加	1. 原材料、半成品、产成品、废品频繁出入库，成本计算复杂，需要针对成本对象（并随着生产过程）进行成本归集和分配 2. 使用标准成本法进行成本核算 3. 利用实际成本和标准成本之间的差异比较和不同角度的成本进行分析	在我国，离散型制造企业分布的行业较广，主要包括：机械加工、电子器件制造、汽车制造、服装制造、家具制造、五金制造、医疗设备生产、玩具生产等
重复生产	1. 在较长周期内生产同一产品 2. 基于周期的计划 3. 生产的稳定流程（简化工艺路线） 4. 半成品无需进行中间库存，直接处理 5. 组件在生产线上无生产批次领用 6. 减少管理（无计划下达） 7. 周期完成确认（最终反冲） 8. 基于成本收集器的成本控制	1. 计划制定简单，常以日产量的方式下达计划，计划也相对稳定 2. 生产设备的能力固定	1. 工艺固定，工作中心的安排符合工艺。通过各个工作中心的时间近似相等 2. 工作中心专门生产有限的、相似的产品，其工具和设备为专门的产品而设计 3. 物料从一个工作点到另一个工作点使用机器传动，有一些在制品库存 4. 生产过程主要专注于物料的数量、质量和工艺参数的控制 5. 因为工作流程是自动的，实施和控制相对简单 6. 生产领料常以倒冲的方式进行，这是连续生产企业的特有特征	—	电子装配、纺织、各种电器生产等，常常表现为流水线的方式
连续生产	—	1. 计划制定简单，常以日产量的方式下达计划，计划也相对稳定 2. 生产设备的能力固定	1. 配方的管理要求很高，如配方的安全性、保密性要求 2. 需要对产品的质量进行跟踪，往往需要从产成品到半成品、供应商等进行跟踪，因此对批次管理要求较高 3. 某些产品常常有保质期 4. 生产过程中常常出现联产品、副产品、等级品	—	石油、化工、有色金属、水泥、食品、饮料、烟草等，常常通过管道进行各工序之间的传递

按订单设计 ETO 或按项目设计 ETP 是在收到客户订单后才开始设计和生产的，关注可用的技术资源和设备资源。产品在很大程度上按照某一特定客户的要求来设计，交货提前期长，支持客户化设计是该生产类型的重要功能和组成部分。因为绝大多数产品都是为特定客户度身定制，这些产品可能只生产一次，以后不会重复生产。在这种生产类型中，产品的生产批量很小，但是设计工作和最终产品往往非常复杂。在生产过程中，每一项工作都要特殊处理，因为每项工作都是不一样的，可能有不一样的操作、不一样的费用，需要不同的人员来完成。当然，该产品除了特殊专用材料之外也有一些与其他产品共享的原材料。

按订单（项目）设计类型是五种生产类型中最复杂的一种，包括从接到客户产品要求进行设计，到将最终产品交付客户使用的各个环节（图 1.5），对 ERP 软件有着非常高的要求。对用于该行业的 ERP 应用软件在主要模块和能力上有如下要求：必须有高度复杂的产品配置功能，能够支持有效的并行生产，支持分包制造，有车间控制与成本管理功能，有高级的工艺管理与跟踪功能，有多工厂的排程功能，有计算机辅助设计与制造以及集成功能。

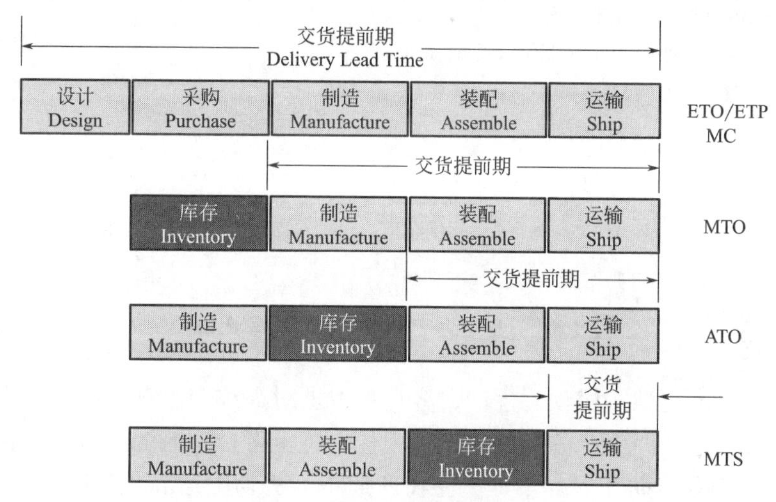

图 1.5　按生产组织方式划分

订货型生产是根据顾客订单来设计制造顾客所需的产品，而生产计划则是依据收到订单中所指定的产品 BOM（bill of material，物料清单）规划生产排程及购买原料，可以完全依据顾客的特殊要求制造其所需产品，且可将存货降至最低。订货型生产对象的加工过程示意图如图 1.6 所示，包括排队时间、准备时间、运行时间、等待时间和移动时间，总的交货提前期较长。

按订单装配类型收到客户订单后才开始装配，关注客户的需求变更和快速交货。客户对零部件或产品的某些配置给出要求，生产商根据客户的要求提供为客户定制的产品，生产商必须保持一定数量的零部件的库存，以便当客户订单到来时，可以迅速按订单装配出产品并发送给客户，交货提前期短。为此，需要运用某些类型的配置系统，以便迅速获取并处理订单数据信息，然后按照客户需求组织产品的生产装配来满足客户需要。生产企业必须备有不同部件并准备好多个柔性的组装车间，以便在最短的时间内组装出种类众多的产品。属于此种生产类型生产的产品有：个人计算机和工作站、电话机、发动机、房屋门窗、办公家具、汽车、某些类型的机械产品，以及越来越多的消费品。满足这种生产类型的 ERP 软件必须具有以下关键模块：产品配置（product configuration）、分包生产、车间管理和成本控制，高级的工艺管理与跟踪功能，分销与库存管理，多工厂排程，设计界面，以及集成模块。

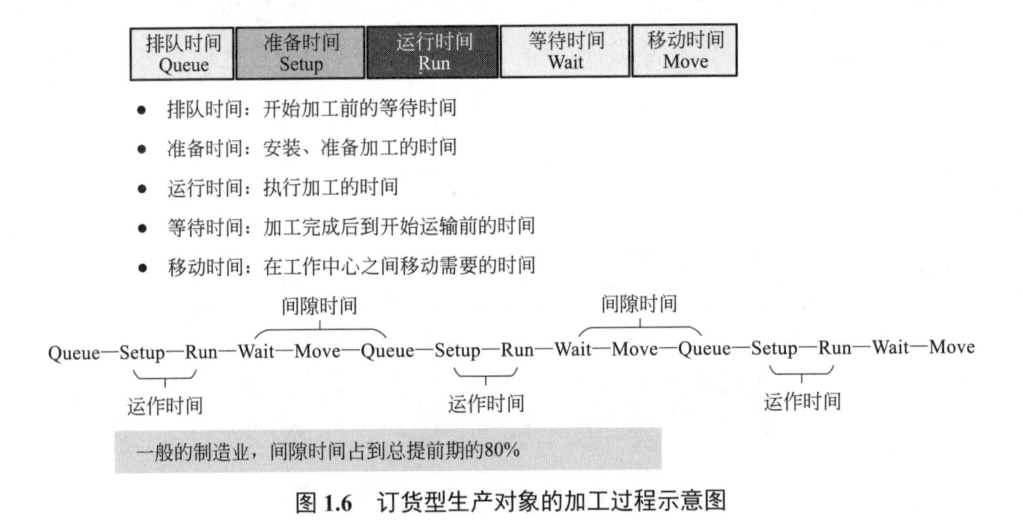

图 1.6　订货型生产对象的加工过程示意图

备货型生产类型按照预测生产，客户基本上对最终产品规格的确定没有什么建议或要求，生产商生产的产品并不是为任何特定客户定制的，可以直接从成品库发货，交货提前期最短，重点关注在库成本、货物配送和预测准确性。但是，备货型生产的产品批量又不像典型的重复生产那么大。通常，这类生产系统的物料清单只有一层，而且生产批量是标准化的，因而一个标准化成本可以计算出来。实际成本可以和标准成本相比较，比较结果可以用于生产管理。典型的属于备货型生产类型的产品有：家具，文件柜，小批量的消费品、某些工业设备。备货型生产类型是大多数 MRPII（manufacturing resource planning，制造资源计划）系统最初设计时处理的典型生产类型，因此，基本上不需要用特殊的模块处理它。

大量定制生产是一种集企业、客户、供应商、员工和环境于一体，在系统思想指导下，充分利用企业已有的各种资源，在标准技术、现代设计方法、信息技术和先进制造技术的支持下，根据客户的个性化需求，以大批量生产的低成本、高质量和高效率方式提供定制产品和服务的生产方式。其思想是基于产品族零部件和产品结构的相似性、通用性，利用标准化、模块化等方法降低产品的内部多样性，增加客户可感知的外部多样性，通过产品和过程重组将产品定制生产转化或部分转化为零部件的批量生产，迅速向客户提供低成本、高质量定制产品。其中，产品产量、品种（产品多样性）与生产组织方式的关系如图 1.7 所示，随着使能技术的提高，曲线 1 逐渐趋向于曲线 2，在先进技术的辅助下实现大量定制生产。

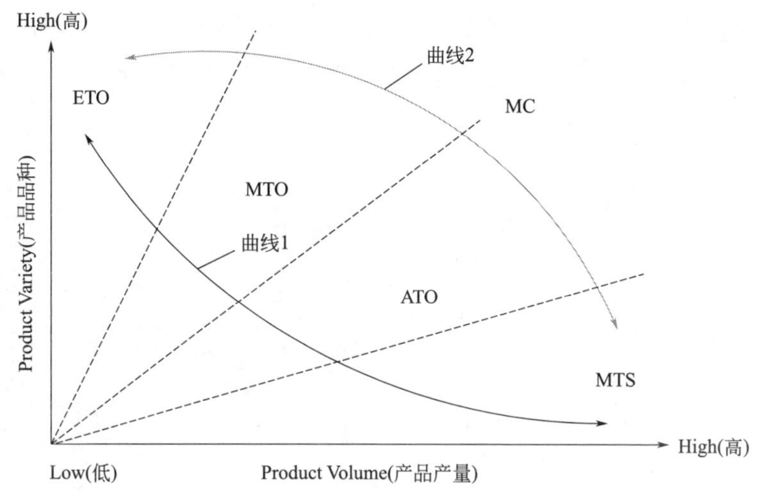

图 1.7 产品产量、品种（产品多样性）与生产组织方式的关系

（3）按产量策略划分

根据产品生产的重复程度和工作的专业化程度，可以把生产过程分为单件生产、批量生产和大量生产等类型，如表 1.3 所示。其中，根据零件类型和生产数量，批量生产又分为小批生产、中批生产和大批生产 3 类。

零件的年生产纲领 N 为：$N=Qn(1+a)(1+b)$。式中，Q 是产品的年产量；n 是单台产品中该零件的数量；a 是以百分数计的备品率；b 是以百分数计的废品率。

表 1.3 按年生产纲领划分生产类型

生产类型	零件的年生产纲领（N）		
	重型零件	中型零件	轻型零件
单件生产	<5	<10	<100
小批生产	5 ～ 100	10 ～ 200	100 ～ 500
中批生产	>100 ～ 300	>200 ～ 500	>500 ～ 5000

续表

生产类型	零件的年生产纲领（N）		
	重型零件	中型零件	轻型零件
大批生产	>300 ～ 1000	>500 ～ 5000	>5000 ～ 50000
大量生产	>1000	>5000	>50000

随着批量的增大、标准化程度的提高，生产方式逐渐由离散制造向流程制造转化（图 1.8）。在这个转化过程中，出现了社会产业中各种行业的分布。

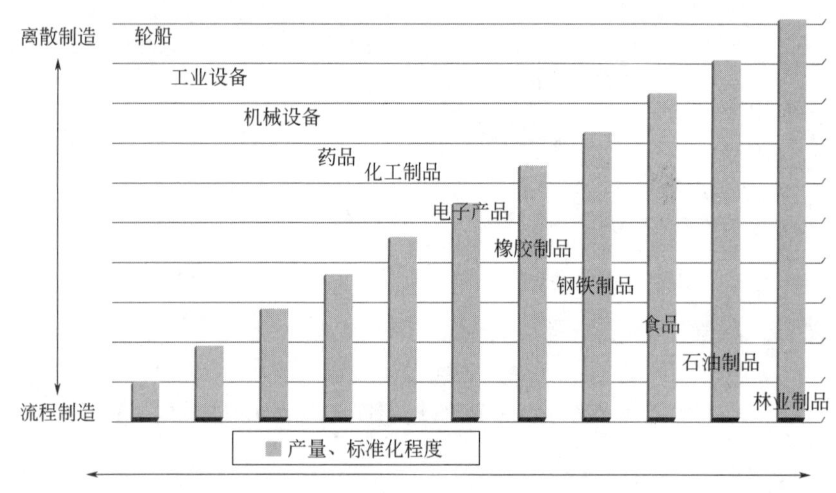

图 1.8　行业转化

（4）按订货方式划分

根据用户对产品的需求特性（订货方式）和产品定位策略，把生产类型分为备货（预测）型生产（make to stock，MTS）和订货型生产（make to order，MTO）两种类型。

备货（预测）型生产方式是企业在对市场需求量（现实需求和潜在需求）进行预测的基础上，有计划地进行产品开发和生产，生产出的产品不断补充成品库存，通过库存随时满足用户的需求。产品有一定的库存，为防止库存积压和脱销，生产管理的重点是抓供、产、销之间的衔接，按“量”组织生产过程各环节之间的平衡，保证全面完成计划任务，其供应链的组织方式如表 1.4 所示。预测型生产具有以下特点：是由生产者进行产品的功能开发与设计，一般为标准产品或产品系列，且品种有限。产品价格由生产者根据市场情况事先确定，产品生产批量很大。如石油、有色金属、肥料、载重汽车、轴承、标准件、电冰箱、电视机等产品的生产就是典型的备货型生产。

表 1.4　基于产品类型和产品生命周期的供应链类型

<table>
<tr><th>生命周期</th><th>标准产品类型</th><th>创新产品类型</th><th>混合产品类型</th></tr>
<tr><td>引入期</td><td rowspan="4">精益供应链</td><td rowspan="2">敏捷供应链</td><td rowspan="4">混合供应链</td></tr>
<tr><td>成长期</td></tr>
<tr><td>成熟期</td><td rowspan="2">精益 / 敏捷混合供应链</td></tr>
<tr><td>衰退期</td></tr>
</table>

订货型生产方式是根据用户提出的具体订货要求组织生产，进行设计、供应、制造、出厂等工作。生产出来的成品在品种规格、数量、质量和交货期等方面是各不相同的，并按合同规定按时向用户交货，成品库存甚少。因此，生产管理的重点是抓“交货期”，按“期”组织生产过程各环节的衔接平衡，保证如期实现。

以上各种生产类型的关系如图 1.9 所示。

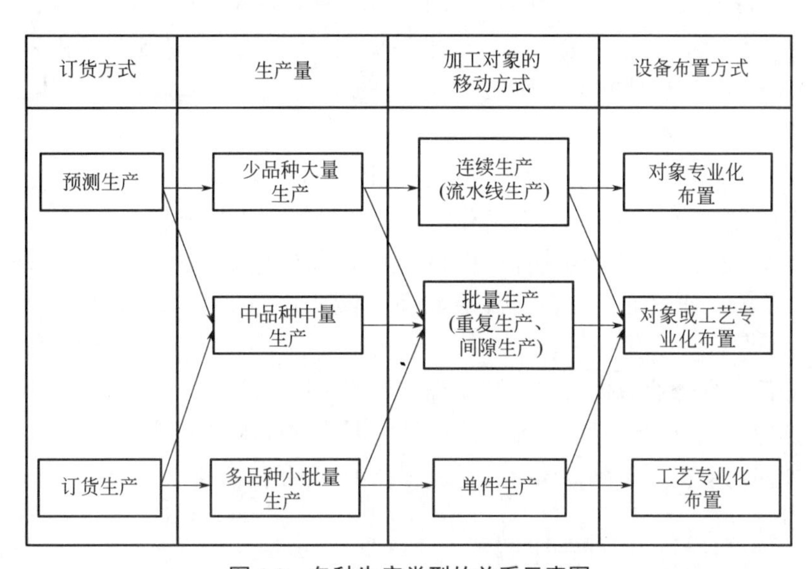

图 1.9　各种生产类型的关系示意图

1.1.3　有色金属工业的发展状况

有色金属（non-ferrous metal）是铁、锰、铬以外所有金属的统称，又称非铁金属，分五类：密度小于 4500kg/m^3（0.53 ～ 4.5g/cm^3）的轻金属，如铝、镁、钾、钠、钙、锶、钡等；密度大于 4500kg/m^3（>4.5g/cm^3）的重金属，如铜、镍、钴、铅、锌、锡、锑、铋、镉、汞等；价格比常用金属昂贵的贵金属，地壳丰度低、提纯困难，化学性质稳定，如金、银及铂族金属；性质介于金属和非金属之间的半金属，如硅、硒、碲、砷、硼等；稀有金属，包括锂、铷、铯等稀有轻金属，钛、锆、钼、钨等稀有难熔金属，镓、铟、锗等稀有分散金属，钪、钇、镧系等稀土金属，镭、钫、钋及阿系元素中铀、钍等放射性金属。

有色金属中，铜、铝、铅、锌、锡、镁等是工业中常用金属，而飞机、导弹、火箭、卫星、核潜艇等尖端设备以及原子能、电视、通信、雷达、电子计算机等尖端技术所需的构件或部件，大都是由有色金属中的轻金属和稀有金属制成，尤其是稀土金属。

稀土金属是镧系元素和钪、钇等17种金属元素的总称，包括镧、铈、镨、钕、钷、钐、铕、钆、铽、镝、钬、铒、铥、镱、镥、钪、钇。17种稀土金属元素是新能源、高科技及国防器械制造领域里不可或缺的原材料，因其重要性，也称为战略金属。

改革开放以来，经过技术引进、消化吸收和自主创新，我国有色金属工业在装备提升、工艺技术改进、产能结构调整、境外资源开发利用等方面取得了明显成效，已成为世界上品种最齐全、规模最庞大的有色金属制造大国和消费大国，形成了较为完整的现代有色金属工业体系[1-3]，有色金属工业的冶炼主体工艺及装备均处于世界先进水平。

高效化和绿色化是有色金属工业生产模式发展的持续主题[4]。为了实现有色金属冶炼过程的安全、高效和绿色生产，有色金属工业要发展全流程优化、精细化运行管控的生产模式，构建面向有色金属冶炼流程精细管控的智能网络协同制造平台。目前，研发面向有色金属冶炼流程精细管控的网络协同制造平台面临三大挑战性难题：

① 如何实现企业数据、服务和流程管理的跨域集成？

② 如何实现有色金属冶炼流程跨层域协同优化控制与预测运营？

③ 如何构建覆盖有色金属冶炼全流程精细管控的协同制造平台？

1.1.4 人机物共融制造模式

制造模式是企业在生产经营、管理体制、组织结构和技术系统等方面体现的形态或运作方式，与生产模式相比，制造模式更能全面地描述制造企业的运作方式。在市场需求和社会需求的驱动下，新的使能技术促使新型制造模式成为可能，而每种制造模式都涉及制造系统、商业模式和产品系统等三个基本要素[5]，也随着需求和技术的进化而变革。

目前，智能制造已成为公认的能够提升有色金属工业整体竞争力的核心技术[6]。

随着信息空间（cyberspace）、物理世界（physical world）、人类社会（human society）组成人机物三元世界（ternary universe）的深度融合，人机物三元计算作为描述物联网的新型计算模型将计算技术引入新阶段[7]。在这一阶段，计算将不拘泥于设备，任何物体之间的智能交互均成为计算形态，人和设备作为智能部件存在于万物互联的计算系统之中。

人机物三元计算综合利用人类社会（人）、信息空间（机）、物理世界（物）的资源，已有面向计算体系架构的分布式计算、云计算、物端计算，面向网络及终端结构的泛在计算、边缘计算、雾计算、分散计算，以及面向人类社会的普适计算、群智计算、众智计算的核心思想，构建了由万物互联而带来的人机物深度融合所产生的新架构、新方法和新体系[8]，与现有多种计算模式形成互补和新的发展。2017 年，中国工程院周济院士等学者提出人（人）信息（机）物理（物）三元融合系统（human cyber physical systems，HCPS）的智能制造发展理论，分析了智能制造的范式演变，并指出："制造业从传统制造向新一代智能制造发展的过程，是从原来的人物理二元系统向新一代人信息物理三元系统进化的过程。"新一代人信息物理融合系统从科学技术角度，对人、信息系统、物理系统三者之间的逻辑关系进行了深入的阐述，指明了未来 20 年我国智能制造的发展战略和技术路线，形成了具有中国特色的智能制造理论体系，能够有效指导新一代智能制造的理论研究和工程实践[9-13]。

人机物三元系统使得人机物融合的智能制造新模式成为可能[14-15]。从传统制造系统到智能制造系统，制造系统的本质均是由人、信息系统、物理系统三者组成，人所具备的一些高级智能是机器无法具备的，人的作用可以体现为人在智能制造系统中的不同角色、作用及工作类型等。一些学者开始研究人在制造系统中的作用，提出了人信息物理融合系统、人自动化共生系统、以人为本的制造系统、人在回路的制造系统等理念。前者强调人机物深度融合，使人信息物理系统更加智能化，从而解决复杂制造问题和优化制造系统性能；后三者强调制造系统的发展不是为了取代人，而是人机物协同以更好地协助人高效工作，改善工作环境，让人工作得更满意。从智能角度看，人的作用体现在知识创造和流程创造方面，正是基于人的经验、才智、知识等持续沉淀和不断实践，制造的智能水平才得以不断优化和提升。

国内外学者对智能制造系统中人的关键地位、决定性作用以及人的因素的重要性进行分析，只有将先进技术、人和组织集成、协同起来，才能真正发挥作用，产生效益。周济等[12-13]认为在 HCPS 中人起着主宰作用，物理和信息系统都是由人设计并创造出来的，分析计算与控制的模型、方法和准则等都是由研发人员确定并固化到信息系统中，整个系统的目的是为人类服务，人既是设计者、操作者、监督者，也是智能制造系统服务的对象。美国通用电气在工业互联网报告中指出，人是工业互联网中的重要要素之一[16]。Nunes 等[17]认为人在信息物理系统中的作用包括数据获取、状态推断、驱动、控制、监测等。Madni 等[18-19]认为 HCPS 中人的作用包括人不在控制回路的监测、人不在控制回路的监测指导、人在回路的控制等。Jin[20]将 HCPS 中人的角色总结为操作者、代理人、用户以及传感终端等。

随着自主系统和机器人技术的不断发展，人机物融合智能更能反映真实的人机关系。人机物融合智能与制造系统相结合在制造领域形成了人机物交互、人机物协同和人机物融合等层面的人机物共融制造环境，催生了人机物共融的智能制造新模式——人机物共融制造模式[14]。本书结合人机物融合智能、信息物理系统等信息技术的发展，探讨新型制造系统中人的角色、人机物之间的关系以及人机物融合与协同机制等理论、技术和方法，提出人机物共融制造模式、系统和方法，促进新一代智能制造理论、技术、方法和工程实践的创新发展。

1.2 本书的内容安排

本书以制造业企业制造模式为研究对象，重点探讨新一代信息技术使能的人机物共融智能制造模式。全书的章节和内容安排共分为 6 章，如图 1.10 所示。

第 1 章对制造业的发展、制造业生产类型的划分、有色金属工业的发展状况、人机物共融制造模式进行综述，并为全书内容的展开进行铺垫；第 2 章介绍制造范式的演变过程、制造模式模型及变革、制造系统的发展历程、产品服务方式的演变、商业模式及创新过程；第 3 章结合人机物融合智能的思想，系统地介绍人机物共融系统、人机物共融制造模式及机理，以及建模、信息融合、数字孪生、信息物理系统等支撑技术；第 4 章结合有色金属工业智能制造的需求，探讨了有色金属工业人机物共融的智能制造系统、可持续的商业模式创新以及产品服务系统；第 5 章探讨支持产供销一体化计划、主工艺跨层域优化控制、关键装备预测性维护与调度生产联合优化的人机物协同决策模型，支持有色金属工业的智能网络协同制造；第 6 章结合有色金属工业网络协同制造的需求，给出有色金属工业人机物共融的智能网络协同制造平台体系架构，建立企业各级设备、工序和工艺的数字模型，并设计给出产供销一体化、主工艺跨层域优化控制与预测运行等协同决策功能。

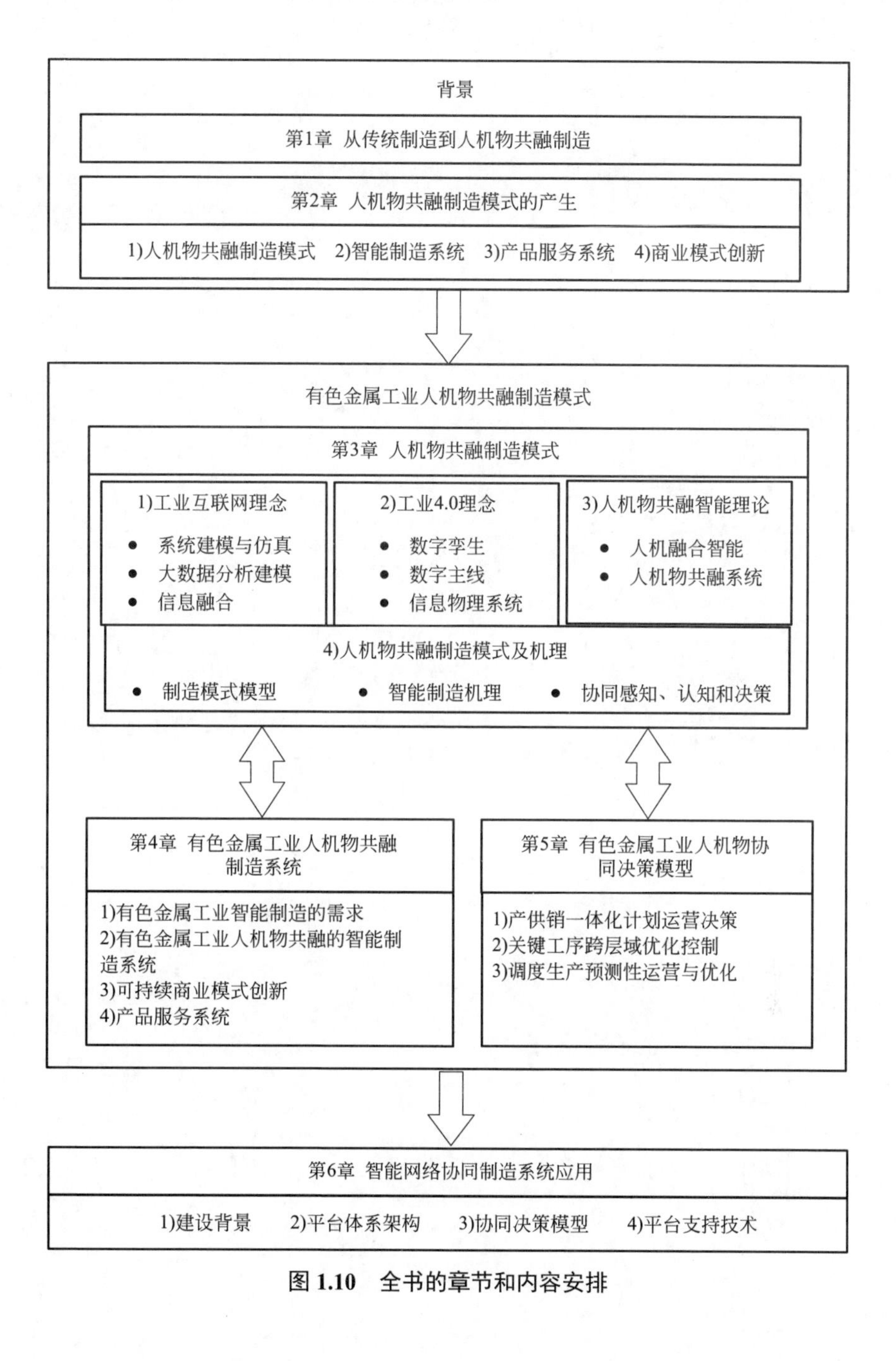

图 1.10　全书的章节和内容安排

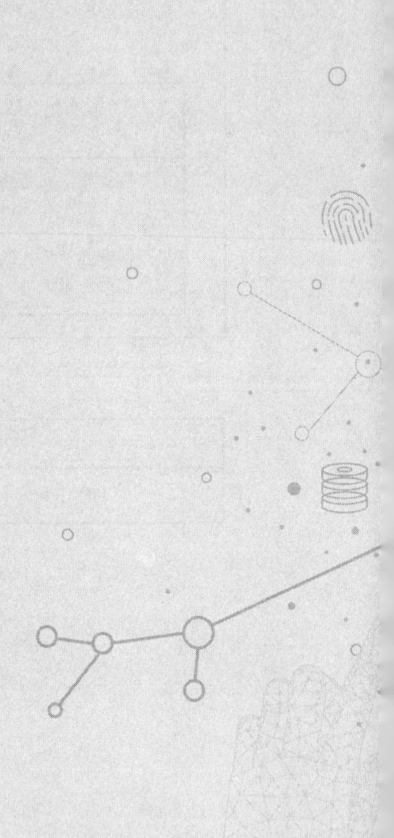

The Road of
Industrial
Intelligent
Innovation

第 2 章
人机物共融制造模式的产生

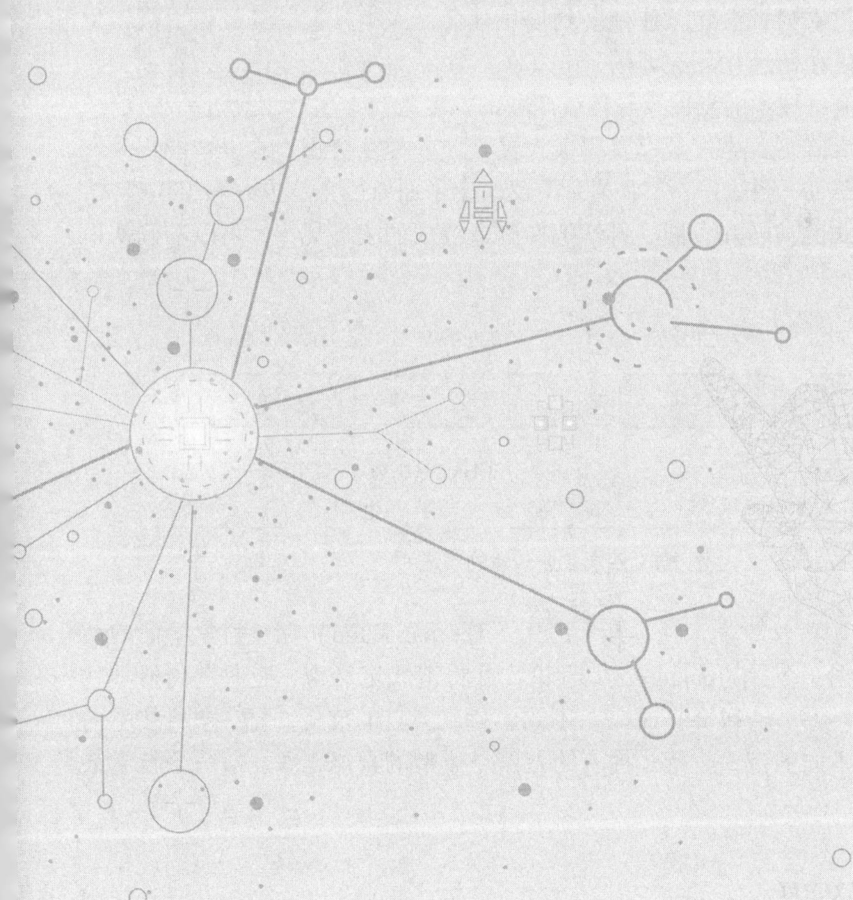

蒸汽动力、电力、生物和信息技术、新一代信息技术在工业领域的应用，驱动了制造范式和制造模式的不断变化和发展，制造系统、产品服务方式和商业模式也随之而变，形成了人机物共融制造模式、人机物共融的智能制造系统、产品服务平台和持续的商业模式创新等。

2.1 制造范式和制造模式的演变

制造范式是一种关于如何制造的理论体系和理论框架，制造模式是一种实现制造范式的特定方式或类型。以机械化、电气化、信息化和智能化为特征的四次工业变革改变了原有的生产方式和组织模式，驱动了制造范式和制造模式的变革和发展。

2.1.1 制造范式的演变过程

从狩猎社会、农耕社会、工业社会到信息社会，人类社会已经经历了机械化（机器化）、电气化和信息化三次大的工业变革。伴随着工业互联网、大数据、人工智能等新一代信息技术的发展及与传统产业的深度融合，生产工具进一步优化，人类工作强度大大降低，生产效率获得极大提高，人类社会正步入以智能化为特征的第四次工业革命（图 2.1）。工业革命不仅改变了原有的生产方式和组织模式，也驱动了制造范式的演变和发展。科学把握制造范式的演进规律，可以准确认识制造业的发展方向 [21]。

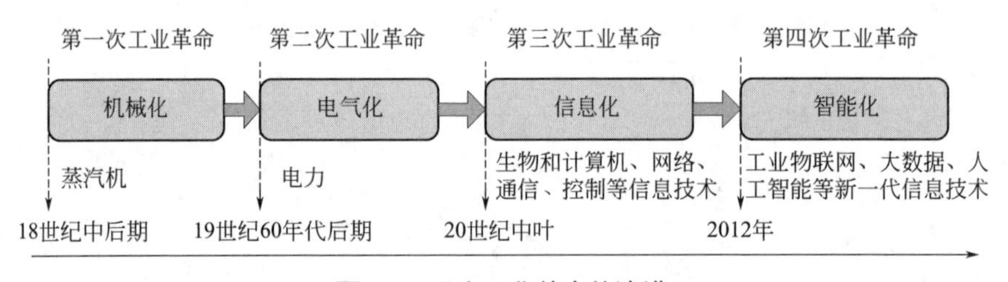

图 2.1　四次工业革命的演进

1962 年，美国科学哲学家托马斯·库恩（Thomas Kuhn）在《科学革命的结构》中第一次提出了范式（paradigm）理论，并将范式定义为一定时期内科学共同体的思维原则、方法论和价值观 [22]。不同学科有各自的范式，每一学科在不同的发展阶段会有不同的范式。范式拥有的范例是典型的具体题解，每一个科学共同体的成员通过范例的学习，能够掌握范式并学会解决同类的问题。

参照托马斯•库恩的范式理论，制造范式（manufacturing paradigm）可以定义为：一定时期内制造业全体关于如何制造的思维原则、方法论和制造价值观。由制造范式的定义可以看出，制造范式与当时的基础理论、科技水平和需求水平密切相关。伴随着每一次科技革命都会产生新的制造范式，每一次新制造范式会在原有范式的基础上，根据新技术和新需求进行升级，使得每一次科技革命的成果能通过制造范式的迭代升级而迅速在制造业广泛应用。

到目前为止，制造活动已形成了图 2.2 所示的 5 种公认的、从属于不同历史时期的制造范式：机器制造、大规模制造、数字化制造（又称第一代智能制造）、第二代智能制造（又称数字化网络化制造）、新一代智能制造（又称数字化网络化智能化制造）。

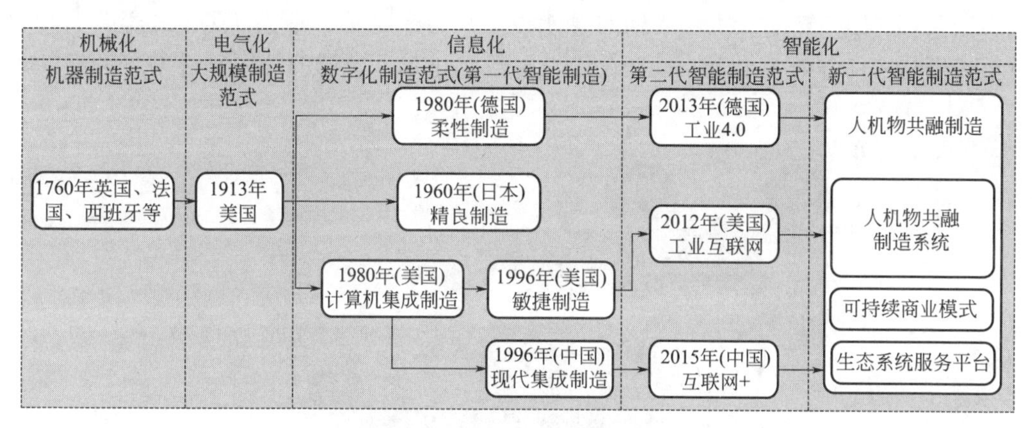

图 2.2　制造范式的演变过程

第一次工业革命又称机械化（mechanization）革命，18 世纪 60 年代发生在英国，从发明和使用机器开始直到 19 世纪上半期，在生产领域和社会关系上引起了根本性变化，制造范式从原来的手工制造变为机器制造。

第二次工业革命又称电气化（electrification）革命，从 19 世纪 60 年代后期开始，当时科学技术主要集中在以下三个方面：①新能源（电力、石油）的发展和利用；②内燃机和新交通工具创制；③新通信的应用。电力的发明和使用，特别是新能源电力的广泛应用，使人类进入了电气时代，电力的广泛应用是第二次工业革命的显著特点。

第三次工业革命又称生物与信息技术革命。二十世纪四五十年代以来，在原子能、计算机、微电子技术、航天技术、分子生物学和遗传工程等生物与信息领域取得的重大突破，标志着第三次工业革命的到来。第三次工业革命中，最具划时代意义的是计算机的迅速发展和广泛应用。计算机是现代信息技术的核心。信息技术与制造业融合，形成了数字化制造范式。

数字化制造范式又被称为第一代智能制造范式，20 世纪 80 年代后期，智能制造的概念被首次提出，其本质是数字化制造。20 世纪下半叶以来，随着制造业对于技术进步的强烈需求，数字化制造引领和推动了第三次工业革命。数字化制造是在制造技术和数字化技术融合的背景下，通过对产品信息、工艺信息和资源信息等进行数字化的描述、集成、分析和决策，进而快速生产出满足用户要求的产品。在这个阶段，以现场总线为代表的早期网络技术和以专家系统为代表的早期人工智能技术在制造业得到应用。

2006 年，美国 ARC 顾问集团（ARC advisory group）构建了数字化制造模型，数字化制造模型实现了以制造为中心的数字制造、以设计为中心的数字制造和以管理为中心的数字制造，并考虑了原材料和能源供应和产品的销售供应，提出用工程（面向产品全生命周期的设计和技术支持）、生产制造（生产和经营）和供应链这三个维度来描述。图 2.3 给出了数字化工厂全部的协同制造与管理活动（CMM）[23]。

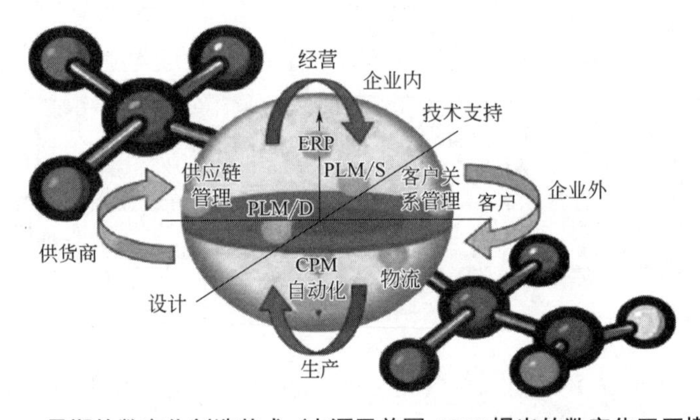

图 2.3　早期的数字化制造范式（来源于美国 ARC 提出的数字化工厂模型）

CPM—collaborative production management（协同生产管理）；PLM/D/S—product lifecycle management/design/service（产品生命周期管理 / 设计 / 服务）

数字化制造范式从工程、生产制造和供应链三个维度实现生产全过程各环节的集成和优化，是第一代智能制造范式，主要特征表现为：

① 在产品方面，数字化技术得到普遍应用，形成数控机床等数字一代创新产品；

② 在生产制造方面，大量采用计算机辅助设计 / 工程设计中的计算机辅助工程 / 计算机辅助工艺规划 / 计算机辅助制造（CAD/CAE/CAPP/CAM）等数字化设计、建模和仿真方法，大量采用数控机床等数字化装备构成的柔性制造系统（柔性制造），大量采用制造资源计划 / 企业资源计划 / 产品数据管理（MRPII/ERP/

PDM）等信息化管理技术和系统（计算机集成制造），对制造过程中的各种信息与生产现场实时信息进行管理，提升各生产环节的效率和质量；

③ 产生了聚焦车间现场准时生产与全员积极参与改善的精益制造（lean manufacturing/lean production，LM/LP）、强调机器工艺产品与生产能力柔性的柔性制造（flexible manufacturing，FM）、以计算机为工具集成企业经营 - 人 / 机构 - 技术的计算机集成制造（computer integrated manufacturing，CIM）、强调制造系统可快速重构的敏捷制造（agile manufacturing，AM）和以信息集成 - 过程集成 - 企业集成为核心的现代集成制造（contemporary integrated manufacturing，CIM）等多种制造模式。

以互联网产业化、工业智能化为代表，以人工智能、清洁能源、无人控制技术、量子信息技术、虚拟现实以及生物技术为主的全新技术革命，称为第四次工业革命。第四次工业革命和制造业的数字化转型已经成为世界各国的重要战略。

2012 年，美国宣布实施再工业化战略，通用电气公司 GE 随后提出了工业互联网概念，为其向更加依赖数字化的转型行动打造了一个全新的理念。2014 年，由美国通用电气、思科、IBM、英特尔和 AT&T 主导成立了工业互联网产业联盟（ICC）。2013 年，德国出台了工业 4.0 战略。2015 年，中国制定了中国制造 2025 战略。随着各国国家制造战略的提出，逐步形成了以网络协同制造与智能工厂为核心的第二代智能制造范式，又称数字化网络化制造范式。

2020 年以来，欧美一些专家学者直接将第二代智能制造范式称为智能制造（smart manufacturing，SM），smart 字面不是智能的意思，而是聪明的意思。聪明就是耳聪目明，就是耳朵灵敏、眼睛明亮、大脑能思考、嘴巴能说话、四肢能执行。Smart manufacturing 就是通过自动化、数字化、网络化、智能化等技术手段，通过企业内部、企业间、社会化的网络协同、深度协作和资源集成，实现高效、高质、快速响应市场的生产和服务模式，同时还具备一定智能。

围绕第二代智能制造范式，2016 年 2 月，美国国家标准与技术研究院 NIST 牵头组织产业界制定了以智能制造金字塔为核心，商业与管理、产品和生产制造三条相互连接主线所构成的智能制造系统现行标准体系（current standards landscape for smart manufacturing systems）（图 2.4）。

智能制造系统标准体系包括制造业中广泛应用的系统，包括生产、管理、设计和工程功能，图 2.4 说明了智能制造系统中显示的三个关注维度。产品、生产制造、商业和管理等每个维度都显示在自己的生命周期之中。在产品维度，产品生命周期涉及从早期产品设计阶段开始，一直持续到产品使用和服务、废弃与回收等产品生命周期结束的信息流和控制过程。生产制造维度从数字化工厂（digital factory）的角度，关注整个生产设施（包括其系统）的设计、部署、操作和停用。商业与管理维度涉及供应商和客户互动的功能。制造金字塔（manufacturing pyramid）实现了产品工厂和企业商业系统的垂直集成，每个维度都发挥了作用。每个维度上制造软件应用程序的集成，有助于实现车间的高级控制以及工厂和企业的最佳决策，这些系统（表 2.1）的结合构成了智能制造生态系统。

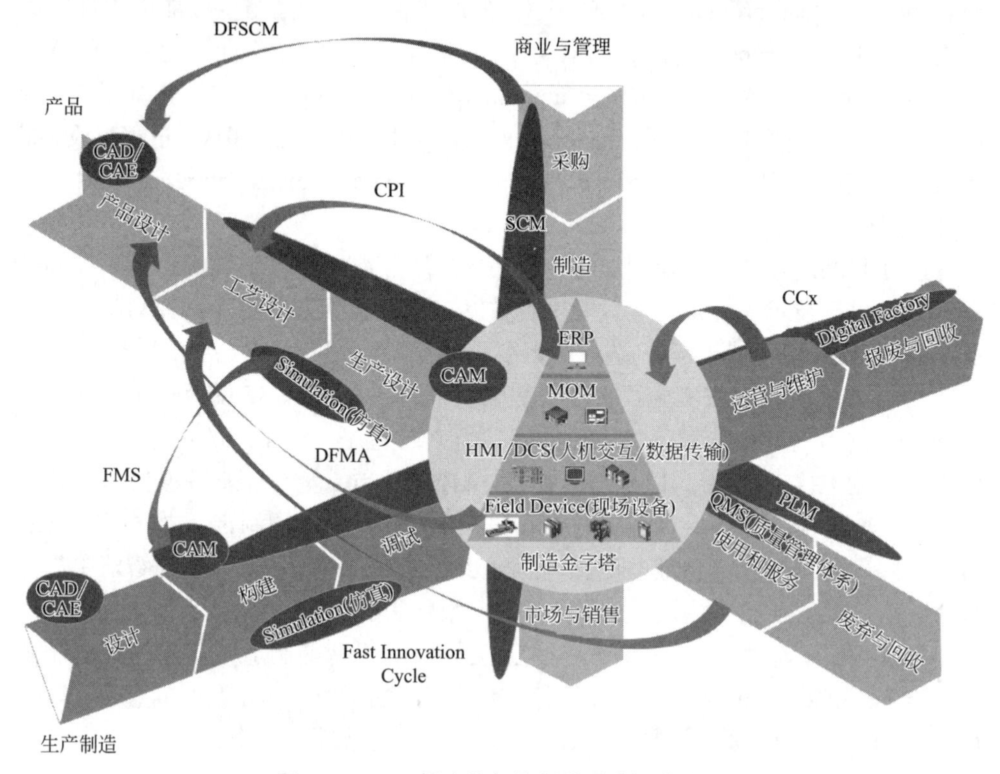

图 2.4　NIST 提出的智能制造系统标准体系

第二代智能制造范式本质是在数字化制造的基础上，深入应用先进的通信和网络技术，连接人、流程、数据和事物，联通企业内部和企业间的信息孤岛，通过企业内（产品、生产与管理）、企业间（供应链和产业链）的网络协同和各种社会资源（生态系统）的共享与集成，实现产业链优化，快速、高质量、低成本地为市场提供所需产品和服务，其本质是数字化网络化协同制造。主要特征表现为：

① 在产品方面，普遍应用数字和网络技术，形成网络化的互联产品；

② 在生产制造方面，实现企业内、企业间的供应链、价值链的连接和优化，打通整个制造系统的数据流和信息流；

③ 在服务方面，企业与用户通过网络平台实现连接和交互，企业掌握用户的个性化需求，用户能够参与产品全生命周期活动，将产业链延伸到为用户提供产品健康保障等服务；

④ 在商业模式方面，规模化定制生产逐渐成为消费品制造业发展的一种普遍

模式，远程运维服务模式在工程机械行业得到广泛应用，企业生产开始从以产品为中心向以用户为中心转型，企业形态也逐步从生产型向生产服务型企业转型。

表 2.1　智能制造系统标准体系

系统	描述	信息流	关联能力映射
PLM（Product Lifecycle Management）	产品生命周期管理——对产品的整个生命周期进行管理的过程，从一开始，到工程设计和制造，再到服务和处理制造的产品	产品和生产系统生命周期中双向信息流	质量、敏捷性、可持续性
SCM（Supply Chain Management）	供应链管理——管理供应商、公司、经销商和最终消费者之间的物料、最终产品和相关信息的上游和下游增值流	供应链利益相关者——制造商、客户、供应商和分销商之间的双向信息流	敏捷性、质量、生产率
DFSCM（Desige for SCM）	面向供应链管理的设计——设计产品以利用和加强供应链	供应链管理活动与设计工程师活动之间双向信息流	质量、敏捷性
CPI（Continuous Process Improvement）	持续流程改进——一组持续的系统工程和管理活动，用于选择、定制、实施和评估生产产品的过程	从实时制造系统到过程设计活动的信息流	质量、可持续性、生产率
CCx（Continuous Commissioning）	持续调试——生产系统的诊断、预测和性能改进的持续过程	生产工程活动与生产经营活动的双向信息	生产率、敏捷性、可持续性、质量
DFMA（Desig for Manufacturing & Assembling）	面向制造和装配的设计——为便于制造的零件设计和为便于装配的产品设计	从生产工程、运营活动到产品设计活动的信息流	生产率，敏捷性
FMS/RMS（Flexible/Reconfigurable Manufacturing System）	柔性制造系统 / 可重构制造系统——机器可以灵活配置成不改变过程情况下产生改变的体积或新产品类型	从产品工程活动到生产工程活动的信息流	敏捷性
Manufacturing Pyramid	制造金字塔——由 ERP、MOM（Manufacturing Operations Management，制造运营管理）和车间三层制造金字塔描述的现有制造系统的层级性	ERP、MOM 活动和控制系统之间的双向流动	质量、敏捷性、生产率、可持续性
Fast Innovation Cycle	快速创新周期——通过分析从产品使用中收集的数据和产品构思反馈的趋势来预测快速改进新产品导入（New product introduction，NPI）周期	从产品使用到产品设计的信息流	质量、敏捷性

智能制造是一个大概念，其内涵伴随着信息与制造技术的发展和融合而不断前进。工业互联网、大数据、人工智能等新一代信息技术的迅猛发展，与先进制造技术深度融合，促进了人、信息系统和物理系统加速融合与协同，形成了新一代智能制造范式，又称为数字化网络化智能化制造范式[11]，成为新一轮工业革命的核心驱动力。

新一代智能制造范式通过人的分析决策、基于新一代人工智能的管理分析决策以及设备自主控制实现人 - 机（信息空间）- 物（物理空间）的资源协同与信息融合（人机物融合），并从生产制造、产品工程和商业管理等三个维度分别实现设备的智能感知、智能分析决策和智能自主控制，制造系统的学习提升、精准执行、自主决策和实时分析，以及商业模式的可持续发展。新一代智能制造范式在第二代智能制造范式的基础上，通过新一代人工智能理论和人机物融合机制进一步提高了生产过程的效率和自主控制能力，以及产品和生态系统平台的适应性和自主服务能力，并且保持可持续的商业模式创新。

新一代智能制造范式（图 2.5）是智能制造的第三种基本范式，对应于国际上推行的智能制造（intelligent manufacturing2.0，IM2.0）。新一代智能制造范式的主要特征表现在制造系统具备了认知学习能力。通过深度学习、增强学习、迁移学习等技术的应用，新一代智能制造中制造领域的知识产生、获取、应用和传承效率将发生革命性变化，从而显著提高智能制造的创新与服务能力。

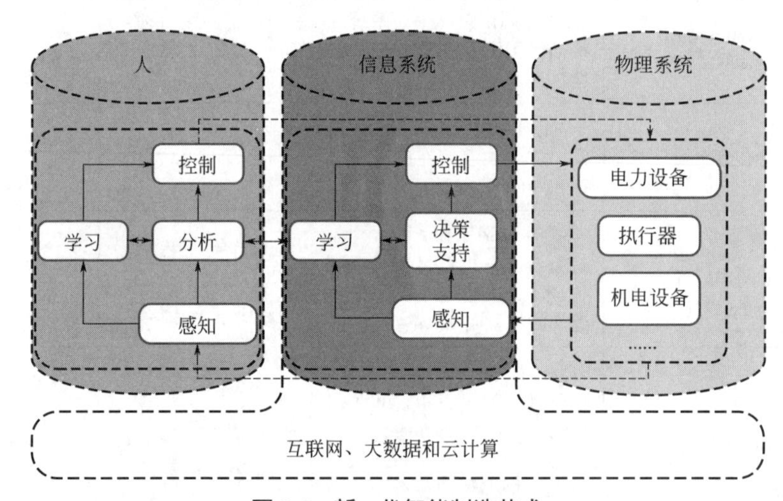

图 2.5　新一代智能制造范式

新一代智能制造将给制造业带来革命性变化，是真正意义上的智能制造，将从根本上引领和推进第四次工业革命，为我国实现制造业换道超车、跨越发展带来历史性机遇。如果说网络协同制造是新一轮工业革命的开始，那么新一代智能制造的突破和广泛应用将推动形成新一轮工业革命的高潮。数字化制造、网络协同制造和新一代智能制造次第展开，目标聚焦制造业的效率和质量提升，从而实现制造业的智能升级和高质量跨越发展。

2.1.2 制造模式模型

制造模式是一种实现制造范式的特定方式或类型，以机械化、电气化、数字化和智能化为特征的四次工业革命改变了原有的制造范式，也驱动了制造模式的发展。美国学者约拉姆·科伦（Yoram Koren）在《全球化制造革命》[5] 中针对“全球化竞争将使产品需求变得不稳定，新产品的推出将更加频繁，企业必须开发出新型的制造系统来替代 20 世纪的专用生产线，以适应变化莫测的市场变化”等全球化给制造业带来的机遇和挑战，提出了制造模式的概念和由商业模式、可重构制造系统、产品结构组成的可重构制造模式模型（图 2.6）。

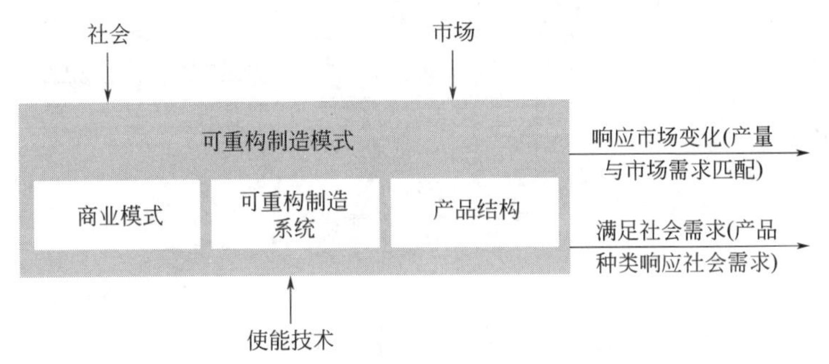

图 2.6 科伦教授提出的可重构制造模式模型

每一种新型制造模式的驱动力都是市场和社会需求。企业开发新型的制造系统来生产产品和新的商业模式来销售产品以响应这些需求。制造系统、商业模式和产品结构的集成就产生了一种新的制造模式。可以给出如下制造模式定义。

制造模式（manufacturing mode）是一种为响应社会和市场需求变化而产生的革命性集成化生产模式，并且由于一种新制造系统的创建使其成为可能，是制造企业在生产经营、管理体制、组织结构和技术系统等方面所体现的形态或运作方式。从广义角度看，制造模式就是一种有关制造过程和制造系统建立和运行的哲理和指导思想，可以翻译成 production modes/manufacturing mode/productive pattern 等。

制造企业必须对世界任何地方的消费者和市场做出快速响应，以保持企业在全球的竞争力，这个响应来自企业三个方面的内部驱动力，即产品系统、制造系统以及商业模式。

① 产品系统：根据细分市场，开发创新性、客户可定制的产品和功能。

② 制造系统：适应性的制造系统，产品的产量和功能能够快速适应市场需求

的变化。

③ 商业模式：响应变化莫测的市场和客户。

制造系统、商业模式和产品系统的集成产生了制造模式，其模型见图 2.7，其外部驱动力来自社会需求和市场需求。例如，在全球化制造环境中，为适应产品需求变化的不稳定以及市场需求的变幻莫测，科伦教授提出了基于个性化生产和区域化生产的全球化可重构制造模式。对应于每种新型的制造模式，就会有一种新型生产组织方式和制造系统被开发出来，并通过新的技术使能器的应用使其成为可能。每一种制造模式都有相应的商业模式和产品系统与之对应，来适应制造模式的特性，并满足制造模式的社会需求或市场需求。

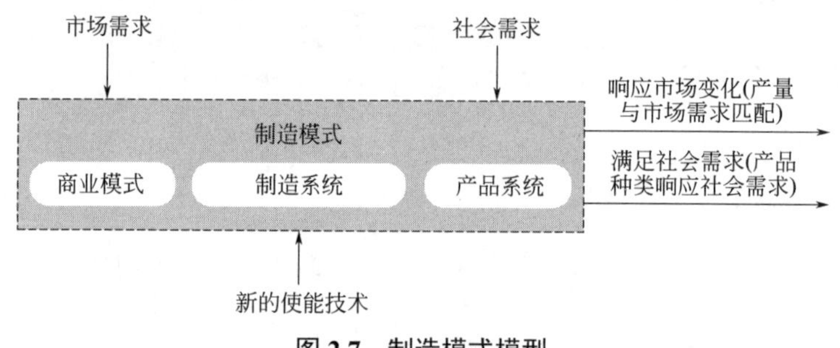

图 2.7　制造模式模型

2.1.3　人机物共融制造模式的形成

制造模式总是与当时的生产发展水平及市场需求相联系，并遵循制造范式理论框架的发展规律。随着科技的发展以及生产水平和市场需求的变化，对应制造领域的机器制造、大规模制造、数字化制造、第二代智能制造、新一代智能制造等不同制造范式，制造模式也不断进化和演变（图 2.8）。

（1）机器制造范式

在手工业生产时代，手工作坊式制造是机器制造范式的典型制造模式，其特点是产品的设计、加工、装配和检验基本上都由个人完成，技术工人使用通用机床基准制造客户所支付的产品，一次生产一件产品。这种制造模式灵活性好，但效率低，难以完成大批量产品的生产，有如下特征：

① 产品品种多，因为每一种产品都是根据订单生产的。

② 每一种产品的产量极低。

③ 拉动式商业模式：销售 - 设计 - 制造。

④ 高技能的劳动力。

⑤ 通用机床完成所有的加工操作。

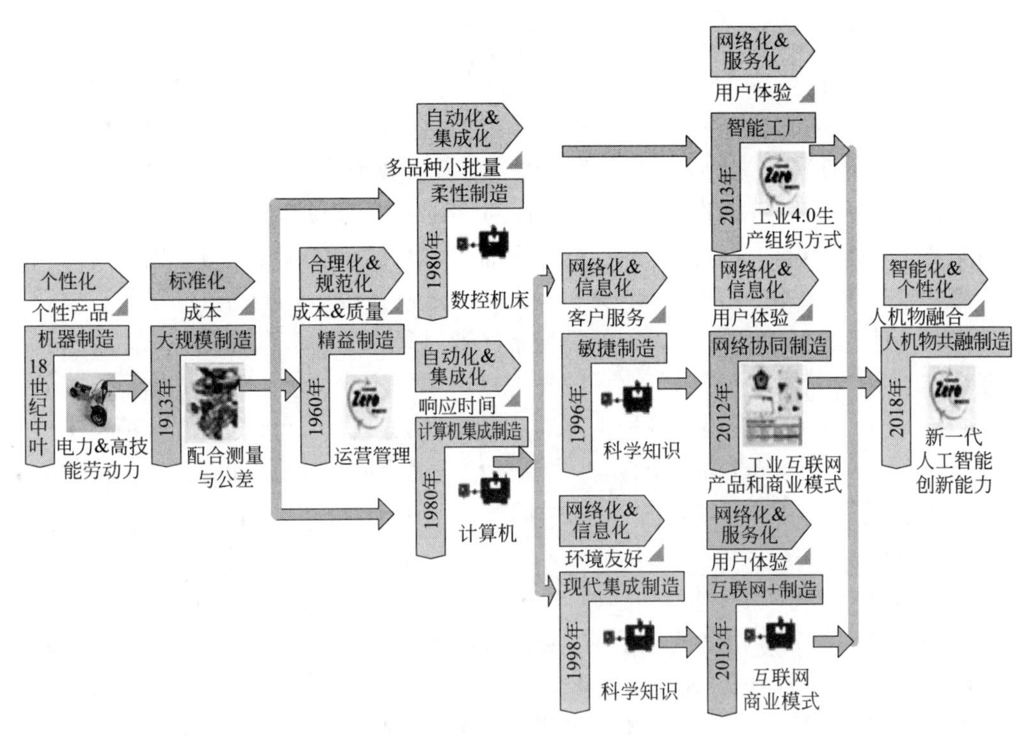

图 2.8　制造模式的发展阶段

（2）大规模制造范式：20 世纪初～ 20 世纪中叶

大规模制造范式亦称量产，是指产品数量很大，大多数工作地点固定，长期按照一定的生产节拍（在流水线生产中，相继完成两件制品之间的时间间隔）进行某一个零件的某一道工序的加工。大量生产品种单一，产量大，生产重复程度高。高质量标准化可互换零件的生产技术是大规模制造成功的主要技术使能器。

从 19 世纪中叶到 20 世纪中叶，福特于 1913 年提出基于可互换零件的大规模制造（mass production， MP）模式，通过总装流水线以低成本生产高质量（cost/quality）的产品，随后通用汽车在组织和管理方面把大规模制造模式发展成熟，该模式在制造业中占主导地位近百年。这种模式通过劳动分工实现作业专业化，在机械化和电气化技术支持下，大大提高了劳动生产率，降低了产品成本，有力地推动了制造业的发展和社会进步。

大规模制造模式的主要特征：

- 生产的产品种类非常有限。
- 每种产品的产量很大。
- 推动式商业模式：设计—制造—销售。
- 专用机械和装配流水线。
- 相对低技能的劳动力。

大规模制造的实现条件：

- 可互换零件。
- 流水生产线。
- 专用设备与专用制造系统。

（3）数字化制造范式：20 世纪 60 年代～ 21 世纪初

数字化制造范式（第一代智能制造范式，Intelligent Manufacturing）大大提高了生产过程的效率和控制能力，依次形成了图 2.8 所示的精益制造、柔性制造、计算机集成制造、敏捷制造和现代集成制造等几种典型的数字化制造模式。

精益制造诞生于 20 世纪 60 年代，在 80 年代中后期得到广泛推广和应用。精益制造（有些专家称为精益生产）是指在需要的时候，按需要的量，生产所需的产品，也就是客户拉动的生产。其目标是：降低制造成本，提高产品质量。也就是说，即使在产品产量相对较低的情况下，通过聚焦产品寿命管理、车间现场管理、准时生产、全员积极参与改善的管理方式消除浪费，从而降低成本、改善品质、提高生产率，也能很经济地生产高品质的产品。有些管理专家也称精益生产方式为准时制（just in time，JIT）生产方式、适时生产方式或看板生产方式等。

20 世纪 50 年代初，制造技术的发展突飞猛进，数控、机器人、可编程序控制器、自动物料搬运装置、工厂局域网、基于成组技术的柔性制造系统等先进制造技术和系统迅速发展，但它们只是着眼于提高制造的效率，减少生产准备时间，却忽略了增加的库存带来的成本的增加。20 世纪 80 年代后期，精益生产系统的原理开始在工业中应用，在减少库存成本的同时，也催生了大规模定制生产模式。大规模定制是以大量生产的成本生产类型广泛（多品种小批量）的定制产品，吸引更多的消费者，带动销售。

柔性制造和计算机集成制造起源于 20 世纪 80 年代，在 90 年代中后期得到广泛推广和应用，其目标是通过计算机数控机床或机器人以低成本生产多品种、小批量的零件和产品。

柔性制造模式强调机器工艺产品与生产能力的柔性，以此提高工厂的生产效率和产品质量。柔性制造系统由可编程设备（如计算机数控机床和工业机器人）加上柔性物料进给系统（如自动导向小车或一个行车式机器人）组成，可以通过改变零件程序、刀具和定位方式生产新的产品，其构件单元是计算机数控机床（常用于加工系统）或机器人（常用于装配系统和自动焊接线等），两者都包含了柔性物料进给系统的精细运行控制器。加工系统中计算机数控机床包括加工中心、钻床、激光切割机和一些自动检测设备等，柔性物料进给系统包括传送带、门架和自动导向小车（automated guided vehicle，AGV）等。

1967 年，英国莫林斯公司首次根据威廉森提出的柔性制造系统（flexible manufacturing system，FMS）基本概念，研制了威廉森系统 24，其主要设备是 6 台模块化结构的多工序数控机床，目标是在无人看管条件下，实现昼夜 24h 连续加工，但最终由于经济和技术上的困难而未全部建成。同年，美国的怀特 • 森斯特兰公司建成 Omniline I 系统，它由 8 台加工中心和 2 台多轴钻床组成，工件被装在托盘上的夹具中，按固定顺序以一定节拍在各机床间传送和进行加工。这种柔性自动化设备适合在少品种、大批量生产中使用，在形式上与传统的自动生产线相似，所以也叫柔性自动线。20 世纪 70 年代末期，柔性制造系统在技术上和数量上都有较大发展，80 年代初期已进入实用阶段，其中以由 3 ～ 5 台设备组成的柔性制造系统为最多，但也有规模更庞大的系统投入使用。

在以后的发展过程，柔性制造系统一方面与计算机辅助设计和辅助制造系统相结合，利用原有产品系列的典型工艺资料，组合设计不同模块，构成各种不同形式的具有物料流和信息流的模块化柔性系统。另一方面，为了实现从产品决策、产品设计、生产到销售的整个企业经营过程的全面自动化，柔性制造系统成为管理层次自动化的计算机集成制造系统的一个重要组成部分，发展成为大规模定制生产模式的使能器。

计算机集成制造（computer integrated manufacturing，CIM）是以计算机为工具集成企业经营 - 人 / 机构 - 技术的制造模式，以此推动企业的生产和管理效率。CIM 是随着计算机技术在制造领域中广泛应用而产生的一种生产模式，于 1973 年由美国约瑟夫·哈灵顿博士提出。CIM 是一种概念，一种哲理，而计算机集成制造系统 CIMS 是指在 CIM 思想指导下，逐步实现的企业全过程计算机化的综合系统，其目标是通过企业全流程改善降低浪费、次品和事故，提高产品的质量。计算机集成制造系统是计算机集成制造模式的使能器。

全球化制造革命开始于 20 世纪的最后 10 年。全球化使世界各地不同国家生产相似产品的企业加入了竞争行列，大大加剧了全世界的竞争。在这种情况下，消费者的个性化需求刺激了制造市场的个性化生产。20 世纪末，全球化的个性化生产开始成熟，消费者可以主动参与到产品的设计过程，精准地选择符合自己要求的商品和服务。个性化生产商业模式以接近大量生产的成本、从给定模块中选取组件、即时地按订单生产定制产品、通过完全符合消费者对产品的需求来增加销售。

在全球化制造中，制造系统不仅必须具有柔性，而且能够对产品需求的波动做出响应。这种响应性可以通过开发可重构制造系统实现。可重构制造系统 [5] 能够快速调整其生产能力使之与市场需求相匹配；迅速装备响应的工具生产新产品；及时地更新功能生产不同的产品系列。可重构制造系统通过“按时、按需提供产能和功能”，从而拥有对市场需求高度适应的生产能力。个性化生产和可重构制造系统融合，诞生了敏捷制造和现代集成制造。敏捷制造与现代集成制造起源于 20 世纪 90 年代后期，其目标是通过产品全生命周期的数据管理，为用户提供所需要的能力和服务（个性化产品和服务）。

敏捷制造是指制造企业采用现代通信手段，通过快速配置各种资源（包括技术、管理和人），以有效和协调的方式响应用户需求，实现制造的敏捷性。敏捷性是核心，它是企业在不断变化、不可预测的经营环境中善于应变的能力，是企业在市场中生存和领先能力的综合表现，具体表现在产品的需求、设计和制造上，也可以说是可重构制造。

敏捷制造是在具有创新精神的组织和管理结构、先进制造技术（以信息技术和柔性智能技术为主导）、有技术有知识的管理人员三大类资源支柱支撑下得以实施的，也就是将柔性生产技术、有技术有知识的劳动力与能够促进企业内部和企业之间合作的灵活管理集中在一起，通过建立的共同基础结构，对迅速改变的市场需求和市场进度做出快速响应。敏捷制造比起其他制造方式具有更灵敏、更快捷的反应能力。

现代集成制造（contemporary integrated manufacturing，CIM）在继承计算机集成制造成果的基础上，不断吸收先进制造技术中相关思想的精华，支持集成内容从信息集成、过程集成向企业集成发展，提高了供应链效率，于 1998 年由中国学者吴澄、李伯虎等提出。

数字化制造范式在数字化技术和制造技术融合的背景下，对产品信息、工艺信息和资源信息进行分析、规划和重组，实现对产品设计和功能的仿真以及原型制造，进而快速设计生产出达到用户要求性能的产品的整个制造全过程。柔性制造、精益制造、计算机集成制造、敏捷制造和现代集成制造是数字化制造范式的几种典型制造模式。而且，不管是敏捷制造，还是现代集成制造，其核心是实现网络化制造的理念，敏捷制造侧重在供应链的网络协同与产品服务，逐渐发展成第二代智能制造范式的工业互联网战略，现代集成制造侧重在客户端的连接与用户交互，逐渐发展成第二代智能制造范式的互联网 + 战略。

（4）第二代智能制造范式：2012 年—2018 年

第二代智能制造范式（Smart Manufacturing，SM）突出了知识在制造活动中的价值地位，而知识经济又是继工业经济后的主体经济形式，第二代智能制造范式成为经济发展过程中制造业重要的生产模式，其目标是以低成本快速实现智能化的客户定制需求，诞生了网络协同制造（工业互联网）、智能工厂（工业 4.0）、云制造（互联网 + 制造）等不同的智能制造模式。随着工业互联网、大数据、云计算、数字孪生等使能技术的发展与需求的变化，数字化制造范式的产品结构设计演变为图 2.9 所示的依托工业互联网服务的产品服务系统平台，制造系统也根据使能技术的不同，形成了网络协同制造、智能工厂等不同制造系统平台，制造模式中传统的商业模式也演变为商业模式持续创新发展。

在基于工业互联网的制造系统平台中，制造和产品问题的发生和解决的过程会产生大量数据，通过对这些数据的分析和挖掘可以了解问题产生的过程、造成的影响和解决的方式［图 2.10（a）］，这些信息被抽象化建模后转化成知识，再利用知识去认识、解决和避免问题。从以往依靠人的经验，转向依靠挖掘数据中隐形的线索，使得制造知识能够被更加高效和自发地产生、利用和传承。

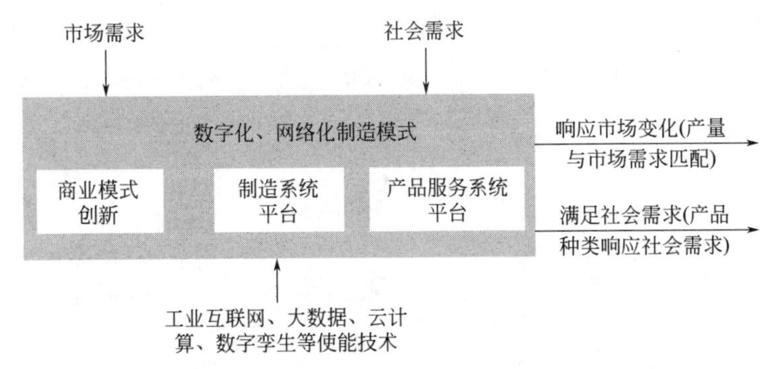

图 2.9　面向第二代智能制造范式的制造模式模型

基于大数据的预测性分析技术可以加速产品创新、生产系统质量的预测性管理、产品健康管理及预测性维护、能源管理、环保与安全、供应链优化、产品精准营销、智能装备和生产系统的自省性和重构能力[24]，实现方式可以从以下 3 个方面体现 [图 2.10（b）]。

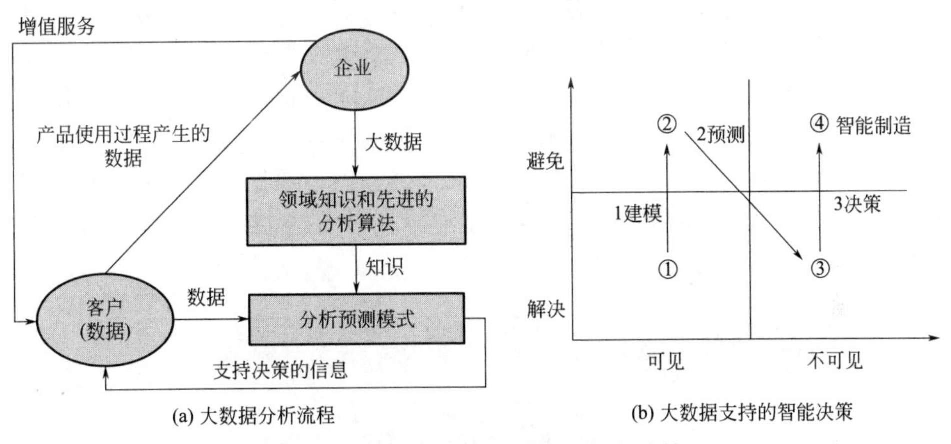

图 2.10　基于大数据的预测性分析与决策

- 建模：把问题变成数据，通过数据建模把经验变成可持续的价值。
- 预测：把数据（如时域信号的统计特征、波形信号的频域特征、能量谱特征以及特定工况下的信号读数等）变成知识，分析可见问题，预测不可见问题。
- 决策：把知识变成数据，驱动产品、工艺、生产、运营、决策创新。

在基于大数据的分析、预测和决策过程，数字主线连接（贯穿）着产品生命周期里各阶段或过程的数据（图 2.11），支持着产品全生命周期内的数据融合和集成。

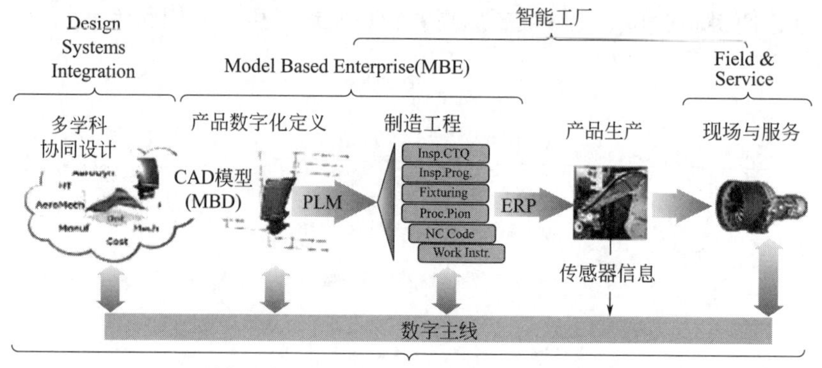

图 2.11　数字主线

Design Systems Integration—设计系统集成；Model Based Enterprise（MBE）—基于模型的企业；MBD—基于模型的设计；PLM—产品生命周期管理；ERP—企业资源计划

在工业 4.0 基于信息物理系统的制造平台中，智能工厂（图 2.12）把设备、生产线、工厂、供应商、产品和客户紧密地联结在一起，通过信息物理系统将无处不在的传感器、嵌入式终端、智能控制系统、通信设施连接成一个智能网络，使得人（企业员工、客户、供应商）、信息系统（数字模型和系统）、物理系统（产品和生产设备之间、不同生产设备之间）之间能够互联和协同，使得人、信息（机）以及物理系统（物）通过网络持续地保持产品数据、设备数据、研发数据、生产制造数据、运营数据、管理数据、销售数据、消费者数据、采购数据等数字信息的集成和融合，实现企业横向、纵向和端到端的高度协同和集成。

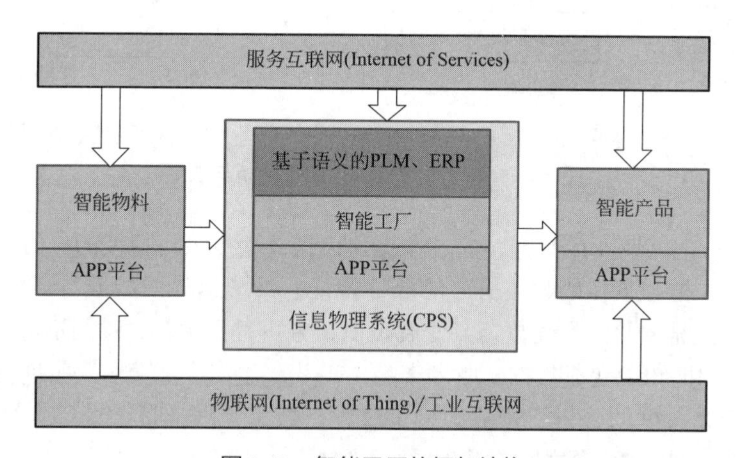

图 2.12　智能工厂的框架结构

互联网 + 制造就是充分利用互联网平台，使互联网与制造业深度融合，优化企业内部生态，并与外部生态做好对接，形成生态的融合性。在企业运营过程，互联网+制造注重的是企业与外部的连接，从商业模式和管理的角度形成一个可持续的生态运营环境。

在第二代智能制造范式中，工业互联网增加了产品的连接线，并通过产品服务系统平台扩展了产品服务能力；工业 4.0 提高了生产过程的效率和控制，并在可持续性导入和影响评估方面提供了新的机会；互联网+制造实现了网络协同，通过网络服务平台增加了价值创造能力，提高了企业与客户、合作伙伴间价值创造和价值获取的动态交互能力。

(5) 新一代智能制造范式：2018 年至今

随着工业互联网、大数据、人工智能等新一代信息技术（尤其是新一代人工智能技术）与先进制造技术深度融合，形成了新一代智能制造范式。新一代智能制造范式促进了人（人类社会）机（信息空间）物（物理世界）协同与融合的智能制造模式诞生，人机物交互、人机物协同与人机物融合的新一代人机物共融制造模式将引领时代新潮流。人机物共融制造模式从人机物共融的智能制造系统、产品服务系统平台和持续商业模式创新等三个维度实现了设备的智能感知、智能分析决策和智能自主控制，制造系统的学习提升、精准执行、自主决策和实时分析，以及商业模式的可持续创新发展。

数十年来，三种智能制造范式在实践演化中形成了许多不同的制造模式（表 2.2），如与数字化制造范式相适应的精益制造、柔性制造、计算机集成制造、敏捷制造、现代集成制造（绿色制造也是一种现代集成制造模式）等，与第二代智能制造范式相适应的智能网络协同制造、互联网+制造（云制造是其中一种）、智能工厂等，与新一代智能制造范式相适应的人机物协同制造、人机物融合制造等人机物共融制造模式，在指导制造业技术升级中发挥了积极作用。

表 2.2　制造模式

制造模式	定义
精益制造	精益制造（lean mfg）包含了及时响应（just-in-time，JIT）、约束理论（theory of constraints，TOC）、精益生产及敏捷制造的概念，同时也与以减少错误为目的的六标准差（six sigma）互相补足
柔性制造	柔性制造（flexible mfg）由一个传输系统联系起来的一些设备，传输装置把工件放在其他联结装置上送到各加工设备，使工件加工准确、迅速和自动化
计算机集成制造	计算机集成制造（computer integrated mfg）在信息、自动化、制造与管理技术的基础上，通过计算机把分散在产品设计、制造过程中各种孤立的自动化子系统集成起来，形成适用于多品种、小批量的生产方式，实现整体效益的集成化

续表

制造模式	定义
敏捷制造	敏捷制造（agile mfg）是在具有创新精神的组织和管理结构、先进制造技术、有技术有知识的管理人员三大类资源支柱支撑下得以实施的，对迅速改变的市场需求和市场进度做出快速响应
现代集成制造	现代集成制造（contemporary integrated mfg）在支持信息集成的计算机集成制造技术基础上，支持过程集成和企业集成
绿色制造	绿色制造（sustainable mfg）是一个综合考虑环境影响和资源效益的现代化制造模式，其目标是在整个产品生命周期中，对环境的影响（负作用）最小，资源利用率最高，并使企业经济效益和社会效益协调优化
云制造	云制造（cloud mfg）是在制造即服务理念的基础上，借鉴了云计算思想发展起来的一个新概念。云制造是先进的信息技术、制造技术以及新兴物联网技术等交叉融合的产品
智能工厂	智能工厂（smart factory）利用信息物理系统和工业互联网，构建智能化生产系统和网络化分布生产设施，实现生产过程的智能化
人机物共融制造	人机物共融制造（intelligent mfg with human-cyber-physical fusion & collaboration）应用模式和工业生态，通过对人、机、物系统的全面连接、协同和融合，构建起覆盖全产业链、全价值链的全新制造、服务和商业模式创新体系，为工业乃至产业数字化、网络化、智能化发展提供了实现途径

总体来说，每一种制造模式都具有一组不同的需求集合，既有来自社会的需求，也有来自市场力量的需求。

2.2 人机物共融智能制造系统的产生

制造系统是人、机器和装备以及物料流和信息流的一个组合体。日本东京大学的一位教授指出："制造系统可从结构、转变和过程等方面定义。在结构方面，制造系统是一个包括人员、生产设施、物料加工设备和其他附属装置等各种硬件的统一整体；在转变方面，制造系统可定义为生产要素的转变过程，特别是将原材料以最大生产率变成产品；在过程方面，制造系统可定义为生产的运行过程，包括计划、实施和控制。"

综合而言，制造系统是制造过程及其所涉及的硬件、软件和人员所组成的一个将制造资源转变为产品或半成品的输入/输出系统，涉及产品全生命周期（包括市场分析、产品设计、工艺规划、加工过程、装配、运输、产品销售、售后服务及回收处理等）的全过程或部分环节。其中，硬件包括厂房、生产设备、工具、刀具、计算机及网络等；软件包括制造理论、制造技术（制造工艺和制造方法等）、管理方法、制造信息及其有关的软件系统等；制造资源包括狭义制造资源和广义制造资源。狭义制造资源主要指物能资源，包括原材料、坯件、半成品、能源等；广义制造资源还包括硬件、软件、人员等。

制造系统的目标是用远低于生产原型产品的成本来生产高质量产品，使之能以优惠的价格进行销售。制造系统与制造模式相适应，随着新的技术使能器（如计算机、新兴信息技术等）的引入和制造模式的变化，对应于每一种新的制造模式就有一种新型的制造系统被开发出来，并由当时所具备的使能技术和需求所驱动，沿着数字化、网络化和智能化的方向演变。

2.2.1 机械化和电气化时代的制造系统

蒸汽机的发明，将人类社会带入了蒸汽动力时代，蒸汽机成了大工业时代普遍应用的发动机，引发了第一次工业革命。

第一次工业革命标志着机器开始代替人的体力劳动，汽车、汽船、蒸汽机车等交通工具的发展促进了机械制造业的发展，第一次工业革命也称机器化革命，或工业1.0时代，为资本主义发展和机器大生产创造了广阔的前景，开启了自动化的时代。

19世纪中叶，电磁效应、电流相互作用定律、永磁电动机模型、电磁感应定律、电磁场理论等引发了第二次工业革命（工业2.0时代），又称电气化革命。内燃机、高速汽油发动机、大功率柴油机、四轮汽车的发明促进了电气化技术的进一步应用。

18世纪末到20世纪初这一百多年中，人类在制造领域进行了大量探索性实验、研究，解决了机械、热力、电磁、化学能量的转换问题，促进了从切削原理、金属材料、机械设计、技术测量直到机床制造等一系列制造技术的迅速发展。在此基础上，1908年福特汽车公司对生产技术做了一系列重大改进，开创了汽车的大量生产方式，汽车逐步进入欧美家庭，成为改造世界的机器，从而引发了第二次工业革命的空前大发展。

福特的大量生产方式新技术克服了单件生产方式所固有的问题。大量生产方式的关键不是移动的组装线，而是零件的互换性，即所有的零件全都可以互换，始终如一，而且连接非常方便。这种革新，使组装线成为可能。这种大量生产方式减少了总装一辆汽车的工时。生产的汽车越多，每辆汽车成本降低越多。当福特的某种车型生产200万辆时，可使顾客的实际开支降低2/3。为了吸引中等消费者这一市场目标，福特在设计汽车时，为汽车的使用和维护提供了前所未有的方便，普通人用一般的工具便可以修理一般的故障。这些优势把福特公司推到了世界汽车业的首位。这种大量生产方式推动汽车工业的进步达半个世纪以上。

上述示例表明，一种新的生产模式（大量生产方式）及其技术（来自零件的互换性即公差配合与测量，该技术是机械学科的一个基础技术）支持，带给了制造业一个重大变革。但是，这场变革的深远意义不止于此，还表现在：

① 劳动力的分工　不仅零件可以互换，工人也容易调换。劳动力的分工使临时招募的劳工（彼此之间互相不认识，甚至存在语言不通问题）培训几小时甚至几分钟便可以上生产线，生产出复杂的产品。同时，专业的分工也产生了，如工艺工程师、装备工程师、清洁工、修理工、领班等。只有检修工保留了过去装配工的许多技艺。工艺工程师中还要分工（负责总装的工艺师和各零件作业的工艺师以及电气工艺师等）。随着时间的流逝，工程专业也越分越细，同专业的工程师可谈的话题越来越多，而相反，不同专业的工程师之间的共同语言越来越少，这些功能障碍，到后来又会影响整个生产。

② 组织结构　追求纵向一体化的生产组织模式，从原材料、制造到与汽车相关的所有功能都纳入到福特公司里来（福特公司可称得上是开了“大而全”的先河）。福特要把所有的工作都归并到厂内自制，是由于其对每个零件的尺寸偏差和交货期都有严格要求。组织结构上用严格计划下的严格管理来代替市场经济，总部高级管理人员对公司内部的各个业务分部予以协调。

③ 工具的进步　为了代替技艺高超的工匠，福特将机床用来完成同样的工作，这样减少了机床的调试时间。采用专门设计的工夹具降低了对工人的操作技艺要求。此外，按工艺的顺序安排下一道工序，安排专用的机床进行加工，这就进一步提高了效率。刚性生产线因此便形成了。

在工业1.0和工业2.0时代，制造系统是一种由人和物理系统组成的二元模式，核心如图2.13所示，人物理系统（human physical system， HPS）协同完成制造过程。在HPS驱动的制造系统中，机器开始代替人完成部分体力劳动，此阶段信息系统尚未出现。

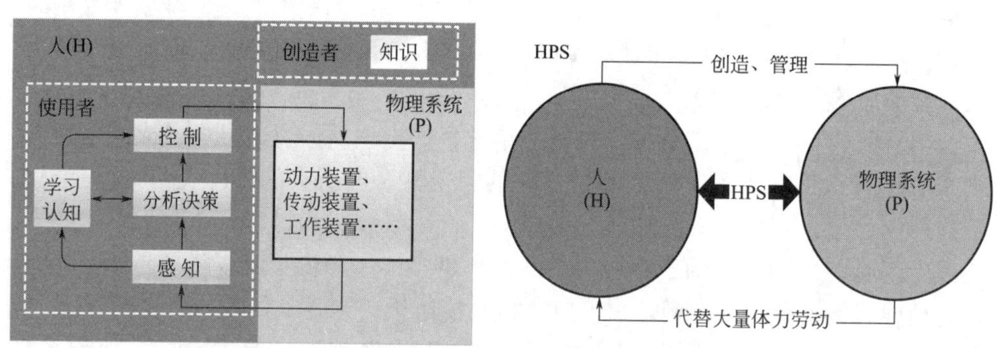

图2.13　人物理系统（HPS）及其原理图

2.2.2 信息化时代的智能制造系统

以计算机、可编程逻辑控制器、互联网为代表的信息技术与制造技术融合，诞生了数字化制造范式，制造系统从人物理系统二元模式转变为人信息物理系统的三元模式，形成了信息化时代多种以人机物交互为核心的智能制造系统。

（1）信息技术的发展阶段

信息技术的发展历史可以上溯到人类起源的时候，但是如今所说的信息技术的发展阶段主要还是从计算机出现以后算起。从那时起，信息技术的发展经历了图 2.14 所示的数据处理时代、个人计算机（PC）时代、互联网（Internet）时代、移动互联网时代，进入到当前的数字经济时代，每个阶段可分为启动、扩散、控制和集成等发展过程。

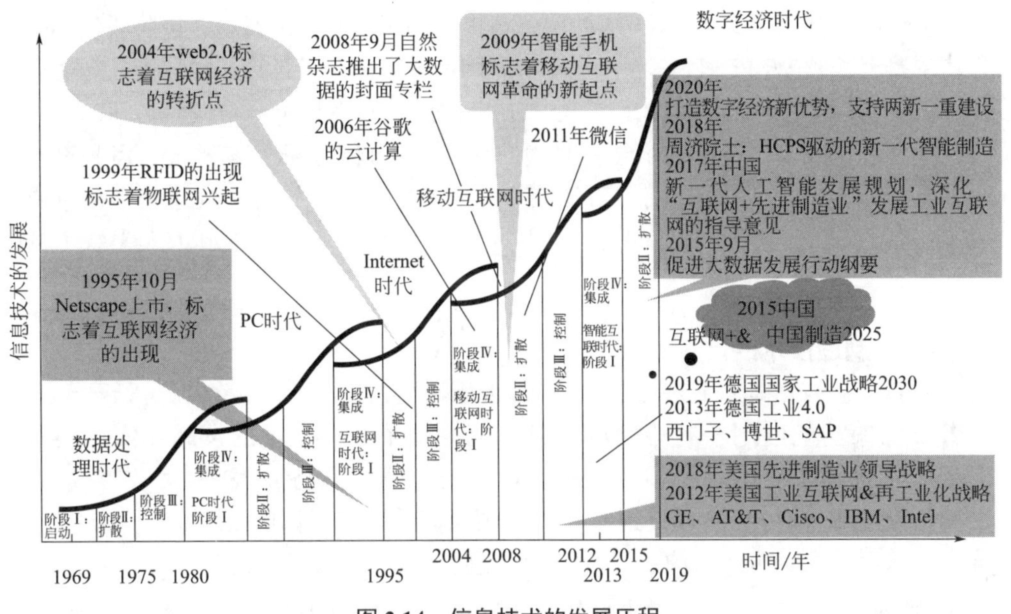

图 2.14　信息技术的发展历程

第一阶段开始于第二次世界大战期间，军事工业发展的需要促使电子技术的研究与开发异常活跃。1945 年诞生了第一台电子计算机；贝尔实验室 1958 年成功研制出集成电路；1971 年出现了单片微处理机，之后诞生了超大规模集成电路，电子计算机进入超大规模集成电路的第四代；1969 年诞生了第一台可编程逻辑控制器（programmable logic controller，PLC），PLC 把智能融入机器和过程自动化，广泛应用于工业、基础设施和建筑业，标志着数据处理时代的到来。

第二阶段技术上的特征是源于 1981 年 IBM 的第一台桌上型个人计算机

（personal computer，PC）的出现与发展，这使信息处理技术发生了革命性变化。但是，信息处理的范围还局限于单机，而且所能处理的信息也非常简单，主要是文字和二维图形。

第三阶段技术上的特征是 1995 年 10 月 Netscape 上市，标志着互联网时代的出现，网络和通信技术使得信息跨地域的流通和共享得以实现。在该阶段，信息处理能力大大增强，还能处理包括图形、图像、声音等多媒体信息。此时，信息主要通过门户网站、搜索引擎和社区进行单向传播。随着各国信息高速公路的建设，迎来了信息化进程中的互联网时代。

第四阶段开始于 2004 年，Web 2.0 改变了传统门户网站单向传播特征，实现了用户主动获取并产生内容。2009 年智能手机的出现标志着移动互联网进入快速发展阶段。该阶段信息连接方式以 Wi-Fi、3G、4G 为主，信息传播方式通过社交平台、自媒体等实现双向互动。

第五阶段开始于 2012 年美国通用公司提出的工业互联网概念，该阶段的连接方式主要有移动 Wi-Fi 和 5G 等，并以物联网、大数据、云计算、机器人、智能硬件和人工智能为手段，以智能设备为中心出发点，实现整个网络世界之间的全方位智能互联、互动。随着数字经济时代的到来，人们能够很容易地通过各种途径得到大量信息，但其中有用信息的比例也随之减小了。如何有效地利用信息就成了亟待解决的问题。信息的智能化技术使得计算机能够真正成为人类智力的延伸。

（2）制造技术的演变

随着信息技术的高速发展，计算机和互联网在信息采集、存取、处理与通信等方面的功能应用于制造领域，极大地推动了制造技术的发展。信息技术广泛应用于制造业的各个领域，对制造业的渗透、支持与服务，引发并加速了制造业全新的变革进程，这一因信息技术引领的工业革命，也称为新技术革命。这些新技术的代表有计算机辅助设计（computer aided design，CAD）、计算机辅助制造（computer aided manufacturing，CAM）、管理信息系统（management information system，MIS）、柔性制造（flexible manufacturing，FM）、计算机集成制造（computer integrated manufacturing，CIM）、精益生产（lean production，LP）、并行工程（concurrent engineering，CE）、敏捷制造（agile manufacturing，AM）、现代集成制造（contemporary integrated manufacturing，CIM）等。

在新技术革命浪潮的冲击下，传统资本密集型、设备密集型、技术密集型的生产与管理模式受到挑战，信息密集型和知识密集型生产与管理模式将取而代之。制造技术发生了质的飞跃，生产力的含义已转化为信息、自动化设备和人的智力劳动。数控机床、计算机辅助制造技术、计算机辅助设计技术、计算机辅助生产管理技术、工厂自动化技术等有代表性的新技术的应用，标志着制造业进入信息时代。

上述新技术反映出信息技术开始进入制造业，为制造业服务、支持，并渗透到制造业的方方面面，各种优化生产技术应运而生：物料需求计划（material requirement planning，MRP）、制造资源计划（manufacturing resource planning，MRPII）、考虑按设备瓶颈组织和优化生产的最佳生产技术（optimized production technology， OPT）、考虑最优库存的适时生产（just in time， JIT）、企业资源计划（enterprise resource planning，ERP）等。各种专用的信息系统用于产品报价，跟踪重要零部件的生产状况，为企业高层领导辅助决策的工具等。此外，在加工现场，除数控机床、加工中心外，在线的三坐标测量机，柔性制造单元（flexible manufacturing cell，FMC）和柔性制造系统（flexible manufacturing system，FMS），各种自动化物流系统，如立体仓库、自动导引车（automated guided vehicle，AGV）等，控制生产线的可编程逻辑控制器（programmable logic controller，PLC）等，也开始被广泛采用。

从上面的分析，可以得到如下启示：

① 生产模式的变革，特别是重大的生产模式的变革，必须以相应的科技进步作为支撑，生产管理模式和相应的科技进步是推动社会进步的相辅相成的两个方面。

② 从单件生产方式到大量生产方式，机械技术的进展是主要技术支持，对社会的推动是巨大的，影响至今。

③ 在近三四十年里，信息技术对制造业起的作用越来越大，产品又由大量生产方式向批量生产方式转变。

（3）制造系统的变革

以 PLC、计算机、互联网为代表的信息技术，促进了人信息物理系统三元模式的出现。工业 1.0 和工业 2.0 时代的制造系统是以人和物理系统为主体的二元模式，而随着信息技术的发展，制造系统从人类社会、物理世界构成的二元模式转变为以人类社会、信息空间和物理世界为主体的三元模式[8]，二元模式向三元模式发展的过程如图 2.15 所示。

在 HCPS 三元模式系统中，人的部分控制、分析决策与感知功能由信息系统完成，信息系统可以代替人类完成部分脑力劳动，并代替操作者去控制物理系统完成工作任务，人的主要作用在于修正机器的决策，并将人参与的过程记忆在机器的知识库中。在传统的二元模式系统中，人付出高比例的体力劳动和脑力劳动。随着自动化、智能化等新一代信息技术的发展，机器付出比例逐渐升高，在某些场景中甚至会自主决策。但是，由于机器的认知程度不够（知识库不够完备），因此面对故障、干扰等因素的影响不一定能够做出正确的决策。此时，人参与到信息物理系统中，针对问题给出决策，并将人与机器的决策综合后得到最终结果，同时将决策过程和结果补充到机器的知识库中，以此不断进化完善，直至达到最终的理想水平，在最终的理想阶段，机器的知识库完备并且自主决策可以满足解决问题的需求。

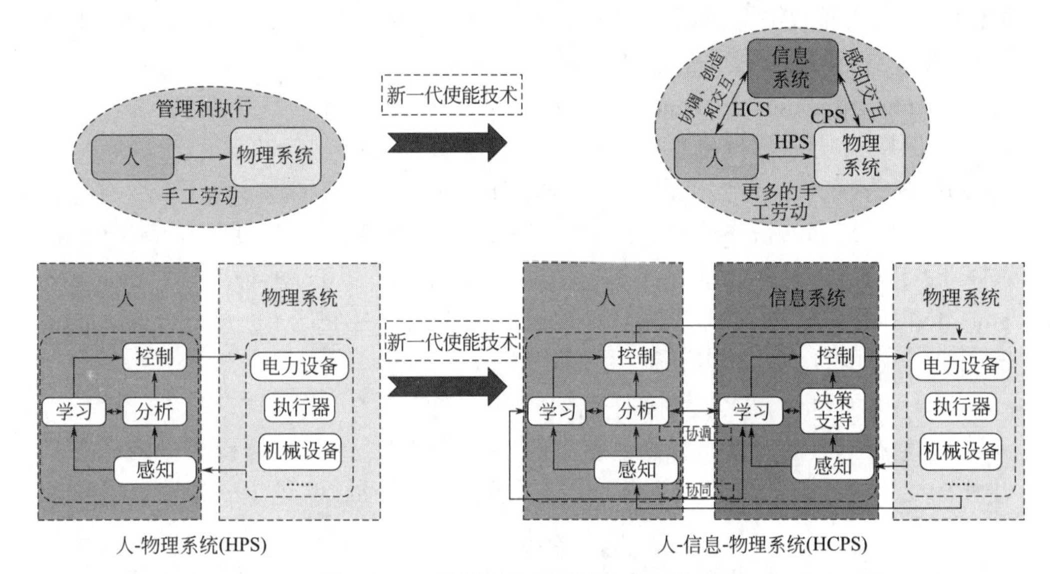

图 2.15　二元模式向三元模式发展的过程

随着 HCPS 技术的发展，信息化时代出现了几种典型的以人机物交互为核心的制造系统，如德国以提高产品质量为目标的柔性制造系统、日本以节约成本为目标的精益制造系统、美国以提高客户服务满意度为目标的敏捷制造系统，以及中国以注重环境友好为目标的现代集成制造系统等。

2.2.3　数字经济时代的智能制造系统

工业互联网、大数据、新一代人工智能、数字孪生等新一代信息技术的发展，以及与制造技术的深度融合，孕育了数字经济时代的第二代智能制造和新一代智能制造范式，制造系统也向网络协同和智能化方向演化。

（1）新一代人工智能

人工智能是研究开发能够模拟、延伸和扩展人类智能的理论、方法、技术及应用系统的一门新的技术科学，研究目的是促使智能机器会听（语音识别、机器翻译等）、会看（图像识别、文字识别等）、会说（语音合成、人机对话等）、会思考（人机对弈、定理证明等）、会学习（机器学习、知识表示等）、会行动（机器人、自动驾驶汽车等）。

1）人工智能的发展过程　人工智能（artificial intelligence，AI）是研究、开发用于模拟、延伸和扩展人的智能的理论、方法、技术及应用系统的一门新的技术科学。人工智能的概念诞生于1956年，60多年间伴随着互联网、大数据、云计算等技术的发展，人工智能取得了长足的进展。

2）人工智能的几个重要组成部分　人工智能是一个比较宽泛的概念，指由人工所制造出的系统所体现出来的智能，即根据环境及条件做出相应行动并达成目标的系统，包括专家系统、智能Agent、机器学习、数据挖掘、机器人学、模式识别、多元智能等众多子领域（图2.16）。

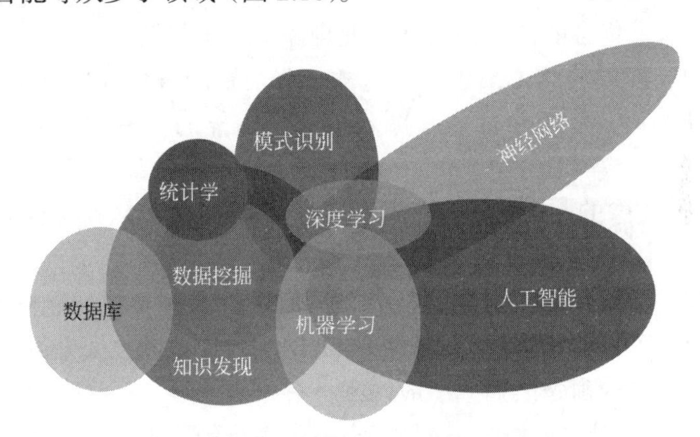

图2.16　人工智能的几个重要组成部分

① 模式识别　模式识别是人类的一项基本智能，在日常生活中，人们经常在进行“模式识别”。随着20世纪40年代计算机的出现以及50年代人工智能的兴起，人们当然也希望能用计算机来代替或扩展人类的部分脑力劳动。模式识别在20世纪60年代初迅速发展成为一门新学科。

随着计算机技术的发展，人类有可能研究复杂的信息处理过程，其过程的一个重要形式是生命体对环境及客体（模式）的识别。模式识别是指对表征事物或现象的各种形式的信息（数值信息、文字信息和逻辑关系信息）进行处理和分析，以对事物或现象进行描述、辨认、分类和解释的过程，是信息科学和人工智能的重要组成部分。

早期的模式识别研究着重在数学方法上。20世纪50年代末，F. 罗森布拉特提出了一种简化的模拟人脑进行识别的数学模型——感知器，初步实现了通过给定类别的各个样本对识别系统进行训练，使系统在学习完毕后具有对其他未知类别的模式进行正确分类的能力。1957年，周绍康提出用统计决策理论方法求解模式识别问题，促进了从20世纪50年代末开始的模式识别研究工作的迅速发展。

1962 年，R. 纳拉西曼提出了一种基于基元关系的句法识别方法。1982 年和 1984 年，J. 荷甫菲尔德发表了两篇重要论文，深刻揭示出人工神经网络所具有的联想存储和计算能力，进一步推动了模式识别的研究工作，短短几年在很多应用方面就取得了显著成果，从而形成了模式识别的人工神经网络方法的新的学科方向。

人们在观察事物或现象的时候，常常要寻找它与其他事物或现象的不同之处，并根据一定的目的把各个相似的但又不完全相同的事物或现象组成一类。字符识别就是一个典型的例子。例如数字“4”可以有各种写法，但都属于同一类别。更为重要的是，即使对于某种写法的“4”，以前虽未见过，也能把它分到“4”所属的这一类别。人脑的这种思维能力就构成了“模式”的概念。在上述例子中，模式和集合的概念是分开来的，只要认识这个集合中的有限数量的事物或现象，就可以识别属于这个集合的任意多的事物或现象。为了强调从一些个别的事物或现象推断出事物或现象的总体，我们把这样一些个别的事物或现象叫作各个模式。也有的学者认为应该把整个的类别叫作模式，这样的“模式”是一种抽象化的概念，如“房屋”等都是“模式”，而把具体的对象，如一座办公大楼，叫作“房屋”这类模式中的一个样本。这种名词上的不同含义是容易从上下文中弄清楚的。

模式识别又常称作模式分类，从处理问题的性质和解决问题的方法等角度，模式识别分为有监督的分类和无监督的分类两种。二者的主要差别在于，各实验样本所属的类别是否预先已知。一般说来，有监督的分类往往需要提供大量已知类别的样本，但在实际问题中，这是存在一定困难的，因此研究无监督的分类就变得十分有必要。

模式识别强调建立模型刻画已有特征，样本是用于估计模型中的参数，其落脚点是感知。例如识别“3”这个数字，在融入了很多的智慧和直觉后，人们构建了一个区分“3”和“B”或者“3”和“8”的程序，光学字符识别就是从模式识别社区诞生的，而决策树、启发式和二次判别分析等诞生于这个时代，可以把模式识别称为 20 世纪 70 年代到 90 年代初的“智能”信号处理。

模式识别是人工智能的基础技术，21 世纪是智能化、信息化和计算机化的世纪，作为人工智能技术基础学科的模式识别技术，必将获得巨大的发展空间。

② 数据挖掘　数据挖掘是指从大量数据中通过算法搜索隐藏于其中知识信息的过程，是一种决策支持过程，它主要基于人工智能、机器学习、模式识别、统计学、数据库、可视化技术等，高度自动化地分析企业的数据，做出归纳性的推理，从中挖掘出潜在的模式，帮助决策者调整市场策略，减少风险，做出正确的决策。

数据挖掘起源于从数据库中发现知识（knowledge discovery in database，KDD），KDD 是从数据中辨别有效的、新颖的、潜在有用的、最终可理解的模式的过程，数据挖掘是 KDD 中通过特定的算法在可接受的计算效率限制内生成特定模式的一个步骤。由此可见，整个 KDD 过程是一个以知识使用者为中心、人机交互的探索过程。数据挖掘只是数据库中知识发现的一个步骤，但又是最重要的一步。因此，往往可以不加区别地使用 KDD 和数据挖掘。一般在研究领域被称作数据库中的知识发现，在工程领域则称之为数据挖掘。

目前，随着机器学习算法的快速发展，数据挖掘利用机器学习算法从海量数据中发现可用的知识，也就是从一堆数据中找出输入与输出之间的关系，然后根据新的输入预测输出。例如，如果有北京从 1 月到 10 月的房价数据，房子不同的面积对应不同的价格，到了 11 月有一套 $100m^2$ 的房子，价格应该是多少呢？这就需要从以前的数据中挖掘出来输入（面积）和输出（价格）的关系。

数据挖掘就是从大量数据中获取有效的、新颖的、潜在有用的、最终可理解的模式的非平凡过程。数据挖掘的广义观点：数据挖掘就是从存放在数据库、数据仓库或其他信息库中的大量数据中"挖掘"有趣知识的过程。数据挖掘，又称为数据库中知识发现，也有人把数据挖掘视为数据库中知识发现过程的一个基本步骤。知识发现过程以下步骤组成：a. 数据清理；b. 数据集成；c. 数据选择；d. 数据变换；e. 数据挖掘；f. 模式评估；g. 知识表示。数据挖掘可以与用户或知识库交互。

并非所有的信息发现任务都被视为数据挖掘。例如，使用数据库管理系统查找个别的记录，或通过因特网的搜索引擎查找特定的 Web 页面，则是信息检索（information retrieval）领域的任务。虽然这些任务是重要的，可能涉及使用复杂的算法和数据结构，但是它们主要依赖传统的计算机科学技术和数据的明显特征来创建索引结构，从而有效地组织和检索信息。尽管如此，数据挖掘技术也已用来增强信息检索系统的能力。

数据挖掘利用了来自如下一些领域的思想：来自统计学的抽样、估计和假设检验，人工智能、模式识别和机器学习的搜索算法、建模技术和学习理论。数据挖掘也迅速地接纳了来自其他领域的思想，这些领域包括最优化、进化计算、信息论、信号处理、可视化和信息检索。一些其他领域也起到重要的支撑作用。特别地，需要数据库系统提供有效的存储、索引和查询处理支持。源于高性能（并行）计算的技术在处理海量数据集方面常常是重要的。分布式技术也能帮助处理海量数据，并且当数据不能集中到一起处理时更是至关重要。数据挖掘能做以下 7 种不同事情（分析方法）：分类（classification）、估值（estimation）、预测（prediction）、相关性分组或关联规则（affinity grouping or association rules）、聚类（clustering）、描述和可视化（description and visualization）、复杂数据类型（如 Text、Web、图形图像、视频、音频等）挖掘。

③ 机器学习　机器学习属于人工智能领域的重要组成部分，专门研究计算机

如何模拟或实现人类的学习过程以获取新的知识或技能，重新组织已有的知识结构使之不断完善自身。机器学习的研究现今取得了长足的发展，许多新的学习方法相继问世并获得了成功的应用，如增强学习算法。然而，现有的方法处理在线学习方面尚不够有效，如何解决移动机器人、自主 Agent、智能信息存取等研究中的在线学习是研究人员共同关心的问题。

机器学习起源于 20 世纪 70 年代到 90 年代的模式识别和数据挖掘算法，决策树、启发式和二类判别分析等算法的出现诞生了初级的智能程序（数据挖掘的算法主要包括神经网络法、决策树法、遗传算法、粗糙集法、模糊集法、关联规则法等，模式识别的算法主要包括 K-Nearest Neighbor、Bayes Classifier、Principle Component Analysis 等）；20 世纪 90 年代初诞生了机器学习的概念，主要是从样本中进行学习的智能程序，包括（非）监督的训练、特征提取、建模算法、预测和分类等步骤。基于机器学习的方法不需要故障演化过程或寿命退化过程的精确解析模型，直接对对象系统的各类可用数据进行分析，通过各种数据处理与分析方法（如多元统计方法、聚类分析、频谱分析、小波分析等），挖掘对象系统数据中隐含的健康状态或退化特征信息，对设备的失效时刻进行预测，获得设备的健康状态和剩余寿命。基于机器学习的方法研究和应用较为广泛的方法主要集中在计算智能、机器学习、统计信号处理等模型和算法，分为数据准备（data preparation）、合并数据源（merging data sources）、特征工程（feature engineering，特征构造、特征提取和特征选择）、预测建模（modeling）（bin-classification/regression/multi-classification）、算法训练和仿真（training & simulation）、维护决策（decision）等步骤。这类方法具有两个缺陷，收敛性慢以及容易陷入局部最优解，由于数据驱动的原因，这些模型具有很高的计算复杂性，容易造成计算爆炸问题。

不同于模式识别中人类主动去描述某些特征给机器，机器学习从已知经验数据（样本）中，通过某种特定的方法（算法），自己去寻找提炼（训练 / 学习）出一些规律（模型），提炼出的规律就可以用来判断一些未知的事情（预测）。也就是说，模式识别和机器学习的区别在于：前者喂给机器的是各种特征描述，从而让机器对未知的事物进行判断；后者喂给机器的是某一事物的海量样本，让机器通过样本来自己发现特征，最后去判断某些未知的事物。

值得一提的是，在机器学习中，尽管电脑可以自行通过样本总结规律，但是依旧需要人工干预来为其提供规律总结的方向以及维度。

机器学习 10 大经典算法包括：C4.5（决策树）算法、K-Means（K 均值）算法、支持向量机（support vector machines，SVM）算法、关联规则算法、最大期望（expectation maximizatio，EM）算法、PageRank 算法、AdaBoost 算法、K 最近邻（K-nearest neighbor，KNN）算法、朴素贝叶斯（Naive Bayes）算法、分类与回归树（classification and regression trees，CART）算法。

④ 深度学习　深度学习（deep learning，DL）是机器学习（machine learning，ML）领域中一个新的研究方向，被引入机器学习使其更接近于最初的目标——人工智能（artificial intelligence，AI），解决了机器学习中特征的自动提取问题。

二十世纪八九十年代由于计算机计算能力有限和相关技术的限制，可用于分析的数据量太小，深度学习在模式分析中并没有表现出优异的识别性能。自从 2006 年，Hinton 等提出快速计算受限玻尔兹曼机（RBM）网络权值及偏差的 CD-K 算法以后，RBM 就成了增加神经网络深度的有力工具，导致后面使用广泛的DBN（由 Hinton等开发并已被微软等公司用于语音识别中）等深度网络的出现。与此同时，稀疏编码等由于能自动从数据中提取特征也被应用于深度学习中。基于局部数据区域的卷积神经网络方法近年来也被大量研究。

深度学习是学习样本数据的内在规律和表示层次，这些学习过程中获得的信息对诸如文字、图像和声音等数据的解释有很大的帮助。它的最终目标是让机器能够像人一样具有分析学习能力，能够识别文字、图像和声音等数据。深度学习是一个复杂的机器学习算法，在语音和图像识别方面取得的效果，远远超过先前相关技术。

3）人工智能的应用　在信息技术的引领下，数据信息快速积累，运算能力大幅提升，人工智能发展环境发生了巨大的变化，跨媒体智能、群体智能成为新的发展方向，以 2006 年 Hinton 等人提出的深度学习模型为标志，逐渐形成了新一代人工智能的基础理论、模型、算法和领域应用，人工智能技术也从图 2.17 所示的少数精英的“发明期”走向遍地开花的“应用期”，这一变革的临界点是深度学习。深度学习打破了从不可用到可用的界限，把人工智能推进“应用期”，此后的强化学习、迁移学习、生成式对抗网络（generative adversarial networks，GAN）等技术虽然有很大贡献，但不会像深度学习一样有如此革命性进展。在未来，还会有很多新技术被发明，但是它们可能很难超越深度学习对产业和社会造成的影响力。

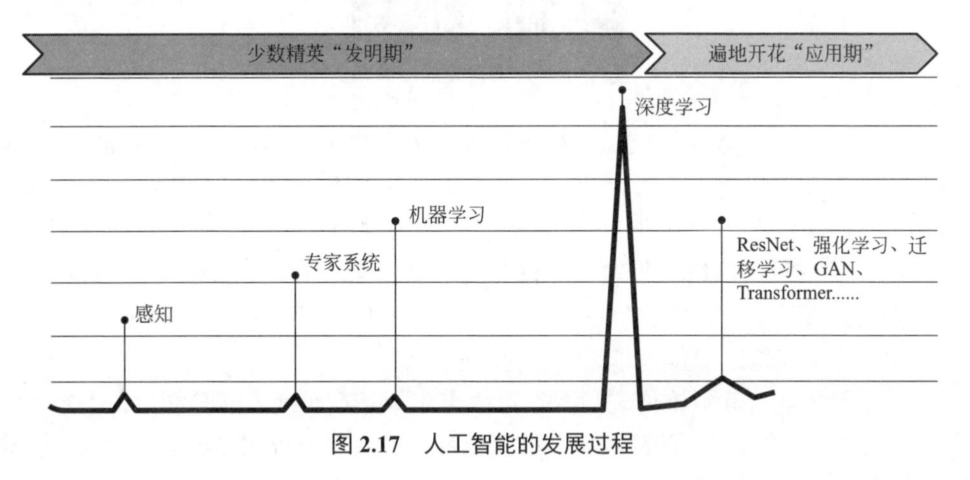

图 2.17　人工智能的发展过程

进入“应用期”以后，人工智能成为重要的基础设施（表 2.3）。

表 2.3　人工智能作为基础设施

年份 / 年	2012	2017	2020	2025
AI	AI 技术	AI+B2B	AI+ 传统公司	AI 无处不在
AI 工程师	1,000’s	100,000’s	1,000,000’s	10,000,000’s+
AI 开发难易程度	不可能的任务	困难	懂点 AI 的工程师	大多数工程师
CEO	有经验的博士	CEO= 商业 + CTO= 科技	传统公司 + 首席 AI 官	传统公司
绝对价值创造	低	中等	高	高

4）人工智能的发展方向　人工智能在语音识别、文本识别、视频识别等方面已经超越了人类，或者可以说人工智能在感知方面已经逐渐接近人类的水平。从未来的趋势来看，人工智能将会有一个图 2.18 所示的从感知（perception）到认知（cognition）逐步发展的基本趋势。

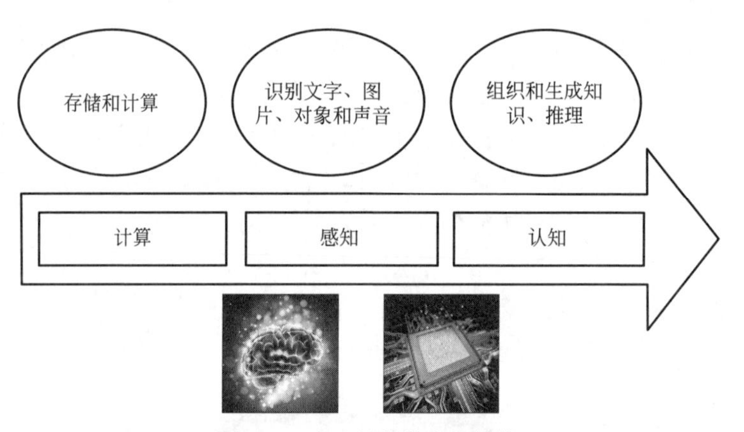

图 2.18　人工智能的发展趋势

在感知方面，算法是感知过程最重要、最具代表性的内容，AlphaGo、无人驾驶、文本和图片之间的跨媒体计算等算法取得了快速发展。如果把重要算法进行归类，以深度学习为例进行展示的话，可以得到图 2.19 所示的发展脉络。最上层的内容是以前向网络为代表的深度学习算法，第二层内容表示一个以自学习、自编码为代表的学习时代，第三层内容代表自循环神经网络（概率图模型的发展）的算法，最下面是以增强学习为代表的发展脉络。

人工智能经历几波浪潮之后，在过去十年中基本实现了感知能力，但却无法做到认知能力（推理、可解释等）。2018 年底，张钹院士正式提出第三代人工智能的理论框架体系，核心思想为：“建立可解释、鲁棒性的人工智能理论和方法，发展安全、可靠、可信及可扩展的人工智能技术，推动人工智能创新应用。”具体实施路线图：与脑科学融合发展脑启发的人工智能理论，数据与知识融合的人工智能理论与方法。这个思想框架的核心概念是知识图谱、认知推理和逻辑表达等内容。

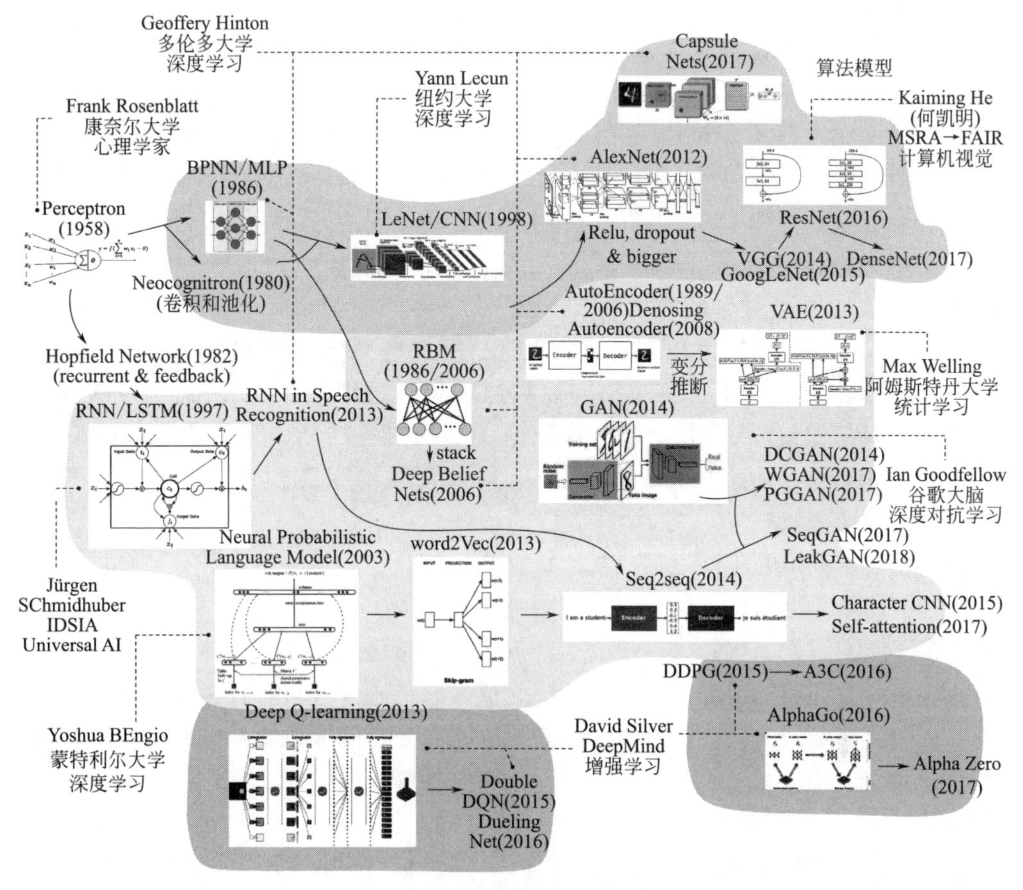

图 2.19　人工智能算法发展脉络

另一方面，自从 1956 年人工智能概念被提出以来，研究学者就在不断地思考人与智能化的计算设备之间的关系。随着计算机和人交互融合的深入，计算机科学家 Licklider 于 1960 年进一步提出了人机共生（man-computer symbiosis）的概念，受限于当时计算机硬件技术的发展，这些人机智能的融合方式都仅仅停留在论文严谨的推导和证明中。

到 20 世纪 70 年代，专家系统（expert system）在医疗经济学领域盛行，人与机器的智能混合初现端倪。然而，这类系统仅仅是人类推理知识的计算机表达形式，智能混合还显得比较浅显，即人将数据输入给计算机，计算机返回处理结果，人再通过自己的智能进行最终的决策。在这个过程中，人类始终扮演着推理角色，计算机担任数据处理和分析职责。

21 世纪以来，随着大数据和智能科学的发展，计算技术从充分利用各类网络资源的网络计算，发展到可对物理资源进行分布式虚拟化的云计算，到强调以人为中心随时随地获取信息服务的普适计算，再到就近利用网络和设备提供边缘服务的边缘计算，以及计算和环境融为一体的泛在计算。随着网络空间（cyberspace）、物理世界（physical world）、人类社会（human society）组成的人机物三元世界（ternary universe）的深度融合，人机物三元计算作为描述物联网的新型计算模型，将计算技术的发展引入到人机混合智能的新阶段。人机混合智能旨在将人的作用或认知模型引入到人工智能系统中，提升人工智能系统的性能，使人工智能成为人类智能的自然延伸和拓展，通过人机协同更加高效地解决复杂问题。2017 年 7 月，国务院发布了《新一代人工智能发展规划》，给出了包括大数据智能理论、跨媒体感知计算理论、混合增强智能理论、群体智能理论、自主协同控制与优化决策理论、高级机器学习理论、类脑智能计算理论、量子智能计算理论等 8 条内容的新一代人工智能基础理论体系，为探索人机融合环境下人类和机器智能的深度融合创造了前所未有的机会。

随着自主系统的不断发展，人、机在物理域、信息域、认知域、计算域、感知域、推理域、决策域、行为域的界限越来越模糊，“你中有我，我中有你”，人机融合智能的研究趋势越来越显著。与人机混合智能相比，人机融合智能利用人类智能和机器智能的差异性和互补性，完成复杂的感知和计算任务，实现人类和机器智能的共融共生。人机物共融智能（协同和融合的人机物共融共生）中人机界面分明，更能反映真实的人机关系，会是未来智能科学发展的下一个突破点，将推动人类社会的生产和生活方式发生深刻变革。

5）人工智能与制造业的融合　结合人工智能的发展，在当前智能制造领域，通过传感、存储、计算、感知（建模与数据分析）、认知（人机协同决策）等过程，发展人机物共融的自主智能（面向自主无人系统的协同感知与交互、协同控制与优化决策、人机物三元协同与互操作）、人在回路的混合增强智能、大数据智能、跨媒体智能等智能技术与制造技术的融合，促进新一代智能制造范式的深入发展，推动人工智能的创新应用。

人工智能赋能制造业的过程，将从单一环节（例如单一环节降本增效、单一环节优化赋能）逐渐到整个流程（流程智能化赋能），再逐渐重构整个行业规则。

（2）数字孪生、数据主线与数据空间

要为用户带来以服务为基础的良好体验，就必须在产品全生命周期内记录和观察产品的状态，即硬件、软件和数据属性随时间的变化，并根据状态提供增值服务。这就要求制造商在售出产品后，长期监测智能产品的状态数据并建模分析，目前几乎没有硬件制造商能做到这一点。如果要实现这一点，就需要数字主线和数字孪生。数字孪生是一套实体产品的数字资料，不仅包括 3D 模型，还包括材料特性、软件和数据，数字孪生是产品相关数据的唯一真实记录。数字主线将这一概念延伸到整个产品的生命周期，以跟踪记录产品配置的变化以及产品的数据流。数据空间则从产品 / 制造 / 管理等不同主题域实现对这些数据的管理。

数字化产生了物理对象的数字孪生，构建了物理空间对应的数字空间，形成了产品 / 制造 / 管理等不同主题域的数据空间和模型空间。网络化催生了物理对象与数字对象的协同，形成了物理空间和数字空间的网络化协同制造。智能化则贯穿于数字化制造和网络化协同制造的全过程，新一代人工智能与制造过程融合，逐渐形成了以数据空间和数字孪生为模型基础，以智能工厂为载体，以物理空间中设备 / 工序 / 车间 / 流程的自主智能控制以及信息空间中数字对象的远程管理、智能分析与决策为特征的第二代和新一代智能制造范式。

2.3 产品服务系统的演变

产品结构随着制造模式的变化而改变。随着产品种类的扩展，产品结构越来越模块化，产品功能和服务越来越多样化。随着工业互联网、大数据和人工智能等新一代信息技术的快速发展，数字化制造范式下制造模式的产品设计内容逐渐发展成了面向第二代智能制造范式的产品服务系统平台以及面向新一代制造范式的生态系统服务平台。

2.3.1 工业互联网环境中产品结构的变化

价值创造来源的转变要求制造商从根本上进行产品改造。几十年前，价值来源开始发生改变，软件在产品价值中所占比重不断上升，预计在数字化进程中这种转移的速度将越来越快。产品价值来源分布如图 2.20 所示。数字配件一般具有以下人工智能的功能：机器学习、智能语音助手用户界面、自然语言处理，以及采集、处理、分析大量数据。预计未来的价值来源是 20% 软件、

5% 电子器件、5% 机械零件、70% 数字配件，这种变化要求对产品进行根本性改造。

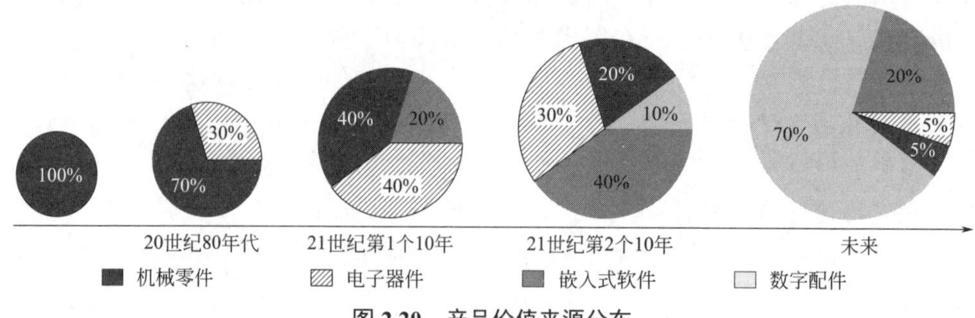

图 2.20　产品价值来源分布

如图 2.21 所示，过去的产品是功能型产品，结构包括机械、电子和软件部分，未来产品还包括数据、服务、用户界面等部分，能够使产品具有以用户为中心的智能服务。

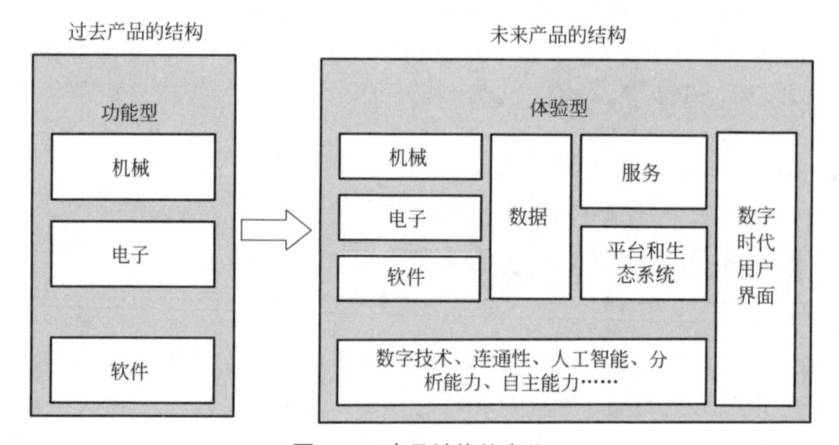

图 2.21　产品结构的变化

智能是一个主体对外部环境变化做出响应的能力，主体可以是一个机器人、AGV 小车、数控机床、车间、企业或者一个人，判断是否智能最重要的标志是看能不能对外部环境的变化做出响应。智能手机、智能汽车是单机智能的代表，其智能化演进带来了三个革命性的变化：一是增加了更多、更高质量的智能传感器；二是增加 CPU 等高性能芯片，比如传统汽车多标准、封闭式、长周期的 ECU 电子控制专用系统，转向类似于智能手机的集中式架构（SOC 芯片）；三是构建开放操作系统。

工业互联网重构了图 2.22 所示的整个工业知识沉淀、复用新体系。无论是控制系统，还是 MES、ERP、SCM、CRM 等系统，正在解构成各种服务组件，工业知识经验被封装成微服务组件，构建起一个服务池。基于服务池，可以封装成各种面向角色、面向场景的应用。当一个汽车刹车片需要召回的时候，传统方式是在多个系统中翻箱倒柜找各种信息并进行决策。“谁设计的？谁生产的？什么图纸？在哪生产的？库存有多少？价格是什么？”。这些信息散布在各种不同业务系统中。而今，如果构建了这样的平台，即可快速封装成一个面向角色、面向场景的 APP，解决快速响应的问题。

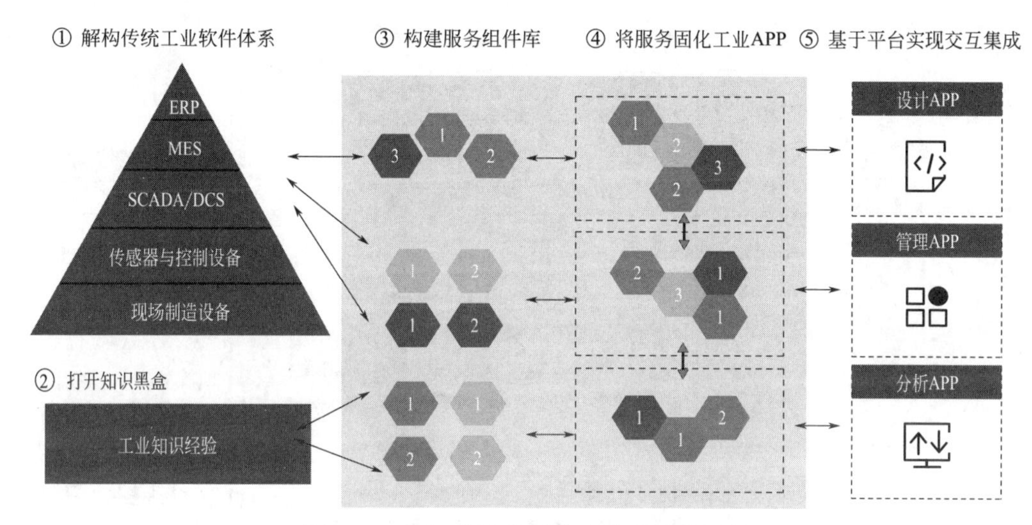

图 2.22 工业互联网的解耦与知识重构过程

系统智能的核心在于解决复杂系统的不确定性，只有知识的软件化封装才是应对不确定性变化的根本出路，工业互联网实现了图 2.23 所示的从单机智能到系统智能的转变[25]。对于工业互联网而言，IoT、SaaS（软件即服务）化、微服务、容器、DevOps（Development 和 Operations 的组合词）、低代码以及新网络标准体系的价值，在于重构工业知识创造、传播、复用新体系。工业互联网 PaaS（平台即服务）层将大量工业共性的技术原理、行业知识、基础工艺、模型工具规则化、软件化和模块化，并封装为可复用的组件，工业 APP 层面向特定工业应用场景，通过调用微服务，推动工业技术、经验、知识和最佳实践的模型化、软件化和再封装。

技术的创新推动了单机设备从机械控制、电子控制、软件控制到边缘优化、云端优化，当前单机设备控制优化的逻辑正在向整个工业系统演进，这一进程伴随着硬件通用化、服务可编程。无论是工业物联网还是工业互联网的技术演进，最核心的逻辑就是单机设备的解耦、解构、重组演进到系统级，生产和供应链系统基于边缘计算、PaaS、SaaS、物联网等技术体系进行解构和重组，演变成通用硬件和 OS 的控制系统，在系统级层面实现硬件控制、电子控制、软件控制、边缘优化、云端优化，可以在更大空间尺度和范围内通过系统智能来解决全局问题。

另外，工业互联网平台正成为能力复用的载体，如何评估工业互联网平台核心能力，一个重要的观察视角是如何通过做一个个项目（project），沉淀成通用的软件产品（product），并将这些产品以平台化（platform）的方式来开发、部署和运营。

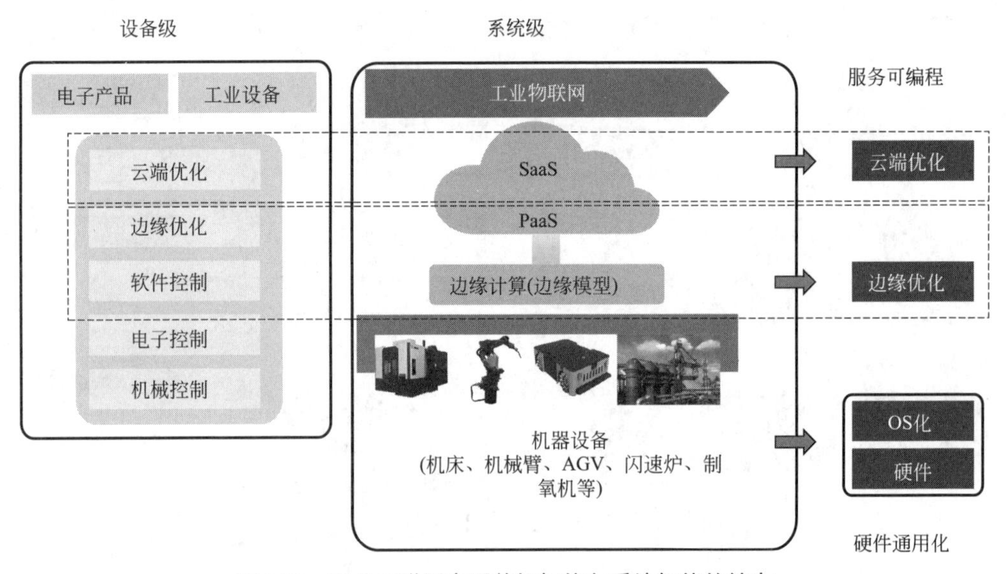

图 2.23　工业互联网实现单机智能向系统智能的转变

软件和人工智能等数字技术丰富了产品功能，也打开了新的市场。智能产品的协作性和响应速度不断提高，可以转化为平台。产品是销售的商品，平台是支持不同参与者进行交互的基础设施。从单纯的被动产品到智能产品再到智能平台的转变，意味着设备和软件制造业发生了结构性巨变。成功的平台都会产生网络效应，平台的价值会随着用户数量和使用量的增长而提升。随着用户的参与，原来依赖扩大制造、供应链、采购和分销规模的“供应方的规模经济”，将转变为依赖用户数量和使用量的“需求方的规模经济”。

随着个性化需求的提高，逐渐从规模经济走向范围经济。个性化需求本质上是考验企业范围经济的能力，就是一个企业生产和提供不同产品的能力。就企业内部来讲，核心能力就是把企业资产从专用资产转化为通用资产，从专用模具到数控机床，再到共性算法模型、研发工具、数据平台等。只有企业拥有更多的通用资产，才能形成自己的范围经济，构建提供不同产品和服务的能力。

产品制造商交付最终服务并实现价值最大化需要新的技术和服务，要与多个生态系统伙伴合作，很少有公司能独立提供所有与硬件产品匹配的组件、软件和服务，如光刻机领域的尼康（独立开发）与 ASML（联合欧美企业协作研发），必须融入对方的生态系统或独创产品，将产品融入平台或生态系统或服务解决方案，以即服务的形式销售。

未来五到十年，生态的迭代将是整个云端制造或整个开放体系的重要标志。工业互联网与云端制造体系将经历四个步骤（图 2.24）：一是开发主体从平台运营者 + 平台客户联合开发演进为海量第三方开发者；二是开发内容从有限、封闭、定制化的工业 APP 演进为海量、开放的、通用性的工业 APP；三是平台用户从之前有限的制造企业转向海量第三方用户；四是运营机制，在工业 APP 应用与工业用户之间相互促进、双向迭代的生态体系。

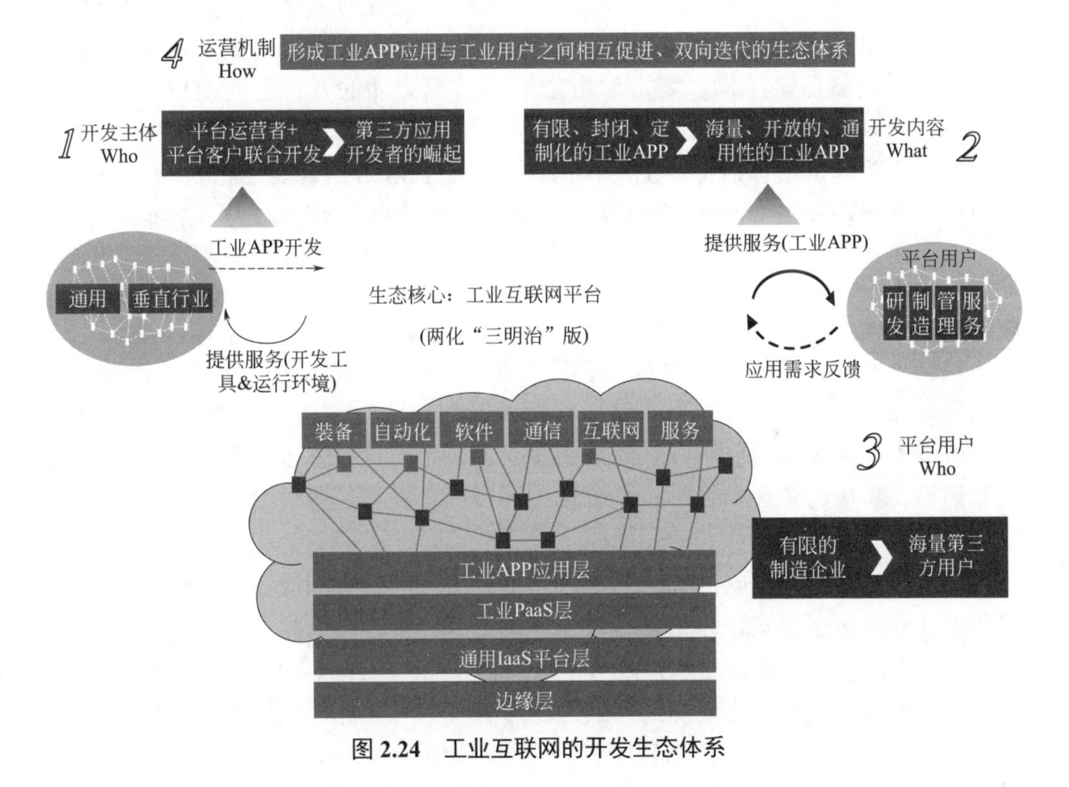

图 2.24　工业互联网的开发生态体系

2.3.2　产品服务系统平台

数字经济的发展，带动几乎所有领域发生了以智能化、网络化、服务化为特征的群体性技术革命，基于数据创新的一系列技术将重塑各行各业，颠覆传统工业活动与制造方法，并重新定义制造业价值链。数字经济赋能智能制造的过程，将从单一环节（例如单一环节降本增效、单一环节优化赋能）逐渐到整个流程（流程智能化赋能），再重构整个行业规则，推动行业的全面数字化平台重构。

（1）产品服务系统

产品服务系统（product service system，PSS）的概念最早由Goedkoop提出，在PSS的捆绑包中，无形服务可以共同满足特定的客户需求，而这些需求是采用有形产品无法实现的。事实上，服务的整合不仅是为了满足客户的功能，而且也为制造商和服务提供商创造了经济价值。这种“产品加服务”模式的典型例子是，智能手机具有由移动软件供应商和互联网供应商提供的应用程序和数据计划。另一种类型的PSS是“产品即服务”的商业模式，这种模式强调销售产品的用途而不是产品本身，并尽量减少生产和消费的副作用。由于产品携带了越来越多的智能功能（即智能和连接性组件），PSS中嵌入的服务也变得越来越智能。与传统服务不同，智能服务能够以数据驱动的方式智能地识别潜在的客户需求，从而与客户建立更紧密的联系。同时，在产品服务生命周期中建立的数字孪生也为价值创造提供了潜在途径。智能PSS利用SCP（smart connected product，智能互联产品）作为媒介和工具，将各种电子服务作为一个捆绑包[26]提供给消费者。

（2）多方业务平台的兴起

埃里克·谢弗尔认为：“产品是销售的商品，而平台是支持不同参与者进行交互的基础设施”[27]。多方业务平台（multi-sided business platform，MSP）通过在两个或多个不同类型关联客户之间的直接交互创造价值，促进了产品或服务的创造和销售，正成为企业创新的新型驱动力，在当今世界经济舞台占有非常重要的分量。

数字经济是介于互联网经济和未来智能经济之间的中间阶段，数据将成为像水和电一样的生态要素，渗透各行各业，渗透到经济社会的每个环节。各行各业正通过能力数字化扩展以及业务数字化相连的方式，构建数字化、网络化MSP平台，并以更低的成本和更便捷的方式匹配多种产品和服务的供应商和用户，以此营造供需双方的互动，建立信任机制以促进交易。

数字化多方业务平台借助数字技术和智能设备将人、资产和数据汇集到一起，通过大规模的实时匹配提供端到端的优质体验和差异化服务，保持了平台运营的效率和灵活性，降低了供需双方的交易成本和摩擦成本，带来了社会整体效益的增加。

平台最初表示为企业内部为一个系列产品的开发而创造的一些核心技术要素，如汽车底盘或车身单元等，后来扩展到“一家公司提供一个离线或在线中心，其他公司可将之应用到自己的业务过程”，当前被广泛应用于互联网门户和多方业务市场。

平台分为业务平台和技术平台。业务平台是一个在外部生产者和消费者之间进行价值创造的业务交互模型，提供了一个开放的、交互参与的基础设施。

数字化多方业务平台创建了一个覆盖供应商、制造商、服务提供商、平台运营商、消费者、政府机构等主体的关系网络，以促进平台产品或服务的创造和销售，核心内容包括各种硬件 / 软件 / 服务组件构成的平台架构、业务规则（技术标准 / 信息交换的协议 / 管理事务的政策和契约）和一个在用户交易中使用的业务模型组合策略。

多方业务平台的主体是技术平台。Gawer 等将技术平台定义为一个基础架构，一系列企业在此架构上开发互补的产品、技术或服务，包括产品服务平台和网络平台，网络平台通常基于数字网络，拥有更强的网络效应、转换成本和多归属成本。

因此，平台既可进行制造业活动，又可提供服务性业务，或者同时从事两种活动，成为制造业与服务业的混合物，融合第一、第二和第三产业，打造数字经济的新优势。

（3）产品服务系统平台形成

产品制造商必须内外部双管齐下才能实现数字化转型。一方面，产品制造商必须利用新的数字技术提高公司各部门的工作效率，以适应日新月异的智能互联产品市场。另一方面，研发内置智能软件的智能互联新产品，开辟新市场，启动新的业务模式，创造市场价值。

许多产品具备一定的智能度，大大改善了用户体验。当产品在智能度、互连性和体验度方面都有所提升时，用户的感知度也会有所改变。随着越来越多的智能产品不断涌现，以产品性能为主导的经济将逐渐向以体验为主导的经济转变。体验是为每个人量身打造的，是基于消费者或企业用户与提供产品、服务或品牌的公司之间所有互动的总和，个性化程度高。所以，体验比产品本身更难设计，往往需要用户的全程参与。

如图 2.25 所示，纵轴描述了产品从注重功能向注重服务（service）、注重体验（experience）的发展过程。开始时，公司依靠增值服务扩大产品的生产，这些服务可以是类似于质保和产品支持这样的基础服务，也可以是基于互联产品的数据服务等更加复杂的服务；在向侧重服务而非产出的“产品即服务”模式转变过程中，出现了巨大转变，即从销售交易性产品和服务转向设计、销售和支持端对端的使用体验；有些公司的变化更显著，将产品发展成一个联系诸多生态系统合作伙伴的平台。其中，不应混淆客户体验和客户服务。客户服务有望帮助客户解决问题，提交投诉，提供反馈或请求某些内容。客户体验更加主动和持续。如果企业有可靠的产品和服务，尤其是拥有强大的客户体验方式，可能不需要太多客户服务活动。

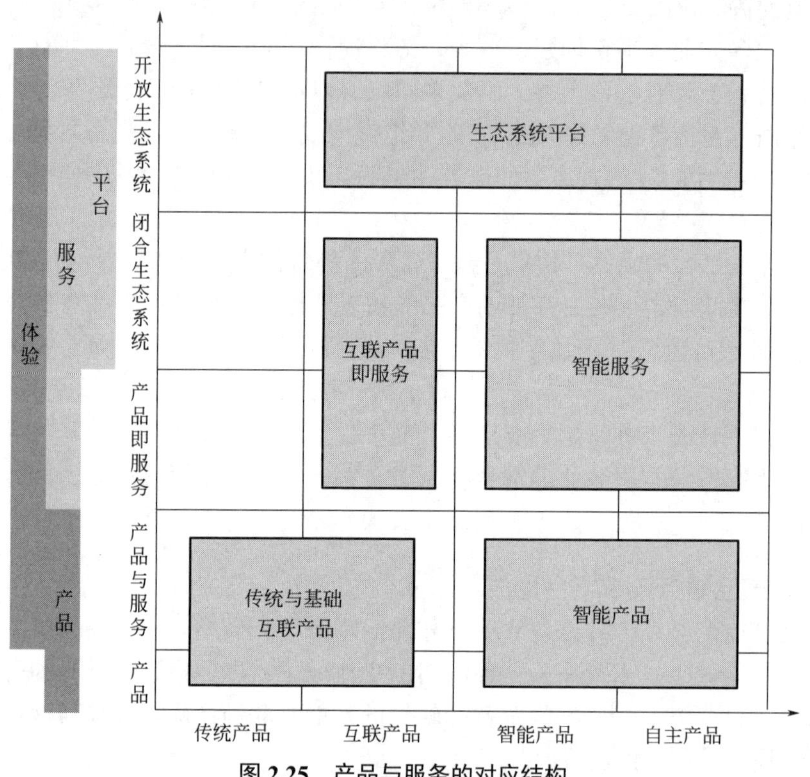

图 2.25 产品与服务的对应结构

横轴体现的是技术的发展，从传统产品到智能产品，朝着自主产品的方向不断发展。传统产品中加入生成、传输数据的传感器，将产品接入网络，形成互联产品；传统产品嵌入人工智能，形成智能产品，在这一过程中产品的架构将经历重大转变，产品的开发过程也会发生根本性变化。

传统与基础互联产品：绝大多数产品需要经过改造，提高智能度和体验度，才能进入新的价值空间。

智能产品：人工智能技术在智能产品领域广泛应用，或作为嵌入功能，或通过边缘及云端网络使用。

互联产品即服务：从交易性硬件销售模式转型为即服务业务模式，即服务模式会即刻提高产品体验度。

智能服务：智能服务结合了智能产品与即服务业务模式，随着人工智能的到来，大规模定制化与个性化服务将成为现实，可以提高个人用户或顾客的价值。

生态系统平台：生态系统平台将彻底改变业务模式，不论是打造平台，还是利用第三方平台提供智能产品或智能服务，都可以带来价值回报。

在这种背景下，产品制造商正在寻找出路。以苹果公司为例，该公司曾经仅是计算机硬件制造者，现已转变为以智能互联产品为基础的平台公司，并发展成业内领军者。事实上，苹果公司拥有不止一个而是若干个成功的平台：苹果的应用商店是连接用户和开发者的应用程序市场，苹果支付连接商家和消费者的支付平台，苹果地图汇聚了大量的地理空间数据提供给消费者使用，苹果 IOS 也是开发者用于开发移动应用的平台。

华为公司通过提供“以服务于智能世界的硬件为中心”的产品和服务平台，连接个人、企业和运营商等用户，并将搜集的大量数据进行建模分析，通过网络平台为用户提供需要的各类云服务；小米的“终端 + 内容 + 服务”平台去掉了中间渠道和门店，通过移动互联网为用户提供更流畅极致的内容和服务，提升了用户的手机端移动互联体验；阑途（途虎养车）的业务平台则实现了汽车零部件供应商、服务门店、用户、网络平台共享客户车辆的运维信息。海尔打造了开放市场平台 Cosmoplat，方便消费者根据个人需求直接通过众多硬件生产商订购洗衣机、洗碗机和冰箱。更多产品的例子如图 2.26 所示。

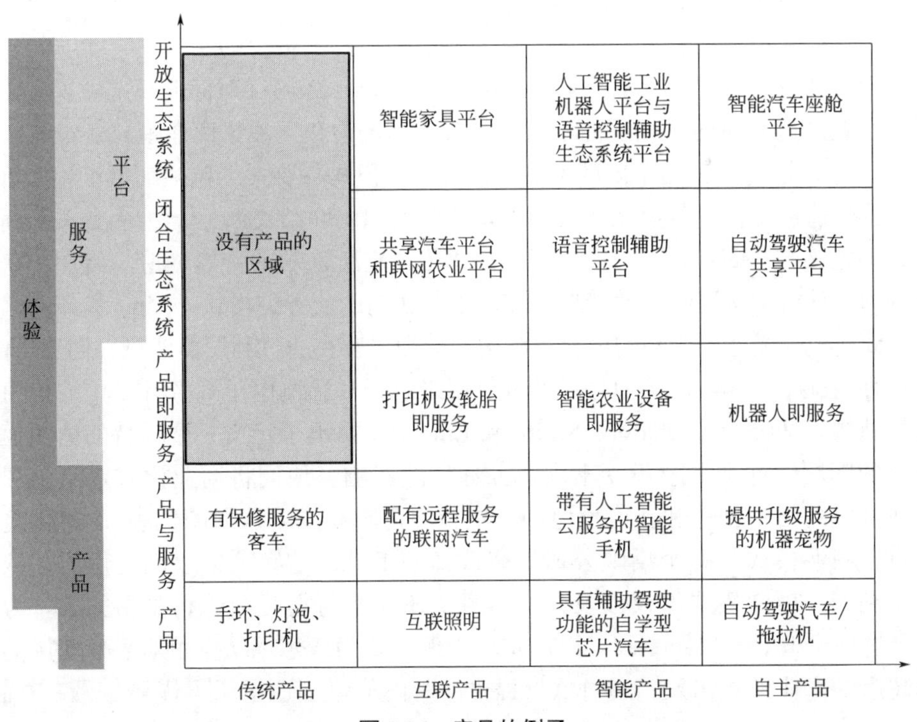

图 2.26　产品的例子

上述例子都证明了从传统产品向产品 + 平台转型的可行性。然而，传统产品相比依靠软件驱动的年轻颠覆者，转型会更加困难，但依然可以实现智能互联产品集中于现有的平台之上。采用平台模式不代表放弃当前以产品为基础的业务模式，但平台模式可以为这些公司的产品在数字时代得以创新，同时带来巨大的经济效益。

2.4 持续的商业模式创新

2.4.1 商业模式概念

商业模式是在提升消费者产品价值的同时，利用企业的竞争优势为企业创造经济价值的一种战略方法，是指企业与企业之间、企业的部门之间、企业与顾客之间、企业与渠道之间都存在各种各样的交易关系和联结方式。商业模式是企业所有资源和经济关系的有机组合，与企业战略并称为企业顶层设计的核心内容，随着需求和使能技术的变革而持续创新。

多年来，商业模式一直被认为是商业活动中必不可少的工具，它能够勾勒出企业价值创造的过程，学术上来看，尽管已有文献 [28-31] 对商业模式做了大量的研究，但是这方面的研究还处于初级阶段，迄今为止，关于商业模式还没有一致的定义 [32]，这些文献用不同的术语去描述商业模式各要素，包括细分市场、价值主张、价值链结构、价值获取机制以及各要素间的联结关系 [33]。大多数关于商业模式的定义与 Teece 的相一致：商业模式是“它所采用的价值创造、传递和获取机制的设计或架构” [34]。随着技术和基于互联网的业务的增长，Amit 和 Zott[35] 指出，商业模式描述了交易的内容、结构和治理，旨在通过利用商业机会创造价值。在这种情况下，BM 被认为是一种可以用来解释和预测电子商务环境中的价值创造的结构。2005 年，Shafer、Smith 和 Linder[36] 提出了定义一个独特的商业模式概念的问题，这个概念不受不同业务环境的影响。他们将商业模式定义为“企业在价值网络中创造和获取价值的基本核心逻辑和战略选择的代表”。遵循这个观点，商业模式是一个反映公司战略选择的工具，它必须导致创造价值，从而产生利润。商业模式不仅涉及公司本身，还涉及与之互动的利益相关者。为了解释这两个概念，Magretta[37] 以沃尔玛为例，认为沃尔玛从竞争对手也使用的折扣超市的商业模式出发，通过低价提供品牌的战略创造了竞争优势。另一方面，Massa、Tucci 和 Afuah[38] 则认为商业模式不是一个新的领域，而只是战略概念的延伸。商业模式放宽了传统战略管理理论（如基于资源的观点）中隐含的一些假设，此外还考虑了外部性和客户缺乏完美信息。因此，商业模式只是扩大了战略领域的广度。

2.4.2 商业模式变革

商业模式的概念最初是从静态的角度考虑的。最近，几位学者通过商业模式创新的过程来考虑商业模式的动态演变 [39]。具体而言，最近几年相关的研究课题之一是商业模式与可持续性之间的关系，引入了可持续性实践要求公司重新思考其价值创造过程。在这方面，可持续商业模式允许在商业价值创造过程中引入可持续实践 [40]。商业模式画布将商业模式看成是一个可不断变化的过程，最早是 Alexander Osterwalder、Yves Pigneur 在 *Business Model Generation*[41] 中提出的一种用来描述商业模式、可视化商业模式、评估商业模式以及改变商业模式的通用语言。如图 2.27 所示，该画布由 9 个基本构造块构成，涵盖了客户、提供物（产品 / 服务）、基础设施和财务生存能力四个方面，可以方便地描述和使用商业模式，来构建新的战略性替代方案。这种画布是从经济角度分析商业模式。

<table>
<tr><td colspan="5">商业模式画布(Business model canvas)</td></tr>
<tr><td>关键资源
Key partnerships</td><td>关键业务
Key activities</td><td>价值主张
Value proposition</td><td>客户关系
Customer relationships</td><td>客户细分
Customer segments</td></tr>
<tr><td rowspan="3">1)原材料供应商
2)设备和机械供应商
3)电力供应商
4)IT 解决方案供应商
5)物流服务供应商
6)金融服务供应商</td><td>1)采购、营销和销售
2)工艺规划
3)铜冶炼与加工
4)设备运行与维护</td><td rowspan="3">提供高性价比的有色金属产品</td><td>供应关系</td><td rowspan="3">1)深加工行业客户(线材、管材等)
2)应用行业客户(电力、家电等)</td></tr>
<tr><td>核心资源
Key resources</td><td>分销渠道
Distribution channels</td></tr>
<tr><td>1)矿山
2)冶炼厂
3)金融资产</td><td>线下销售网络</td></tr>
<tr><td colspan="3">成本结构(Costs structure)</td><td colspan="2">收入来源(Revenue stream)</td></tr>
<tr><td colspan="3">1)制造成本
2)研发成本
3)设备维护与管理</td><td colspan="2">1)产品销售
2)产品加工</td></tr>
</table>

图 2.27 商业模式画布

商业模式变革是从动态演变的角度考虑商业模式的创新过程 [42]，其通常被称为旨在降低成本、优化流程、进入新市场或改善财务绩效的流程[43]，与产品和流程创新相比，商业模式变革是一种系统性的变革，它影响着企业的价值主张以及这种价值是如何产生的，一些学者[44]表明商业模式创新比单纯的产品或流程创新更为成功，通常是由拥有最佳商业模式的企业主导市场，而不是领先技术解决方案的企业[45]。商业模式变革过程的发展通常与竞争环境变化或者新的使能技术出现有关，新的使能技术将对行业产生颠覆性影响，会出现新的模式、新的生态和新的发展机遇，同时也将给企业带来新的压力与挑战，通常抓住机遇转型的企业将会获取巨大成功，而忽视变革的企业容易被超越和淘汰。

目前，新的使能技术影响商业模式变革的研究大多数是关于工业4.0[46]的，工业4.0能够提高企业的生产效率，通过优化制造系统，实现以最小的资源和能源投入来获得最大的产出，能够降低企业的成本，包括生产、物流和质量管理[47]。工业4.0还能够改变产品的形态，产品将变成智能产品[48]，能够与用户互联，获取用户的数据，利用这些获取的数据能够为用户提供一些个性化定制服务，另外，用户也可以积极地参与产品的设计过程。

工业4.0技术的实施，除了为企业带来众多利益外，还要求企业通过商业模式创新过程转变其价值主张。如果工业4.0的引入包括增量创新，那么商业模式创新过程可以是一个有限的实体。另一方面，在激进创新的情况下，这一过程可能导致公司价值主张的全面重组。近年来，工业4.0背景下大量颠覆性技术的出现，导致许多公司放弃了传统的商业模式，转而采用更为复杂的数字市场模式。

因此，通过工业4.0进行的商业模式创新可以产生许多优势，加强客户关系，并使他们建立相互积极的中长期关系。然而，与此同时，这一创新也带来了许多挑战，包括对合格劳动力、金融资源的需求和消费者抵制变革的需求日益增加。

制造业公司面临的挑战之一是如何利用工业4.0的优势，将可持续性融入传统商业模式。工业4.0可以被视为一种新的商业形态，帮助企业实现可持续转型。具体来说，工业4.0为提高生产过程的效率和质量提供了机会，例如，可以通过改进工作时间模型来提高员工满意度和生产率。工业4.0实施的其他环境优势与减少废物、减少资源消耗和能源需求以及增加循环经济实践有关。工业4.0和可持续性的相互交织必须反映在战略商业模式背景下，这不再局限于经济因素的考虑，还必须包括环境和社会因素，符合可持续性的三重底线。在这方面，不能忽视公司本身的作用，因为工业4.0可能有助于引入可持续的商业模式，但如果仅从传统商业模式的角度来看，它也可能是一种抑制因素。

从商业的角度来看，在制造业生产过程中引入可持续性通常是根据较低的工业成本来分析的。然而，最近，人们越来越多地从三重底线的角度来考虑可持续性的影响，同时评估环境、经济和社会效益。关于公司的价值主张，可持续发展实践的发展不应影响为客户提供价值的重要性，而应与环境和社会目标相辅相成。此外，可持续性实践的影响不应仅限于公司内部观点，还应包括利益相关者，尤其是直接受这些变化影响的利益相关者。

Joyce 等人 [49] 扩展了 Osterwalder 等人 [41] 提出的商业模式画布，增加社会层和环境层，社会层用来表示利益相关者和企业之间的关系，环境层用来表示企业的环境效益和产品在全生命周期内对环境的影响，三层商业模式画布是企业面向可持续发展商业模式变革的工具。

The Road of
Industrial
Intelligent
Innovation

第3章
人机物共融制造模式

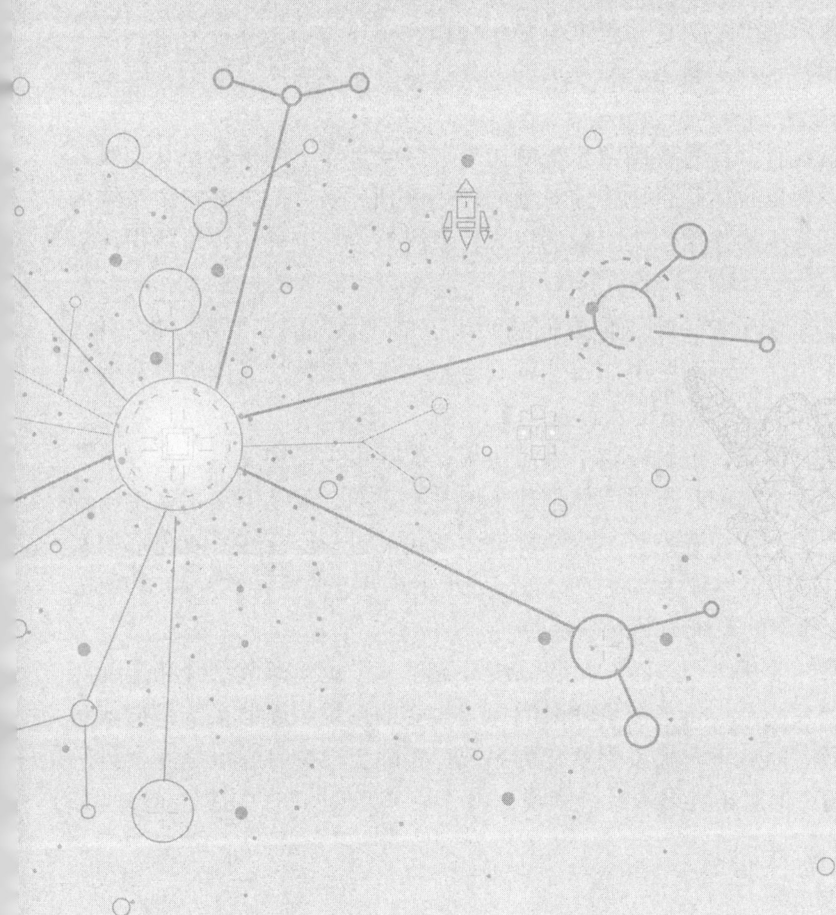

工业互联网、工业 4.0 和互联网 + 本质上是基于工业互联网的网络协同制造，对新一代人工智能的影响考虑不够，需要进一步的理论提升。新一代智能制造范式促进了人机物交互、人机物协同和人机物融合的人机物共融智能制造模式的诞生，本章在探讨工业互联网和工业 4.0 核心理念的基础上，深入探讨人机物共融理论，以及人机物共融制造模式和机理。

3.1 工业互联网的核心理念和技术

3.1.1 系统建模与仿真

系统是指具有某些特定功能，按照某些规律结合起来，互相作用、互相依存的所有事物集合。例如，可以把餐馆定义为一个系统，系统有服务员和顾客。顾客按照某种规律到达，服务员根据顾客的要求按一定的程度为其服务，服务完毕后顾客离去。在该系统中，顾客和服务员互相作用，顾客到达模式影响着服务员的工作忙闲状态和餐馆预定状态，服务员的多少、服务效率高低也影响着顾客接受服务的质量。

在定义一个系统时，首先要确定系统的边界。尽管世界上的事物是互相联系的，但当研究某一对象时，总是要将该对象与环境区别开来。边界确定了系统的范围，边界以外对系统的作用称为系统的输入，系统对边界以外的环境的作用称为系统的输出。

尽管世界上的系统千差万别，但人们总结出了描述系统的三要素，即实体、属性、活动。实体是存在于系统中的每一项确定的物体，属性是实体所具有的每一项有效的特性，活动是导致系统状态发生变化的一个过程。

实体确定了系统构成，也就确定了系统边界；属性也称描述变量，描述了每一实体的特征，其中系统的状态对实体描述来说是必需的；活动定义了系统内部实体之间的互相作用，从而确定了系统内部发生变化的过程。存在系统内部的实体、属性和活动组成的整体称为系统的状态。处于平衡状态的系统称为静态系统，状态随时间不断变化着的系统为动态系统。

根据系统状态的变化是否连续，可将系统分为连续系统、离散系统和连续离散混合系统。连续系统是指状态变量随时间连续改变的系统。离散系统是指状态变量只在某个离散时间点集合上发生变化的系统。实际上很少有系统是完全离散的或者完全连续的，但对于大多数系统来说，由于某一类型的变化占据主导地位，因此会有可能将系统划分为离散的或连续的。

离散系统包括离散时间系统和离散事件系统。离散时间系统的状态变量是间断的，但是它和连续系统具有相似的性能，其系统模型都能用方程的形式加以描述。离散事件系统是指受事件驱动，系统状态跳跃式变化的动态系统。离散事件系统的系统状态仅在离散的时间点上发生变化，而且这些离散时间点一般是不确定的。例如，理发馆系统设定上午 9：00 开门，下午 5：00 关门。顾客到达时间一般是随机的，为每个顾客服务的时间长度也是随机的。这类系统中引起状态变化的原因是事件，通常状态变化与事件的发生是一一对应的。事件的发生一般带有随机性，即事件的发生不是确定性的，而是遵循某种概率分布。而且事件的发生没有持续性，在一个时间点瞬间完成。离散事件系统的系统模型不能用方程的形式描述，其研究方法一般有排队论和运筹论。

离散事件系统与一般离散系统的本质区别在于驱动系统状态改变的原因。对于一般的离散系统，驱动系统状态改变的原因是时间，即解差分方程可以得到一个随时间变化的状态序列。对于离散事件系统，这个原因是事件，这里的事件可以是外部作用，也可以是系统内部自发的信号。一般，只有当有事件发生时，系统的状态才会变化，否则不变。离散事件系统的描述方式为状态机、Petri 网等。离散事件系统适用于描述工业控制、计算机网络等复杂的人工系统，与传统的离散系统完全不同。

模型是对实际系统的一种抽象，是系统本质的表述，是人们对客观世界反复认识、分析，经过多级转换、整合等相似过程而形成的最终结果，具有与系统相似的数学描述形式或物理属性，以各种可用的形式给出研究系统的信息。

在一般意义上，模型是一种替代，用于代表原对象以便得到更好的定义，从应用的角度，模型不是原对象的复制，而是根据不同的使用目的，选取原对象的若干方面进行抽象和简化。模型有多种形式，典型的有以下几种。

① 物理对象模型（比例模型、模拟模型或原型），如汽车轮胎、引擎模型等。

② 图表模型，如记录地理数据的地图、设备及部件的几何模型等。

③ 方程式或逻辑表达式表示的数学模型，如卫星轨迹计算程序、飞机飞行轨迹计算程序、化学反应的最终产品质量或能量平衡方程等。

④ 智力模型，如为指导人的行为而建立的人与环境的关系模型。

⑤ 口述或文字描述（语言模型），如指导工序操作的方案等。

按照系统论的观点，模型是对真实系统的描述、模仿或抽象，即将真实系统的本质用适当的表现形式（如文字、符号、图表、实物、数学公式等）加以描述。

为了研究、分析、设计和实现一个系统，需要进行试验。试验的方法基本上可分为两大类：一类是直接在真实系统上进行；另一类是先构造模型，通过对模型的试验来代替或部分代替对真实系统的试验。历史上大多数采用在实际系统上做试验的方法。随着科技的发展，尽管第一类方法在某些情况下仍然是必不可少的，但第二类方法逐渐成为常用方法。

建模（开发模型）的目的是用模型作为替代品来帮助人们对原物进行假设、定义、探究、理解、预测、设计，或者与原物某一部分进行通信。人们在长期的研究与应用中，创造出了适用于不同对象研究分析要求的模型描述形式。

Orên 进行了总结，并将模型形式加以分类，如表 3.1 所示。

表 3.1　模型形式分类

模型描述变量的轨迹	模型的时间集合	模型形式	变量范围	
			连续	离散
空间连续变化模型	连续时间模型	偏微分方程	√	
空间不连续变化模型		常微分方程	√	
离散（变化）模型	离散时间模型	差分方程	√	√
	离散事件模型	有限状态机		√
		马尔可夫链		√
		活动扫描（activity scanning，AS）	√	√
		事件调度（event scheduling，ES）	√	√
		进程交互（process interaction，PI）	√	√

一般来说，模型结构应具有以下性质。

① 相似性：模型与被研究对象在属性上具有相似的特性和变化规律，模型作为“替身”，应与实际对象“原型”在本质上是相似的。

② 简单性：模型不是越复杂越好，相反，在满足相似性的前提下，模型应当尽量简单。因此，根据研究的目标，忽略实际系统中的一些次要因素非常重要。

③ 多面性：由于实际对象的复杂性，人们研究的目的往往是不完全相同的，因而对系统的理解、所收集的数据也不完全相同，从而得到的模型结构也不唯一。模型如何满足多方面、多层次研究的需求是建模时要特别加以考虑的。

模型的有效性是建模的基本要求，反映了模型表示实际对象的充分程度，一般是用实际系统的观测行为及数据与模型产生的行为及数据之间的吻合程度来度量的，分为三个级别。

① 复制有效（replicatively valid）：建模者将实际对象视为一个黑箱（black box），仅在输入 / 输出行为水平上认识系统，即只要求模型产生的输入 / 输出数据与从实际对象得到的输入 / 输出相匹配。

② 预测有效（predicatively valid）：建模者对对象的总体结构及其内部规律有一定了解，但对其详细结构仍然缺乏足够的信息和数据，此时所建模型不但应与已有实际对象的行为和数据相匹配，而且还可以用来预测实际对象未知的行为和信息。

③ 结构有效（structurally valid）：建模者对对象的详细结构有清楚理解，即知道系统的子系统构成、子系统的内部结构、子系统之间的相互作用等均相匹配。这样，此时所建模型不但能用于观测实际系统的行为，而且能反映实际系统产生行为的操作过程。

仿真是以相似原理、系统技术、信息技术及其应用领域有关专业技术为基础，以计算机和各种专用物理效应设备为工具，利用模型对真实的或假想的系统进行动态研究的一门多学科的综合性技术，仿真的对象是系统。

随着科学技术的进步，特别是信息技术的迅速发展，仿真的技术含义不断地得以发展和完善。但是无论哪种定义，仿真基于模型这一基本观点是共同的。因此，系统、模型、仿真三者之间有着密切关系。系统是研究的对象，模型是系统的抽象，仿真意在通过对模型的试验来达到研究系统的目的。

现代仿真技术均是在计算机支持下进行的，因此，为了理解和认识客观世界的本来面目及其复杂性，人们必须建立人造对象并使其动态地运行，计算机的作用就是驱动人造对象和虚拟环境。仿真首先要建立模型，然后运行模型。因此，计算机仿真有三个基本活动：建立实际的或设想的物理系统模型（系统模型）、在计算机上执行模型（模型执行）、分析输出（模型分析）。联系这三个活动的是仿真的三要素，即系统、模型、计算机（包括硬件和软件）。

由于仿真是以建立模型为基础的，为了突出建模的重要性，建模和仿真（modeling & simulation，M&S）常常一起出现，都是计算机科学和数学的独特应用。在制造业，建模和仿真也一直发挥着不可替代的作用。2000 年，美国提出了制造业面临的六个重大挑战，迎接这六大挑战的四类技术对策，即面向制造的信息系统、建模和仿真技术、制造工艺与装备、企业集成。由此可见，当时建模和仿真技术对于制造业的重要性。

3.1.2 大数据分析建模

大数据的分析建模流程如图 3.1 所示，包括数据准备（data preparation）、合并数据源（merging data sources）、特征工程（feature engineering）、预测建模（modeling）、算法训练和仿真（training & simulation）、评估决策（decision）等步骤。

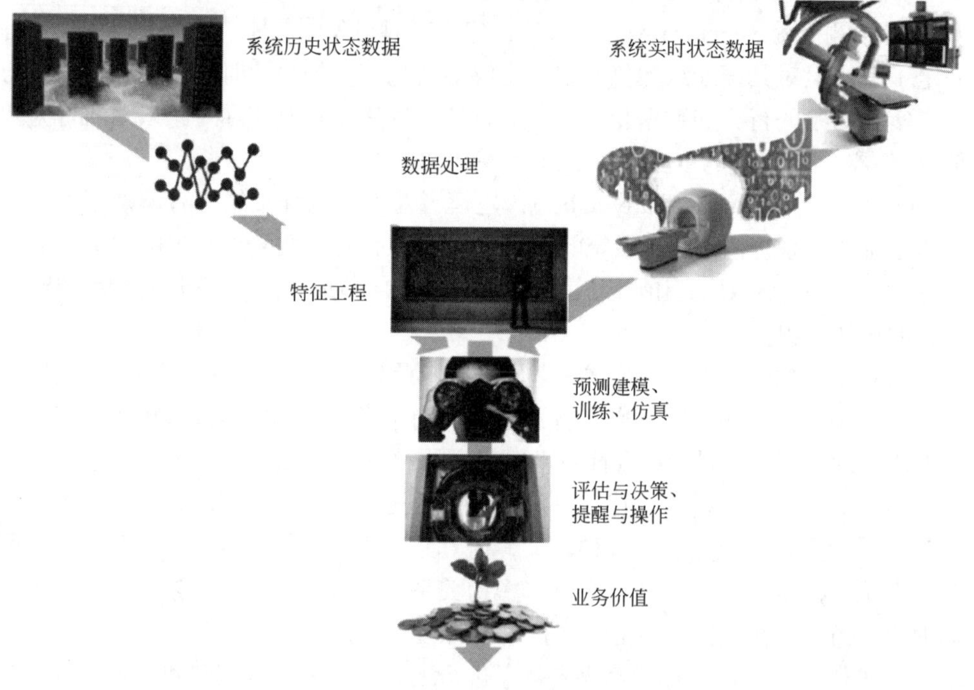

图 3.1 基于机器学习的故障预测与决策流程

（1）数据准备

以预测性维护问题为例，常见数据元素可以总结如下。

● 故障历史：设备内部零件或部件的故障历史记录，如航班延误日期、飞行器部件故障日期和类型、ATM 取款交易故障、列车 / 电梯门故障、制动盘更换日期、风机故障日期和断路器命令故障等。

● 维护历史：设备的错误代码、维护活动或组件更换的维修维护历史记录，如航班错误记录、ATM 交易错误记录、列车维护记录和断路器维护记录。

● 设备状态和使用情况：从传感器采集的机器操作状态数据，如飞行路线和时间、从飞行器发动机采集的传感器数据、自动柜员机的传感器读数、火车事件数据、来自风力涡轮机的传感器读数、电梯和互联的汽车实时数据等。

● 设备特征：描述机器发动机大小、制造商和型号、位置的特征信息，如断路器技术规格、地理位置、汽车规格描述（如品牌、型号、发动机尺寸、生产设备）等。

● 操作者特征：操作者的特征，如性别、过去经验等。

通常情况下，故障历史包含在维护历史中（例如以特殊错误代码或部件的订购日期的形式存在）。在这些情况下，可以从维护数据中提取数据。另外，不同的业务域可能含有影响故障模式的各种其他数据源，没有详尽列出，应该在建立预测模型时通过咨询域专家来标识。

给定上述数据源，在预测维护中观察到的两个主要数据类型是临时数据和静态数据。故障历史记录、机器条件、修复历史记录、使用历史记录几乎总是带有指示每个数据的收集时间的时间戳。机器特性和操作员特性通常是静态的，通常描述机器的技术规格或操作员的属性。这些特性有可能随时间改变，并且如果这样，应当被视为加有时间戳的数据源。

（2）合并数据源

在进入任何类型的特性工程或标签工程之前，需要先按照创建功能所需的形式来准备数据。最终目标是为每个设备或资产每个时间单位生成一个数据记录，并将其特征和标签输入到机器学习算法中。为了准备干净的最终数据集，应该采取一些预处理步骤。第一步是将数据收集的持续时间划分为时间单位（time unit），每个记录同时记录下该资产的时间单位。数据收集也可以划分为诸如操作的其他单位，然而为了简单起见，选择使用时间作为单位。

时间的测量单位可以是秒、分、小时、天、月、季度、周期、里程、交易等，选择的依据取决于数据准备过程的效率，或者依据设备从一个时间单位到另一个时间单位的状态变化，或者特定领域的其他因素。换句话说，在许多情况下，从一个单位到另一个单位，数据可能不会显示任何差异，时间单位可以不必与数据采集的频率相同。例如，如果每 10 秒收集一次温度值，则在整个分析过程中如果选择一个 10 秒的时间单位将会增加案例的数量，而不会提供其他任何附加信息，较好的策略可以选择一个小时内的平均温度值。

（3）特征工程

特征工程是将原始数据转化为特征，更好地表示预测模型处理的实际问题，提升对于未知数据的准确性。特征工程是用目标问题所在的特定领域知识或者自动化的方法来构造、提取、删减或者组合变化得到特征，分为图 3.2 所示的特征构造、特征提取和特征选择三方面。

特征构造一般是通过对原有的特征进行四则运算构造新特征。比如，原来的特征是 x_1 和 x_2，那么 x_1+x_2 就是一个新特征，或者当 x_1 大于某个数 c 的时候，就产生一个新的变量 x_3，并且 $x_3=1$，当 x_1 小于 c 的时候，$x_3=0$，可以按照这种方法构造出很多特征。

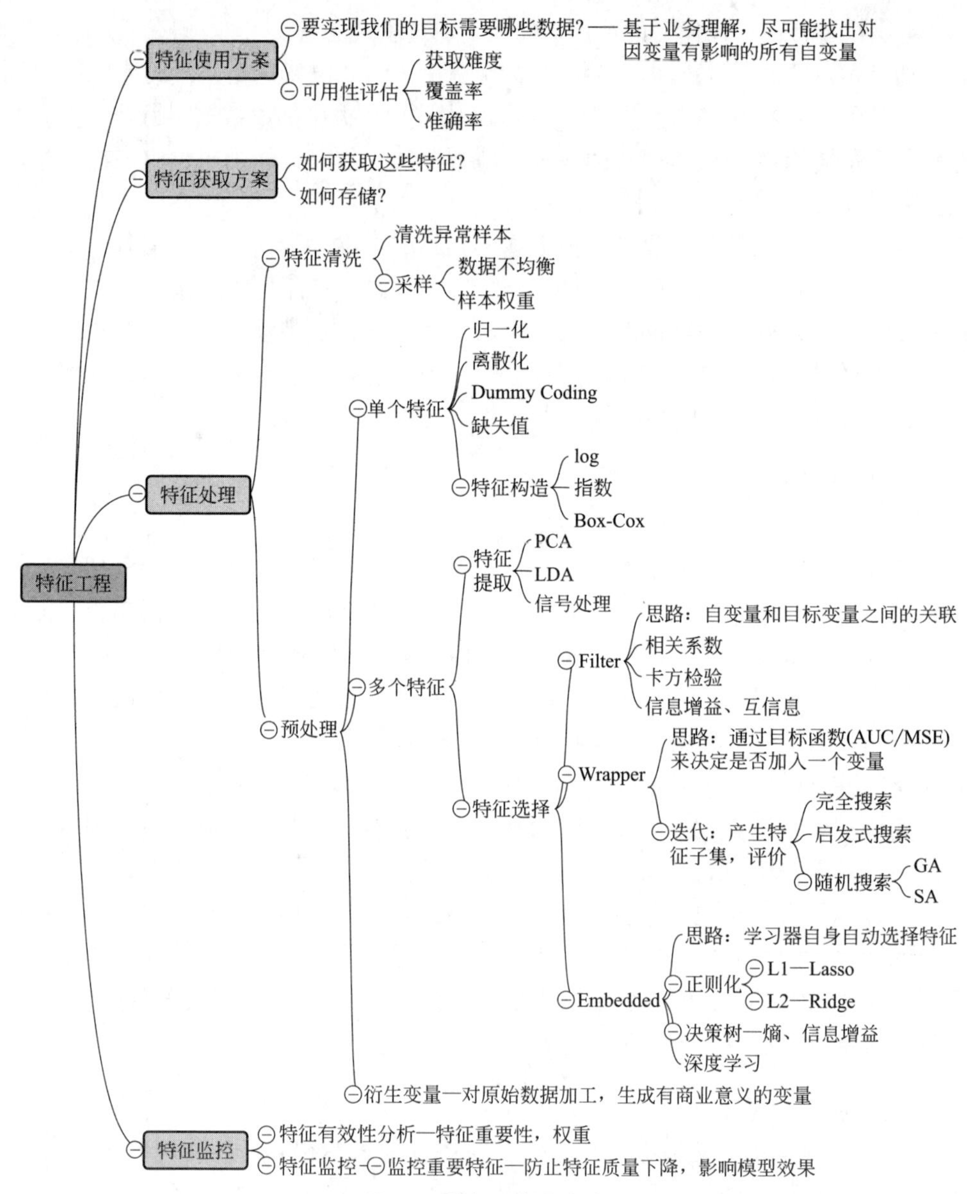

图 3.2　特征工程的内容

原始特征的数量可能很大，需要通过变换（映射）把高维特征空间降到低维空间，这些二次特征一般是原始特征的某种组合。特征提取就是将 n 个特征 $\{x_1, x_2, \cdots, x_n\}$ 通过某种变换，产生 m 个特征 $\{y_1, y_2, \cdots, y_m\}$（$m<n$）作为新的分类特征（或称为二次特征）。比如主成分分析 PCA（principal component analysis）、因子分析（factor analysis）、线性判别分析 LDA（linear discriminant analysis）都可以对原始数据进行特征提取，主成分分析对原始数据进行降维后的每个主成分

就代表一个新的特征，因子分析可以把潜在变量后面的潜在因子找出来。卷积神经网络的卷积层也是一个特征提取过程，一张图片经过卷积的不断扫描，就会把原始图片里边的好多特征逐步提取出来。实际上，主成分分析本身就是初始变量的线性组合，其本质也属于特征构造，但是，一般的特征构造是指简单的四则运算。

特征选择是从 n 个度量值集合 $\{x_1, x_2, \cdots, x_n\}$ 中，按某一准则选出供分类用的子集 C_n^m，作为降维（m 维，$m<n$）的分类特征，组合数目很大，需要一些算法去避免穷尽搜索。常用的特征选择方法有过滤式、包装式、嵌入式。

过滤式特征选择是通过评估每个特征和结果的相关性，来对特征进行筛选，留下相关性最强的几个特征。核心思想是：先对数据集进行特征选择，然后再进行模型的训练。过滤式特征选择的优点是思路简单，往往通过皮尔森（Pearson）相关系数法、方差选择法、互信息法等方法计算相关性，然后保留相关性最强的 N 个特征，就可以交给模型训练；缺点是没有考虑到特征与特征之间的相关性，从而导致模型最后的训练效果没那么好。

包装式特征选择是把最终要使用的机器学习模型、评测性能的指标（如均方根误差 MSE—mean square error、AUC—area under the curve 等）作为特征选择的重要依据，每次采用完全搜索（如动态规划、分支界定）、启发式搜索（如 A 算法、A* 算法）或随机搜索（如遗传算法 genetic algorithm、模拟退火 simulated annealing、禁忌搜索、爬山搜索）等算法去选择若干特征，或是排除若干特征。通常包装式特征选择要比过滤式的效果更好，但由于训练过程时间久，系统开销也更大。最典型的包装式算法为递归特征删除算法，其原理是使用一个基模型（如随机森林、逻辑回归等）进行多轮训练，每轮训练结束后，消除若干权值系数较低的特征，再基于新的特征集进行新一轮训练。

嵌入式特征选择法是根据机器学习的算法、模型来分析特征的重要性，从而选择最重要的 N 个特征。与包装式特征选择法最大的不同是，嵌入式方法是将特征选择过程与模型的训练过程结合为一体，这样就可以快速地找到最佳的特征集合，更加高效、快捷。常用的嵌入式特征选择方法有基于正则化项（如 L1、L2 正则化）的特征选择法和基于决策树模型的特征选择法（如梯度提升决策树 GBDT—gradient boosting decision tree）。其中，Lasso（Least absolute shrinkage and selection operator）回归是一种正则化方法。Lasso 是套索的意思，本来是控制马的装置，在回归当中主要是控制回归系数不能太大。Lasso 回归不仅可以约束系数，而且可以在模型最优的时候把不重要的系数约束为 0，直接做到了特征选择或者变量选择，非常适用于高维数据分析；岭（Ridge）回归与 Lasso 回归最大的区别在于岭回归引入了 L2 范数惩罚项，Lasso 回归引入 L1 范数惩罚项，Lasso 回归能够使损失函数中的许多系数变成 0，这点要优于岭回归（所有系数均存在），所以 Lasso 回归计算量远远小于岭回归；决策树模型可解释性强，是按照 x 的值对 y 进行划分，划分好坏的依据是纯度，在一个划分块里，纯度高，就说明划分得好，也就说明了这个划分变量选择得好；随机森林（random forest）、bagging、boosting、gradient booting、xgboost 等算法都有特征选择的功能，神经网络、支持向量机、深度学习等也都有特征选择的功能。

（4）预测建模、训练、仿真与测试

设备在运行过程中会积累大量故障数据，通过对这些故障数据进行深度挖掘和分析，人们可以提取出有价值的知识与规则，将这些知识与规则应用于设备的故障预测过程，有助于设备的稳定高效运行。人们根据设备的状态数据、环境运行数据（来自点检、状态检测的数据），构建故障预测模型预测给出设备及核心部件的可用寿命（RUL，remain useful lifetime）及其功能损失率（loss of functionality），进而给出预测性的维护需求及计划。

在故障预测建模过程中，每一条设备状态数据都记录了设备运行状态，这样就可以按照状态参数的相似性进行聚类分析，随后就可以对不同聚类中的设备进行横向和纵向的比较。横向的比较是指在相同时间和相同运行条件下的状态参数比较，这样可以了解同一个集群内设备的差异性，并迅速判断哪一个设备处于异常运行状态；另一个维度是纵向的比较，即设备在时间轴上的相互比较，对于同一个设备，根据其当前状态与历史状态的差异量化其状态衰退，判断是否即将发生故障；对同类设备在相同运行环境下的纵向比较，可以通过一个设备与另一个设备历史状态的相似性判断其所处的生命周期，预测是否发生故障。

（5）维护优化与决策

根据预测结果和维护需求响应时间，结合备件库存策略（连续性和周期性库存订购策略），在考虑生产计划的产出率和订单延误成本的条件下，对预测性维护需求（来自预测性维护需求及计划）、确定性维护需求（来自预防性维护计划）和不确定性需求（来自随机故障）进行决策，给出企业内生产、维护与备件库存的决策策略。

3.1.3 信息融合技术

信息融合来自不同设备、不同数据源以及不同感知实体的信息，通过处理这些多元异构数据，更加全面地感知物理世界，为人类提供精准和智能的服务。

信息融合起源于 20 世纪 70 年代的多传感器数据融合，90 年代信息融合发展为数据层融合（原始数据预处理与一致性分析等）、特征层融合和决策层融合等内容。从人的认知角度，可以包括感知融合（视觉、听觉、味觉、触觉、嗅觉）、认

知融合（记忆、想象，即学习和建模过程）、决策融合（思维，即分析和决策过程）等层次。

（1）多传感器数据融合

传感器数据融合概括为把分布在不同位置的多个同类或不同类传感器所提供的局部数据资源加以综合（来自同一检测源信号的数据信息），采用计算机技术对其进行分析，消除多传感器信息之间可能存在的冗余和矛盾，加以互补，降低其不确定性，从而获得被测对象的一致性解释与描述，提高系统决策、规划、反应的快速性和正确性，使系统获得更充分的信息。多传感器数据融合有按抽象级别、按集中化水平、按竞争水平等几种分类方式。

① 按照抽象级别分类　在自动驾驶车辆中，考虑一个雷达和一个相机都在探测一个行人的传感器融合情况（图3.3），要问的问题是“应该什么时候做融合？”。按抽象级别分类，传感器融合可以分为低级融合、中级融合和高级融合。

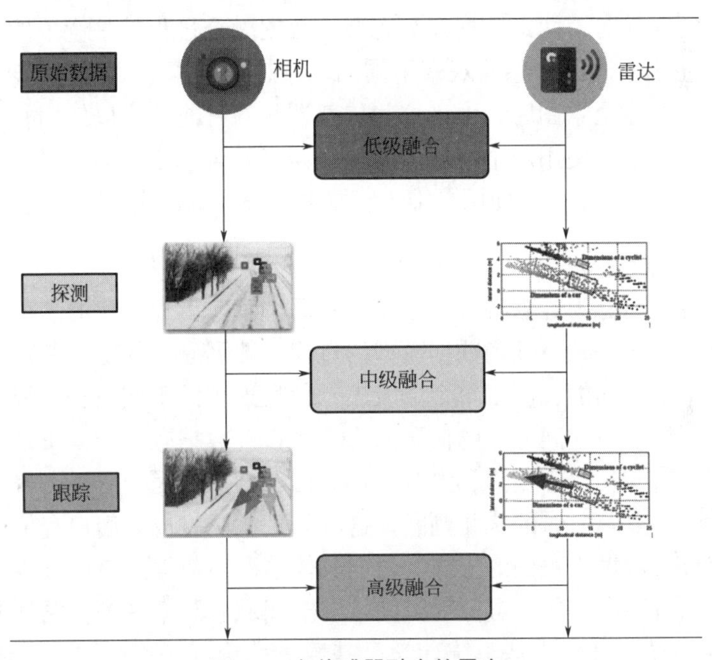

图 3.3　多传感器融合的层次

低级传感器融合是指融合来自多个传感器的原始数据，例如融合来自雷达的点云和来自相机的像素。中级传感器融合是指融合独立于传感器数据的检测对象，如果相机探测到一个障碍物，雷达也探测到它，中级融合将融合这些结果，以获得对障碍物的位置、等级和速度的最佳估计，通常采用卡尔曼滤波（贝叶斯算法）等。高级传感器融合是融合物体和它们的运动轨迹，不仅要依靠探测，还要依靠预测和跟踪。

② 按集中化水平分类　在这种情况下，要问的是“融合在哪里发生？”。主计算机可以做到这一点，或者每个传感器可以做自己的检测和融合。按照集中化水平，传感器融合可以分为集中式融合、分散式融合和分布式融合。集中式融合是在一个中央单位（计算机）处理融合（低级别的）；分散式融合中，每个传感器融合数据并将其转发给下一个传感器；分布式融合中，每个传感器在本地处理数据并将其发送到下一个单元（后期融合）。例如，在一个经典自动驾驶车辆中，每个传感器都有自己的计算机，所有这些计算机都与一个中央计算单元相连，在这种情况下传感器融合既可以是集中式的，也可以是分散式或分布式的。

③ 按竞争程度分类　在抽象层面，问的是“何时”应该发生融合；在集中化水平层面是关于在“哪里”发生；在竞争层面，问的是“融合应该做什么？”。因此，按照竞争程度划分，可分为竞争性融合、补充性融合和协调性融合 3 种可能性。竞争性融合是指传感器的目的是相同的，例如，当同时使用雷达和激光雷达检测到行人的存在时，两组数据互为冗余，数据融合过程就是竞争性融合。补充性融合是指使用不同的传感器观察不同的场景，以获得无法获得的东西。例如，在用多个相机构建全景图时，由于这些传感器相互补充，可以使用补充性融合过程。协调性融合是指使用两个或更多的传感器来产生一个新的场景，但这次是在观察同一个物体。例如，在使用二维传感器进行三维重建或三维扫描时。

（2）信息融合的层次

信息融合起初称为数据融合，是将表示同一真实世界对象的多个数据和知识集成到一起，形成一致、准确数据模型的过程。数据融合的定义基本上体现了数据融合的三个关键功能：由于每个层级表示信息处理的不同级别，因此数据融合是在若干个层级上对空间分布的信息源进行操作。数据融合的本质是对锁定的目标进行观测、追踪、状态预测和整合。在数据融合操作完毕后，会得到高关联正确率的状态估计以及实时的威胁判断，这些处理结果将成为用户有价值的先验知识，从而使决策者做出正确的操作。根据具体情况，数据融合也有不同的分类方法。按照信息范围的差异，可分为时间域、空间域和频率域等一系列方法；按照融合手段的差异，可分为基于统计学、基于概率论等一系列方法；还可以面向数据融合中不同的级别和次序来划分，或者按传感器融合的高级、中级以及低级来划分。目前，应用较为广泛的是将数据融合分为数据层融合、特征层融合、决策层融合。

① 数据层融合　数据层融合是使来自多个来源的信息结合起来形成统一图像的一种技术。数据固有的缺陷是数据融合系统最根本的挑战性问题，因此大部分的研究工作都集中在解决这个问题上。有许多数学理论可以用来表示数据的不完

善，如概率论、模糊集论、可能性理论、粗糙集（rough set）理论和 D-S 证据理论（Dempster-Shafer evidence theory，DSET）等，这些方法中的大多数能够表示不完善数据的某些特定方面。例如，概率分布表示数据不确定性，模糊集理论可以表示数据的模糊性，D-S 证据理论可以表示不确定性以及模糊数据。图 3.4 概述了上述处理数据缺陷的数学理论，横轴介绍了数据不完善的各个方面。

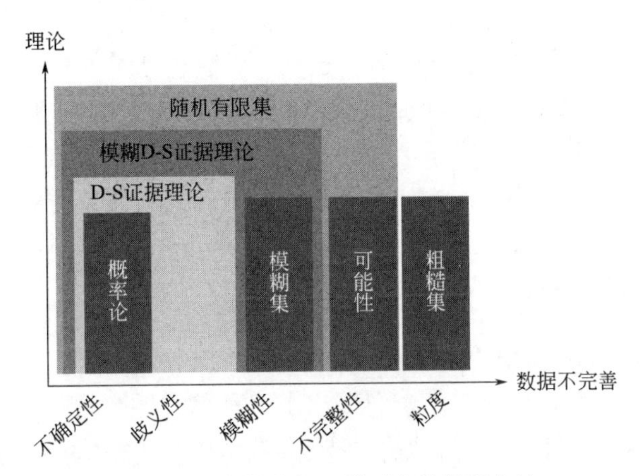

图 3.4　不完善数据及其对应的处理方法

针对传感器采集的数据，依赖于传感器类型，进行同类数据的融合。数据层融合要处理的数据都是在相同类别的传感器下采集，所以数据融合不能处理异构数据。

② 特征层融合　特征层融合主要是指从不同传感器中提取局部的有代表性的数据，然后根据这些局部数据组合得到具有显著特征的矢量，用来体现所监测物理量的属性，这是面向监测对象特征的融合。如在图像数据的融合中，可以采用边沿特征信息代替全部数据信息。相关的算法包括分类、预测、聚类、推荐、相关性分析等。

这种层次的融合在多层人工神经网络中有很好的应用，从毫米波雷达和激光雷达数据中获取需要的代表性数据，输入到神经网络中的数据就由这些获取的代表性数据融合得到。为了在大量干扰目标中识别出我们所关注的特定目标，这些特征矢量需要由神经网络进行离线训练。这样的操作流程就可以实现以较高的精准度和概率分辨出该代表性矢量的类别。但需要注意的是，该训练结果是由所有的传感器参与融合而得到的，因此一旦其中的某个传感器被替代成其他种类，那么需要重复收集数据和离线训练的操作。

③ 决策层融合　决策层融合是指根据特征层融合所得到的数据特征，进行一定的判别、分类，以及简单的逻辑运算，根据应用需求进行较高级的决策，是高

级的融合。决策层融合是面向应用的融合，比如在森林火灾的监测监控系统中，通过对温度、湿度和风力等数据特征的融合，可以断定森林的干燥程度及发生火灾的可能性等。这样，需要发送的数据就不是温度、湿度的值以及风力的大小，而只是发送发生火灾的可能性及危害程度等。

决策融合执行从多个输入到较少数量输出的数据缩减映射，是将所使用的一组模型结合成单一的共识，包括 4 类。a. 通用决策融合（general decision fusion），如线性意见库（inear opinion pool）、对数意见库（the logarithmic opinion pool）、投票或排名方法（the voting or ranking approach）。b. 分类器融合（classifier fusion）。c. 组合分类器的集成学习（combining classifiers in ensembles），如 Borda 计数、Bayes 方法、Dempster–Shafer 理论、模糊理论、概率方案和神经网络组合（Borda count，the Bayesapproach，Dempster-Shafer theory， fuzzy theory，probabilisticschemes and combination by neural networks）。d. 语义方法（知识图谱）。

（3）信息融合模型和算法

在数据融合层次的基础上，人们提出了多种信息融合模型，共同点是在信息融合过程中进行多级处理。现有融合模型大致可以分为两大类：①根据节点顺序构建的功能型模型。②根据数据提取加以构建的数据型模型。在 20 世纪 80 年代，比较典型的功能型模型主要有 UK 情报环（涵盖了所有处理级别，但是并没有详细描述）、Boyd 控制回路（OODA 环），典型的数据型模型则有 JDL 模型，20 世纪 90 年代又发展了瀑布模型（对底层功能做了明确区分）和 Dasarathy 模型（根据融合任务或功能加以构建，可以有效地描述各级融合行为），1999 年，Mark Bedworth 在综合几种模型的基础上提出了一种混合模型。比较常用的是 Dasarathy 模型，包括了表 3.2 所示的 5 个信息融合级别。

表 3.2　Dasarathy 模型的 5 个信息融合级别

输入	输出	描述
数据	数据	数据层融合（数据处理）
数据	特征	特征选择和特征提取（深度网络）
特征	特征	特征层融合（深度网络）
特征	决策	模式识别和模式处理（分类器输出）
决策	决策	决策层融合（分类器融合 / 集成学习）

信息融合技术虽经国内外多年研究取得了不少成果，也已经成功地应用于多个领域，但目前仍未形成一套完整的理论体系和有效的融合算法。绝大部分都是

针对特定的问题、特定的领域来研究，也就是说现有研究都是根据问题的种类特定的对象特定的层次建立自己的融合模型和推理规则，有的在此基础上形成所谓的最佳方案。常用的信息融合算法（表 3.3）基本上可概括为随机和人工智能两大类，随机类方法有加权平均法、卡尔曼滤波法、贝叶斯估计法、Dempster-Shafer（D-S）证据推理、产生式规则等，而人工智能类则有模糊逻辑理论、神经网络、粗糙集理论、专家系统、语义方法等。

表 3.3　常用的信息融合算法

融合方法	运行环境	信息类型	信息表示	不确定性	融合技术	适用范围
加权平均	动态	冗余	原始读数值		加权平均	低层数据融合
卡尔曼滤波	动态	冗余	概率分布	高斯噪声	系统模型滤波	低层数据融合
贝叶斯估计	静态	冗余	概率分布	高斯噪声	贝叶斯估计	高层数据融合
统计决策理论	静态	冗余	概率分布	高斯噪声	极值决策	高层数据融合
证据推理	静态	冗余互补	命题	逻辑推理		高层数据融合
模糊推理	静态	冗余互补	命题	隶属度	逻辑推理	高层数据融合
神经网络	动 / 静态	冗余互补	神经元输入	学习误差	神经网络	低 / 高层
产生式规则	动 / 静态	冗余互补	命题	置信因子	逻辑推理	高层数据融合

加权平均法是信号融合方法中最简单、最直观的方法，该方法将一组传感器提供的冗余信息进行加权平均，结果作为融合值，是一种直接对数据源进行操作的方法。

卡尔曼滤波主要用于融合低层次实时动态多传感器冗余数据。该方法用测量模型的统计特性递推，决定统计意义下的最优融合和数据估计。如果系统具有线性动力学模型，且系统与传感器的误差符合高斯白噪声模型，则卡尔曼滤波将为融合数据提供唯一统计意义下的最优估计。卡尔曼滤波的递推特性使系统处理不需要大量的数据存储和计算。采用单一卡尔曼滤波器对多传感器组合系统进行数据统计时，存在很多严重问题：在组合信息大量冗余情况下，计算量将以滤波器维数的三次方剧增，实时性不能满足；传感器子系统的增加使故障随之增加，在某一系统出现故障而没有来得及被检测出时，故障会污染整个系统，可靠性降低。

贝叶斯估计是融合静态环境中多传感器高层信息的常用方法，使传感器信息依据概率原则进行组合，测量不确定性以条件概率表示，当传感器组的观测坐标一致时，可以直接对传感器的数据进行融合，但大多数情况下，传感器测量数据要以间接方式采用贝叶斯估计进行数据融合。多贝叶斯估计将每一个传感器作为一个贝叶斯估计，将各个单独物体的关联概率分布合成一个联合的后验概率分布函数，通过使用联合分布的似然函数为最小，提供多传感器信息的最终融合值，融合信息与环境的一个先验模型提供整个环境的一个特征描述。

证据推理方法是贝叶斯推理的扩充，其3个基本要点是：基本概率赋值函数、信任函数和似然函数。D-S方法的推理结构是自上而下的，分3级。第1级为目标合成，其作用是把来自独立传感器的观测结果合成为一个总的输出结果（D）；第2级为推断，其作用是获得传感器的观测结果并进行推断，将传感器观测结果扩展成目标报告，这种推理的基础是“一定的传感器报告以某种可信度在逻辑上会产生可信的某些目标报告”；第3级为更新，各种传感器一般都存在随机误差，所以，在时间上充分独立地来自同一传感器的一组连续报告比任何单一报告可靠。因此，在推理和多传感器合成之前，要先组合（更新）传感器的观测数据。产生式规则采用符号表示目标特征和相应传感器信息之间的联系，与每一个规则相联系的置信因子表示它的不确定性程度。当在同一个逻辑推理过程中，两个或多个规则形成一个联合规则时，可以产生融合。应用产生式规则进行融合的主要问题是每个规则的置信因子的定义与系统中其他规则的置信因子相关，如果系统中引入新的传感器，需要加入附加规则。

模糊逻辑是多值逻辑，通过指定一个0到1之间的实数表示真实度，相当于隐含算子的前提，允许将多个传感器信息融合过程中的不确定性直接表示在推理过程中。如果采用某种系统化的方法对融合过程中的不确定性进行推理建模，则可以产生一致性模糊推理。与概率统计方法相比，逻辑推理存在许多优点，它在一定程度上克服了概率论所面临的问题，它对信息的表示和处理更加接近人类的思维方式，它一般比较适合于在高层次上的应用（如决策），但是，逻辑推理本身还不够成熟和系统化。此外，由于逻辑推理对信息的描述存在很大的主观因素，所以，信息的表示和处理缺乏客观性。模糊集合理论对于数据融合的实际价值在于它外延到模糊逻辑，模糊逻辑是一种多值逻辑，隶属度可视为一个数据真值的不精确表示。在多传感器融合过程中，存在的不确定性可以直接用模糊逻辑表示，然后，使用多值逻辑推理，根据模糊集合理论的各种演算对各种命题进行合并，进而实现数据融合。

神经网络具有很强的容错性以及自学习、自组织及自适应能力，能够模拟复杂的非线性映射。神经网络的这些特性和强大的非线性处理能力，恰好满足了多传感器数据融合技术处理的要求。在多传感器系统中，各信息源所提供的环境信息都具有一定程度的不确定性，对这些不确定信息的融合过程实际上是一个不确定性推理过程。神经网络根据当前系统所接收的样本相似性确定分类标准，这种确定方法主要表现在网络的权值分布上，同时，可以采用神经网络特定的学习算法来获取知识，得到不确定性推理机制。利用神经网络的信号处理能力和自动推理功能，即实现了多传感器数据融合。

在数据融合的实践中，可以根据应用的特点来选择融合方式和方法。另外，数据预处理和数据关联是数据融合之前必要的准备工作。

目前的信息融合无论在理论上还是在技术和应用实现上都只在于力图建立一个能够自动运行的产品，嵌入到应用系统中或直接作为系统应用到相应业务活动中。而在传统结构化数学模型和方法，如统计学、计算方法、数学规划以及各种信息处理算法无法解决的目标识别、态势估计、影响估计等高级融合问题，则求助于不确定性处理和人工智能技术。然而，当前不确定性处理技术特别是人工智能技术的发展与高级信息如人的需求相差甚远，处理不确定性问题是人的优势所在，在信息融合过程中，添加人认知层面的选择判断与行动管理，能够促使人机融合智能在观测、判断、分析与决策等方面的认知领域取得质变。

3.2 工业 4.0 的核心理念和技术

工业 4.0 通过利用信息物理系统理论建立高度灵活的个性化和数字化的生产模式，推动现有制造业向智能化方向转型。在实践上，数字孪生和数字主线使信息物理系统成为可能。

3.2.1 数字孪生

（1）数字孪生的概念

数字孪生的概念最初是由美国密歇根大学的 Grieves 教授于 2003 年在其开设的产品生命周期管理（product lifecycle management，PLM）的课程上提出的，当时并不叫数字孪生（digital twin，DT），而是叫镜像空间模型（mirrored space model，MSM），即“与物理产品等价的虚拟数字化表达”。后来，NASA（美国国家航空航天局）的 John Vickers 将其命名为 Digital Twin。也就是说，数字孪生被提出时是一个如图 3.5 所示的数字模型，其模型属性很清楚，虽然当时没有引起太多关注，但也没有什么歧义。针对这个概念，北京航空航天大学张霖教授在《系统仿真学报》2020 年 04 期中发表的文章《关于数字孪生的冷思考及其背后的建模和仿真技术》[50] 指出：“数字孪生是物理对象（如人工构建的或自然环境中的资产、流程或系统等）的数字模型，该模型可以通过接收来自物理对象的数据而实时演化，从而与物理对象在全生命周期保持一致。”

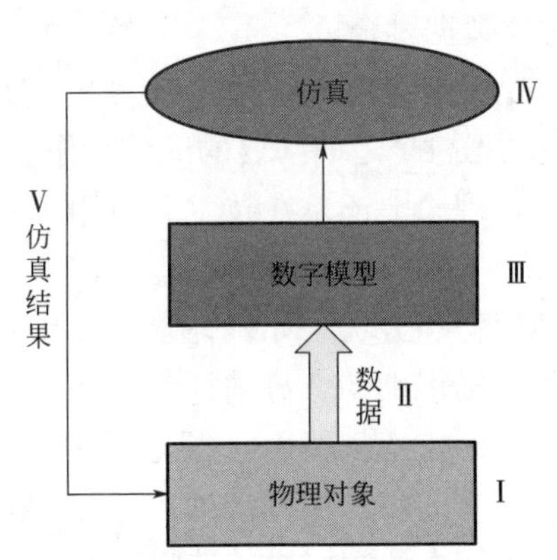

图 3.5　数字孪生相关的各个组成部分

随着 NASA 将其引入“NASA 空间技术路线图”[51]，数字孪生的含义发生了重要的变化：数字孪生是充分利用物理模型、传感器更新、运行历史等数据，集成多学科、多物理量、多尺度、多概率的仿真过程，在虚拟空间中完成映射，从而反映相对应实体装备的全生命周期过程，数字孪生的主体变成了图 3.6 所示的仿真过程。

NASA 对数字孪生概念的解读引起了后续关于数字孪生定义和内涵的含糊不清，这里列举一些有代表性的定义。

① DT 是物理设备的一个实时的数字副本。

② DT 是有生命或无生命物理实体的数字副本。通过连接物理和虚拟世界，数据可以无缝传输，从而使得虚拟实体与物理实体同时存在。

③ DT 是对人工构建的或自然环境中的资产、流程或系统的数字表示。

④ DT 是资产和过程的软件表示，用于理解、预测和优化性能以改善业务。

⑤ DT 是实际产品或流程的虚拟表示，用于理解和预测对应物的性能特点。

⑥ DT 是在云平台上运行的真实机器的耦合模型，并使用来自数据驱动的分析算法以及其他可用物理知识的集成化知识对健康状况进行仿真。

⑦ DT 是物理对象或系统在其整个生命周期中的动态虚拟表示，使用实时数据实现理解、学习和推理。

⑧ DT 使用物理系统的数字副本执行实时优化。

⑨ DT 是现实世界和数字虚拟世界沟通的桥梁。

图 3.5 是上面各种定义中所提到的和 DT 有关的各个部分，包括Ⅰ物理对象、Ⅱ数据、Ⅲ模型、Ⅳ仿真和Ⅴ仿真结果。上述这些定义分别将 DT 指向图 3.5 中的不同部分。

第一类：定义①～⑤将 DT 定义为数字副本、数字表示、软件表示或虚拟表示，指向Ⅲ，即 DT 是一个随物理对象实时更新的模型，因为不管是数字副本、数字表示还是软件表示或虚拟表示，都属于模型的范畴。

第二类：定义⑥～⑧将 DT 指向Ⅲ和Ⅳ，即 DT 是模型加仿真。

第三类：定义⑨将 DT 指向Ⅱ和Ⅴ，即 DT 是连接物理对象和模型之间的桥梁。

关于数字孪生的理解，还有一个问题令人困扰，即：一个数字孪生是否应该包含物理对象，即图 3.5 中的Ⅰ？造成这个问题的根源也来自于 NASA 和美国空军研究办公室的相关文献，他们认为数字孪生概念由三个部分组成：物理产品、数字模型 / 虚拟产品以及物理与数字两个产品之间的连接，即图 3.5 中Ⅰ、Ⅱ、Ⅲ甚至Ⅴ。

在同一个报告中，NASA 又明确地指出，数字孪生是图 3.6 所示的基于仿真的系统工程（simulation-based system engineering，SBSE），数字孪生的主体变成了系统工程。

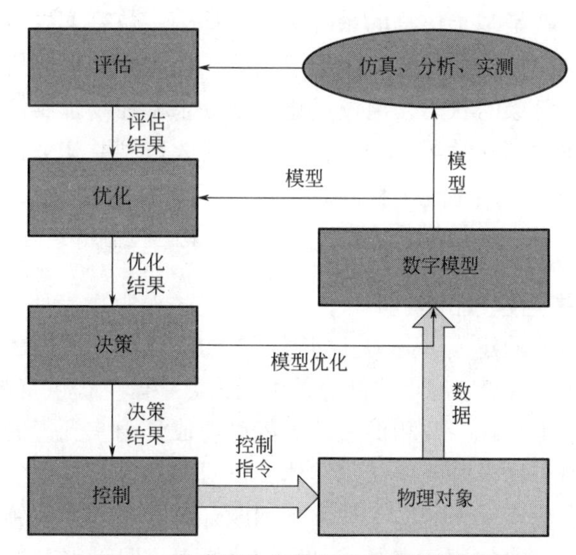

图 3.6　数字孪生是基于仿真的系统工程

系统工程的第一次应用并提出是在 1940 年，美国贝尔实验室研制电话通信网络时，将研制工作分为规划、研究、开发、应用和通用工程等五个阶段，提出了排队论原理。1940 年，美国研制原子弹的曼哈顿计划应用了系统工程原理进行协调。自觉应用系统工程方法而取得重大成果的两个例子是美国的登月火箭阿波罗计划和北欧跨国电网协调方案。

系统工程是从系统观念出发，以最优化方法求得系统整体最优的综合化的组织、管理、技术和方法的总称。钱学森教授在 1978 年指出："系统工程"是组织管理"系统"的规划、研究、设计、制造、试验和使用的科学方法，是一种对所有"系统"都具有普遍意义的科学方法。也就是说，系统工程是以大型复杂系统为研究对象，按一定目的进行设计、开发、管理与控制，以期达到总体效果最优的理论与方法。系统工程的基本方法就是用数学模型和逻辑模型来描述系统，通过模拟反映系统的运行，求得系统的最优组合方案和最优的运行方案。

最常用的系统工程方法是霍尔创立的三维结构图：

① 时间维。对一个具体工程，从规划起一直到更新为止，全部程序可分为规划、拟定方案、研制、生产、安装、运转和更新七个阶段。

② 逻辑维。对一个大型项目可分为明确目的、指标设计、系统方案组合、系统分析、最优化、作出决定和制定方案七个步骤。

③ 知识维。系统工程需使用各种专业知识，霍尔把这些知识分成工程、医药、建筑、商业、法律、管理、社会科学和艺术等，把这些专业知识称为知识维。

如果数字孪生就是基于仿真的系统工程，那么，数字孪生可以定义为：现有或将有的物理实体对象的数字模型，通过实测、仿真和数据分析来实时感知、诊断、预测物理实体对象的状态，通过优化和指令来调控物理实体对象的行为，通过相关数字模型间的相互学习来进化自身，同时改进利益相关方在物理实体对象生命周期内的决策。按照系统工程的观点，数字孪生的主体包括：物理对象全生命周期的数字模型，以及仿真、评估、优化、决策、控制等过程。

（2）数字孪生与建模的区别

和数字孪生相关的建模可分为几何建模、仿真建模、机理建模、优化决策建模等，几何建模是数字孪生的重要部分，可以为数字孪生提供直观的展示。

建模和数字孪生存在一些相似之处，都可看成是由实到虚的过程，但存在差距。首先，建模围绕特定的问题简化实体，再对实体进行抽象，聚焦点在想要研究的特点问题上。数字孪生倾向于把一个问题综合化，使不同领域的问题在同一个孪生体上研究，是对实体的复刻。另外，建模大多是针对制造系统的一个独立单元进行的，而数字孪生涉及产品设计、制造、维护的整个全生命周期过程。数字孪生体是动态的，需要与物理层的数据进行实时交互、虚实融合，对模型迭代优化，需要多维度、多尺度的复杂建模，如几何模型、仿真模型、机理模型、优化模型、评估模型、控制模型、执行模型等。

单从数字孪生的定义就可以知道，仿真只是实现数字孪生诸多关键技术的一部分，不可盲目把数字孪生跟仿真混为一谈，图 3.7 所示的数字孪生系统通用参考架构可以更清晰明白。

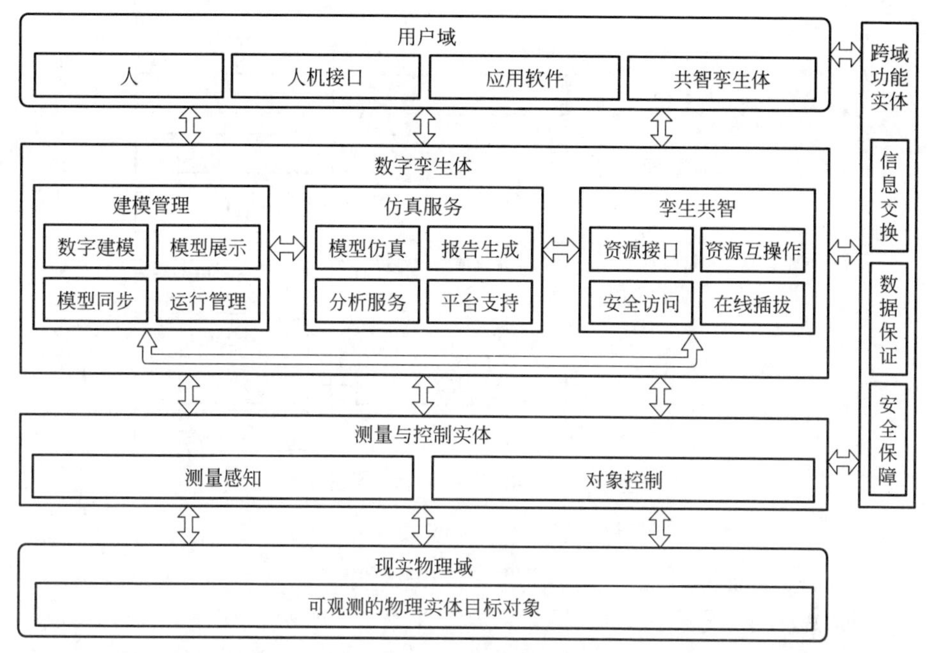

图 3.7　数字孪生系统的通用参考架构（图片来自《数字孪生体技术白皮书（2019）》）

仿真是将包含了确定性规律和完整机理的模型转化成软件来模拟物理世界的一种技术。只要模型正确，并有完整的输入信息和环境数据，就可以基本正确地反映物理世界的特性和参数。如果说建模是模型化我们对物理世界或问题的理解，那么仿真就是验证和确认这种理解的正确性和有效性。所以，数字模型的仿真技术是创建和运行数字孪生、保证数字孪生与对应物理实体实现有效闭环的核心技术。

数字孪生不仅仅是物理世界的镜像，也要接收物理世界实时信息，更要反过来实时驱动物理世界，而且进化为物理世界的先知、先觉甚至超体。在制造场景下，可能涉及的仿真包括产品仿真、制造仿真和生产仿真等大类，对应的小类包括：

① 产品仿真：系统仿真、多体仿真、物理场仿真、虚拟试验等。

② 制造仿真：工艺仿真、装配仿真、数控加工仿真等。

③ 生产仿真：离散制造工厂仿真、流程制造仿真等。

（3）数字孪生的关键技术

以数据从物理实体到数字孪生体的数据流先后顺序，文献 [52] 将数字孪生的关键技术（图 3.8）分为：①数据基础技术；②数字孪生体模型构建；③增强式交互。

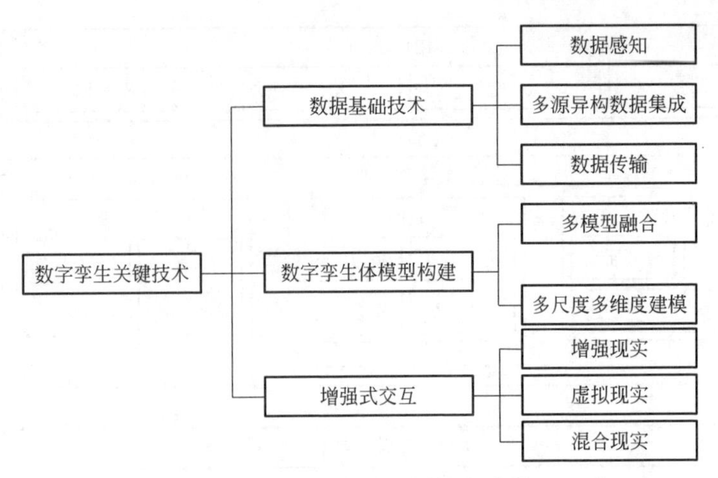

图 3.8　数字孪生的关键技术分类

(4) 流程工业生产线构建数字孪生体的步骤

流程工业生产线数字孪生体技术架构如图 3.9 所示，在建立生产线数字孪生体的过程中，主要包括四个阶段：数字孪生体需求分析、数字孪生体几何属性数字化建模、数字孪生体运行机理多时空尺度建模、数字孪生体模型测试验证。

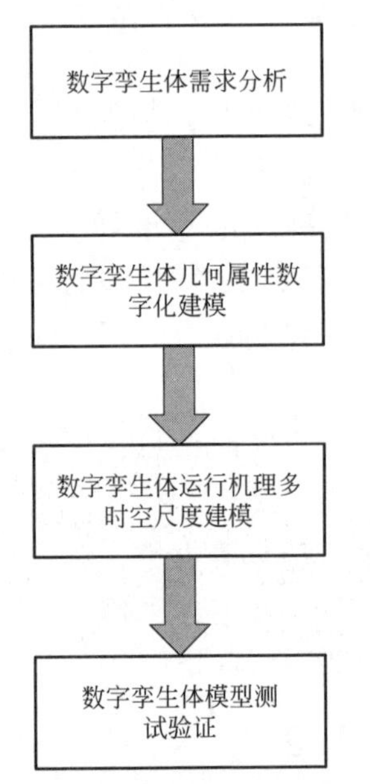

图 3.9　建立流程工业生产线数字孪生体的四个步骤

① 数字孪生体需求分析　明确生产流程各工序涉及的设备以及生产流程 / 设备数字孪生体对生产流程各阶段的指导意义。再次明确已有的生产流程各阶段机理模型、可改造和获取的数据、新增检测数据需求等，最后完成全生命周期的数字孪生体需求分析。

② 数字孪生体几何属性数字化建模　第一步，结合现有测量方法，完成生产流程 / 设备实体对象的几何结构、空间运动、几何关联等几何属性获取。

第二步，通过对已有 3D 重建和渲染优化引擎的功能分析，做出符合最优性原则的合理决策。

第三步，结合生产流程 / 设备实体对象的空间运动规律，利用 3D 重建工具，实现生产流程 / 设备空间几何模型的重建。针对模型重建过程中存在计算资源有限的问题，对生产流程 / 设备空间几何模型进行渲染优化。

第四步，对生产流程中各设备空间几何模型进行匹配连接，从而实现生产流程 / 设备几何属性数字化精准建模。

③ 数字孪生体运行机理多时空尺度建模　在完成生产流程 / 设备几何属性数字化复刻的基础上，结合流体力学、传热学、反应热力学和动力学等理论与人工智能、大数据处理等方法，对生产流程 / 设备中的运行机理与规律进行深入研究，从而建立机理和数据驱动的生产流程 / 设备多时空尺度模型，能够在时间尺度和空间尺度上全方位地精确描述出生产过程中关键工序和主要设备的运行状态与物料流通的变化情况，全面刻画出实际生产过程中输出量与输入量之间的准确关系，将生产线数字孪生体的构建划分为三个层次，即设备级、工序级和流程级。在实际建立数字孪生体的过程中，对物理实体层中的设备需要考虑其之间的耦合程度与建模复杂程度，从而确定数字孪生体单元的粒度。

④ 数字孪生体模型测试验证　数字孪生体模型主要从两个方面验证，其一是通过建立模型精度及可信度测评算法，对生产流程 / 设备孪生体模型的运行效果进行验证；其二是通过融合客观检测数据及先验知识，构建孪生体模型评估验证平台，实现孪生体构建过程全方位多角度交叉验证，只有通过了测验的数字孪生体才可用于与真实物理系统的平行运行，指导生产过程。

（5）数字孪生的数物对应模式

在产品生命周期每一个阶段中，其实都存在孪生化现象，大量的物理实体系统都有了数字虚体的伴生。每个阶段的每个物理孪生体所对应的数字孪生体不止一个（不同算法、逼真 / 抽象等），对应关系呈现多样化，综合起来有八种之多：一对一、一对多、多对一、多对多；一对少、少对一、一对零、零对一。

数字孪生的数物常规对应模式具体如下。

① “一对多”——一个物理实体对应多个数字虚体的场景（一台汽车发动机可有 D /N/S 等不同的驾驶挡位，启动 / 高速 / 低速 / 磨合 / 磨损等不同的工作状态，在车载软件中用不同的参数和软件模型来描述和调控）。

② “多对一”——多个物理实体对应一个数字虚体的场景（例如同型号不同尺寸的螺栓或铆钉对应同一个三维 CAD 模型）。

③ “多对多”——更为一般化的设备工作场景（例如设计阶段因数字化构型 / 配置不同而产生了系列化物理设备及数字孪生体，这些设备又置身于多种实际工作场景和数字场景）。

④ “一对一”是特例（只有这个特例被误解为“数字双胞胎”）。

数字孪生的数物特殊对应模式具体如下。

① “一对少”——一个物理实体对应一个高度抽象的数字虚体的场景（例如一辆高铁在调度上对应一个高度简化的数字化线框模型）。

② “少对一”——以一部分物理实体对应一个完整数字虚体的场景（例如一个齿轮副对应一个减速箱的“三维 CAD 模型 + 力学载荷模型”）。

③ “一对零”——因为不知其规律、缺乏机理模型导致某些已知物理实体没有对应的数字虚体（例如暗物质、气候变化规律、病毒变异规律等）。

④ “零对一”——人类凭想象和创意在数字空间创造的“数字虚体”，现实中没有与其对应的“物理实体”（例如数字创意中的各种形象）。

3.2.2 数字主线

在数字孪生中，还有一个可能引起歧义的问题，即数字孪生中是否应该包含从物理系统采集的数据，即图 3.5 中的Ⅱ。数字孪生概念中不需要也不宜包含这类数据，因为数字模型是根据这些数据实时演化的，所以数据的信息将在模型中得到体现。关于数据还有一个专门的技术，即数字主线（digital thread）技术，可以用来处理和数字孪生有关的数据问题。

洛克希德·马丁在 21 世纪初研制 F-35 时，为大幅度提高产品质量、缩短研制周期和降低成本，构建了集成产品和过程研发（integrated product and process development，IPPD）平台，提出了 digital thread 的概念，强调数字主线贯穿于产品生命周期（digital thread throughout life-cycle），其在 F-35 研制中取得了很好的效果，此后被大家广泛认可。

数字主线（图 3.10）旨在通过建模与仿真工具建立一种技术流程，提供访问、综合并分析系统寿命周期各阶段数据的能力，使工业各部门能够基于高逼真度的系统模型，充分利用各类技术数据、信息和工程知识的无缝交互与集成分析，完成对项目成本、进度、性能和风险的实时分析与动态评估。

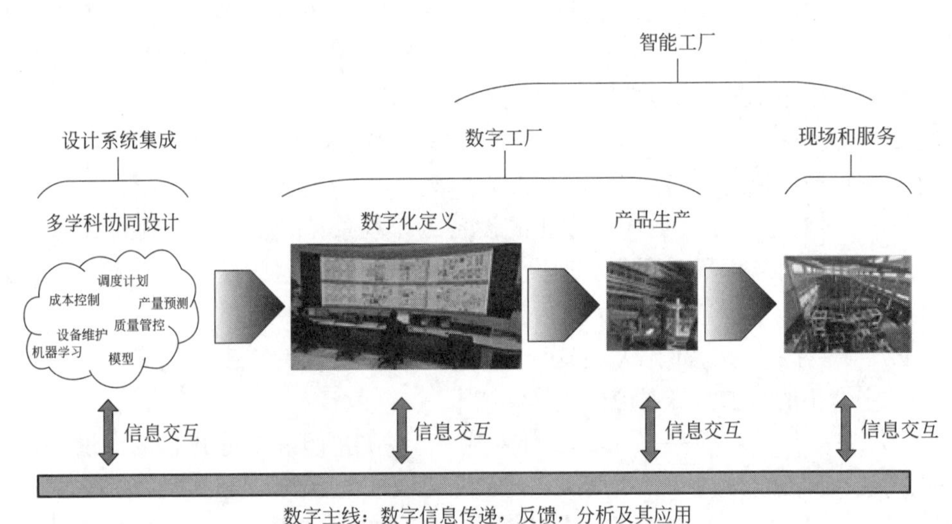

图 3.10 数字主线

数字主线描述一束连接（贯穿）产品生命周期各阶段过程的数据，如空压机的传感器连接着供应商、设备制造商和使用商。图 3.11 给出了连接闪速炉生命周期过程的数字主线模型，便于各阶段的模型进行交互。

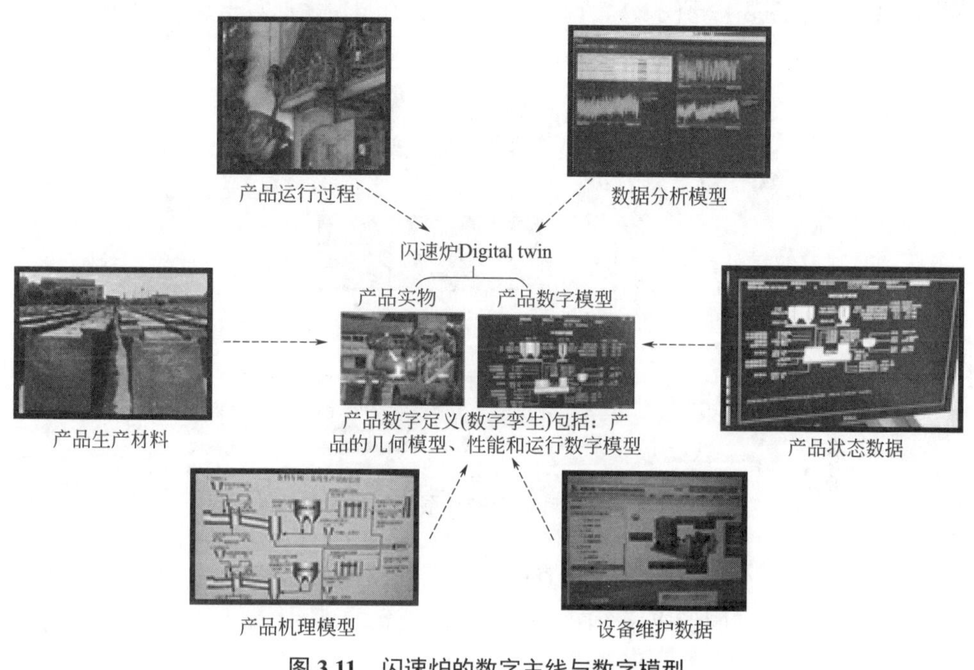

图 3.11　闪速炉的数字主线与数字模型

3.2.3　信息物理系统

信息物理系统是一个综合计算、网络和物理环境的多维复杂系统，通过 3C（Computation、Communication、Control）技术的有机融合与深度协作，实现大型工程系统的实时感知、动态控制和信息服务[53]。CPS 的内涵是虚实双向的动态连接，通过物理系统感知并传递数据至信息系统，从而用信息系统控制物理系统。也就是说，信息物理系统就是把物理设备连接到物联网或者互联网上，让物理设备系统具有计算、通信、精确控制、远程协调和自我管理的能力，实现虚拟网络世界和现实物理世界的融合。

从这个角度而言，人体也是由物理和信息两个系统组成，健壮的身体、灵巧的四肢、敏锐的感官，相当于一个嵌入了无数传感器的物理系统；人的大脑和意识，赋予了人思考、社交和活动的能力，构成了一个完备的信息系统，从而控制和操纵肌体这一物理系统。

按照前面数字孪生的分析，如果将数字孪生定义为物理对象的一个数字模型，那么数字孪生和信息物理系统之间的关系就很容易理解了，即数字模型、基于数字模型的各种活动（仿真）、物理对象、数字模型和物理对象之间的数据连接即数据主线（数据及仿真结果等信息），以及支持数据传输的通信网络共同形成一个信息物理系统，如图 3.12 所示。

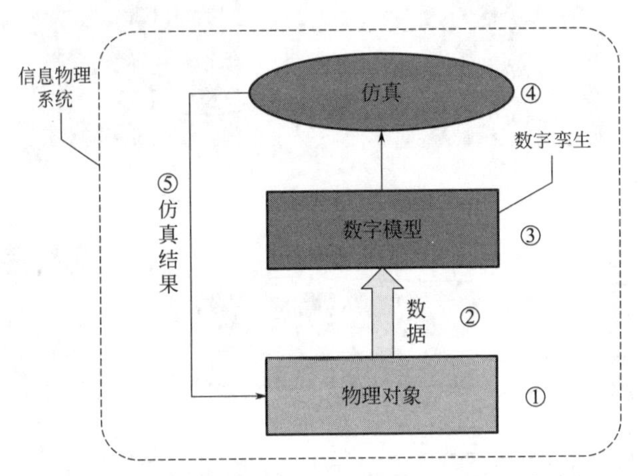

图 3.12　数字孪生和信息物理系统之间的关系（1）

如果将数字孪生定义为基于仿真的系统工程，那么物理对象、数字孪生、数据主线和通信网络共同形成一个图 3.13 所示的信息物理系统。

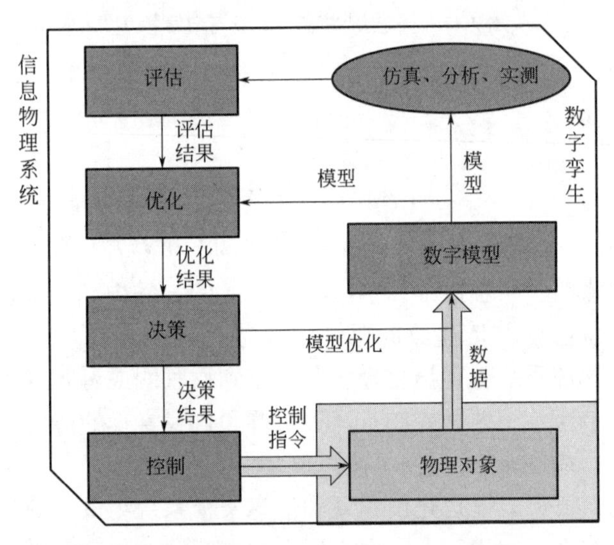

图 3.13　数字孪生和信息物理系统之间的关系（2）

在制造领域，数据主线贯穿在产品（生命周期）域、制造（过程）域和管理（域）等不同主题域之间，从而形成了不同主题域的数据空间。因此，物理对象、数字孪生、由数据主线连接的不同数据空间和通信网络，共同构成了物理对象的信息物理系统。物理对象包括机械、电气和化学等部件，这些部件嵌入传感器和执行器、A/D 和 D/A 转换器等，并由微处理器控制；传感器感知物理对象并收集有关物理对象行为的数据，数据通过通信网络传输到数字孪生系统；数字孪生则负责数据建模（数字模型）、仿真、分析、评估、优化、决策和控制物理对象，以控制和协调物理对象的行为，控制决策结果通过通信网络以控制指令的形式传输到相应的执行器，以执行控制行动。

数字孪生是从物理实体对象镜像出一个信息化的数字孪生体，是物理系统到信息系统的映射过程，从这个角度看，数字孪生是建设 CPS 的基础，是 CPS 发展的核心技术。

3.3 人机物共融智能理论

如果说先前人工智能发展的重点在于数据的输入和处理，比如人工智能发展史的三大主要标志——深蓝、沃森和 AlphaGo，它们都与数据有关，均是在处理过去的大量数据、规则和规划，那么未来人工智能下一步发展的重要方向之一将是人机交互的智能系统——人机物融合智能。如前所述，人体也是由信息和物理两个系统组成，人的大脑通过认知过程及时决策，而不是像计算机或当前弱人工智能一样按给定规则运算。面对纷繁复杂的现实，人需要临机创新模型和算法，人工智能将与人类智能融合，从模仿人类综合利用视觉、语言、听觉等感知信息，逐步实现识别、推理、设计、创作、预测等认知信息的人机物融合智能。

3.3.1 人机融合智能理论

（1）人机混合智能

人机混合智能概念背后的基本原理是：人和计算机具有互补的能力，可以结合起来互相增强。人工智能和人类智能可以轻松完成的任务是完全不同的，是两种不同类型认知程序的分离。人类智能利用了人们所谓的人类直觉，是快速的、自动的、情感的、立体的和潜意识的，人工智能是逻辑和意识，并严格遵循理性规则的概率论。

人机混合智能可分为人在回路混合增强智能、基于认知计算的增强智能两种基本模型。人在回路混合增强智能（human-in-loop hybrid augmented intelligence， HILAI）是一种需要人与系统交互的智能模型，人是系统的一部分，如果计算机给出一个低置信度的结果，人会给出进一步的判断。HILAI 混合增强智能还可以很容易地解决机器学习不容易训练或分类的问题和需求。基于认知计算的混合增强智能是指能够模拟人脑功能并提高计算机感知、推理和决策能力的新软件和 / 或硬件。人和计算机具有各自的优势，人具有灵活性、创造性、移情性，能够适应各种环境；计算机擅长解决需要处理大量数据的重复任务和识别复杂模式，并按照概率的一致规则权衡多个因素。人机混合智能具有计算机和人互相持续学习的重要特征。在人机混合智能中，人机界面比较分明。

（2）人机融合智能

随着自主系统和机器人技术的不断发展，机器人具有了强大的计算和行为执行能力，人和机器人（机）在物理域、信息域、认知域、计算域、感知域、推理域、决策域、行为域的界限越来越模糊，人机协同与融合的趋势越来越显著，人机融合智能更能反映真实人机关系。

① 人机共融　人机融合早期是指人和智能机器人的交互、协同和融合，中国工程院谭建荣院士认为："智能工业机器人具有单机自主、多机协同和人机共融三个基本特征，人机共融是智能机器人的重要特征。"智能工业机器人、智能服务机器人和智能特种机器人等机器人具备不同程度的类人智能，人机共融可实现人机融合感知、决策、行为和反馈的闭环流程，发挥机器优势，协助人类生产与服务人类生活，自动执行各类工作。人机共融包含人机交互、人机协同和人机融合三个层面的内容。

人机交互是人与机器之间能有所交流和合作 / 协作，交互过程对参与其中的个体没有明确要求，最典型的是语言互动，比如讯飞的语音转文字。人机交互是人机融合的第一要点。

人机协同在人机交互的基础上，强调人机个体的正确配置，对参与个体有明确要求。人机协同要求机器人有一定的友好性和感知性，人机协同一方面可以开拓全新的制造业生产模式，另一方面还能凭借其良好的安全性、灵活性、易用性等性能广泛服务于各种行业，比如医疗、服务业。人机交互中的协作一般为框架性的，较少关注个体如何制定各自行为，而协同不仅有框架性协议，并且关注个体行为，强调个体间的影响及相互依赖性的关注。协作不强调同步性，参与各方可以各自执行，相互等待，协同则强调参与方的紧密配合，更加注重实时性。也就是说，人机协同强调了机器能够自主配合人的工作，自主适应环境变化。

② 人机融合智能的层次　人机协同催生了新型融合智能形态。人类智能在感知、推理、归纳和学习等方面具有机器智能无法比拟的优势，机器智能则在搜索、计算、存储、优化等方面领先于人类智能，两种智能具有很强的互补性。人与机器协同，互相取长补短将形成一种新的“1+1>2”的增强型智能，也就是人机融合智能，这种智能是一种双向闭环系统，既包含人又包含机器组件。其中人可以接收机器的信息，机器也可以读取人的信号，两者相互作用，互相促进。在此背景下，人工智能的根本目标已经演进成提高人类智能、更有效地陪伴人类完成复杂动态的智能任务。因此，人机融合不光有语言互动，还有情感互动、智慧交流，是简单协同的一个提升，人机融合就是人发挥人的优势，机器人发挥机器人的优势，共同把事情做好。

人机融合智能是一种由人、机、环境系统相互作用而产生的新型智能形式，既不同于人类智能，也不同于人工智能，是一种物理与生物相结合的新一代智能科学体系。人处理其擅长的“应该（should）”等价值取向的主观信息，而机器不仅处理其擅长的“是（being）”等规则概率的客观数据，同时也将从人处理“应该（should）”信息中优化自己的算法，从而产生人＋机器既大于人也大于机器的效果[7]。人与机器通过显式或隐式的融合范式，达到人机智能的协作、融合与增强。显式人机融合智能中，人按照任务要求有意识地参与，将识别、联想、推理等认知能力融入智能计算任务中。隐式人机融合计算仅靠行为习惯无意识参与，将人群无意识表现出的行为规律作为智能用于求解问题。

人类本身就好比是一个天然的数据融合系统，鼻子、嘴巴、耳朵、四肢以及眼睛等器官就好比是一个个传感器，将各自获取的数据先进行预处理，也就是靠各自单一的感官去感觉（感觉反映的是事物的个别属性），最后反馈给大脑这个中央处理器，大脑再对这些多源的数据进行滤波和估计，形成知觉（知觉是人脑对直接作用于感官的客观事物的整体反映，反映的是事物的整体，即事物的各种不同属性、各个部分及其相互关系）。感觉和知觉都是人类认识世界的初级形式，反映的是事物的外部特征和外部联系。如果要想揭示事物的本质特征，还需在感觉和知觉信息的基础上进行更复杂的心理活动，如记忆、想象、思维等，也就是说，还需要具有学习、建模、分析等认知和决策能力。

人机交互主要涉及生理、心理与工效学问题，人机融合智能主要侧重人的大脑与机器的计算机相结合的智能问题。在人机融合过程中，人机融合智能的挑战在于如何对智能的计算任务进行分割，然后给人和机器分配各自擅长的子任务，并确定执行子任务的顺序（串行或并行），以及如何对计算结果进行决策融合。

人机融合智能采用图 3.14 所示的分层体系结构。人类通过后天完善的认知能力对外界环境进行分析感知，人的认知过程可分为记忆层与意图层、决策层、感知与行为层，形成意向性的思维。机器通过探测数据对外界环境进行感知分析，认知过程分为目标层和知识库、任务规划层、感知与执行层，形成形式化的思维。人机融合智能的体系结构指明人类与机器不仅可以在感知、认知和决策等层次之间进行融合，并且不同层次之间也可以产生因果关系。

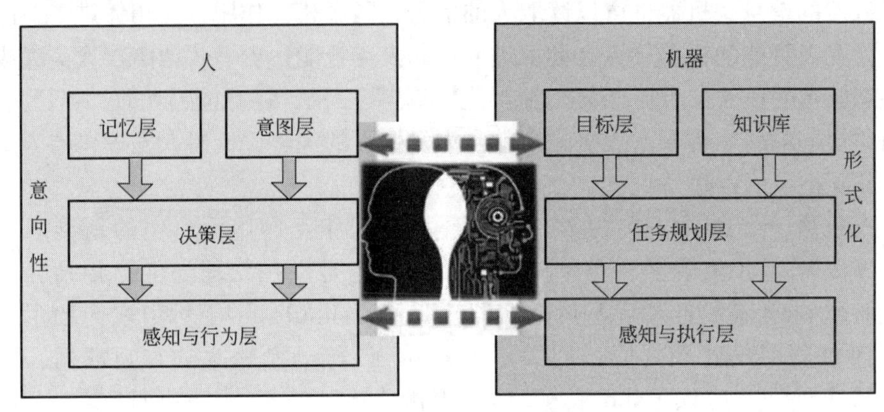

图 3.14　人机融合智能的层次结构

3.3.2　人机物共融系统

通过数据资源，人类社会、信息空间、物理对象连通互动和虚实交融，形成以人为中心的人机物三元融合智能新形态，实现人机物的共融共生。在此基础上，2018 年，周济院士等提出了人机物融合的人信息物理融合系统（human cyber physical systems，HCPS）的智能制造发展理论，原来智能机器人领域的人机（人和机器人）共融发展成为智能制造领域人机（信息系统）物（物理系统）交互、协同和融合的共融智能制造理念。

在人机物共融的智能制造环境中，人在整个人信息物理系统中的角色逐渐从“操作者”转向“监管者”，成为影响制造系统能动性最大的因素。在劳动力有限、人力成本增加的情况下，有必要优化人员配置，改进人工操控、信息系统分析与物理系统运作之间的匹配性，实现人信息物理系统的高效协作和协同。

2009 年开始启动的未来工厂计划，是欧盟在制造业领域投资最大、影响力最深远的一个研发计划，汇集了英国、德国、法国、意大利、西班牙、瑞典等国上千家知名工业企业、研究机构和协会，代表了欧盟众多国家及社会组织的当前观点与发展思路。未来工厂强调通过自动化、数字化、工艺改善等多方位举措，着眼于智能制造中的劳动力，建立人在生产和工厂中的全新定位，构建以人为中心的制造，并实现企业与员工、顾客、合作伙伴、社会及环境的友好。

2012 年，美国 GE 公司提出了工业互联网的概念，希望通过高性能设备、低成本传感器、互联网、大数据收集及分析技术等的组合，大幅提高现有产业的效率并创造新产业。GE 将工业互联网分解为三要素：智能机器、高级分析、工作人员。人是工业互联网的三要素之一，即便是秉承技术导向的美国公司，也强调通过人在回路，实现人机协同。相反，如果过度强调技术而忽视人的价值，难免会付出代价。埃隆·马斯克曾将特斯拉位于加州的工厂几乎全部自动化，但由于过度自动化导致 Model 3 车型无法快速量产，企业陷入困局。经过反思，2018 年 4 月马斯克称：特斯拉工厂的过度自动化是个错误，人的价值被低估了。

2013 年德国推出工业 4.0 战略时，在制定的落地八项行动中，有六项行动与人有关。第二条管理复杂系统，是担心和解决众多文化水平不高、岁数偏大的员工如何适应和掌握复杂系统的问题，这是制造业很现实的问题。第四条是安全和保障，在保障设备安全、系统安全之前，首先要保障人身安全。第五条是工作组织和设计，通过组织架构、工作优化、流程管理等让员工更高效地工作。第六条是培训和持续的职业发展，以员工为中心，通过培训、培养助力员工的职业发展。第七条是规章制度，是指企业如何建设与工业 4.0 相匹配的规章制度。最后一条，是资源利用效率，包括人力资源、物质资源等在内的一切资源高效、绿色、健康地利用。从中可以看出，工业 4.0 并不是全都聚焦在新技术，德国对人的价值非常重视。

2016 年 12 月，日本工业价值链促进会参考德国工业 4.0 及美国工业互联网联盟的架构，推出了颇具日本特色的智能工厂基本架构——工业价值链参考架构，代表日本推进智能制造的发展思路。在该参考架构中，日本将人作为智能制造的起点。日本丰田汽车强调："自动化和准时制是丰田生产方式的支柱，其共同点是人是中心。自动化发展得越快，使用自动化的人的能力受到的考验就越大。除非人类也改进，否则机器无法改进。培养技能能与机器媲美、感觉能力超过传感器的人才，是丰田战略的一个基本组成部分。"

在人机物共融的智能制造系统研究中，通常会涉及人机关系问题，目前国际上的代表性工作有人与机器人的关系问题、第四代操作工（Operator 4.0）、人与 CPS 的关系研究以及以人为中心的智能制造系统研究等。根据各自定义，可归纳为人信息物理融合系统（HCPS）、人与自动化共生系统（H-CPS）、人在回路的信息物理系统（HILCPS）三种类型。

（1）人信息物理融合系统（HCPS）

Broy 等人认为人的因素通常被视为物理对象，并强调了基于大数据和云计算的控制和服务的重要性[54]。然后，这些人为因素与不同领域的信息物理系统相互关联，并由人信息物理系统中的信息系统控制和协调，这种控制和协调相当被动。Romero 等人[16]和 Zhou Ji 等人[12]的理解是研究人类心理和大脑行为模型及其与 CPS 模型的相互作用，人类心理和大脑行为模型与 CPS 模型之间的集成和互动将增强人类的能力，提高人类在观察、分析、认知、决策和操作方面的表现。Zhou Ji 将传统的制造系统看成是 HPS、数字化（HCPS1.0）、数字网络化（HCPS1.5）、数字网络智能化（HCPS2.0）制造范式下的制造系统[11]，强调 HCPS2.0 的变化在于人机物的协同和融合，主要体现在两个方面：

① 人将部分认知与学习型的脑力劳动转移给信息系统，信息系统具有了认知和学习的能力，人、信息和物理系统协同完成制造系统的分析、建模、仿真、评估、优化、决策、控制和执行等任务。在人机物协同分析、决策与执行过程中，人和信息系统的关系发生了根本性变化，从“授之以鱼”向“授之以渔”的方向发展，信息系统和物理系统逐步具有了自主学习和自主智能的能力。

② 通过人在回路的混合增强智能，在人机物各层面数据和知识的驱动下，人机物深度融合将从本质上提高制造系统处理复杂性、不确定性问题的能力，极大地优化制造系统的性能。

（2）人与自动化共生系统（H-CPS）

人与自动化共生的概念起源于工业 4.0 技术对操作员及机器之间的互动影响，工业 4.0 实现了操作员和机器之间的新型互动[55]，这种互动将改变工业劳动力，并对工作性质产生重大影响，以适应不断增加的生产变化。这种转变的一个重要部分是强调未来工厂要以人为本，允许从独立的自动化和人类活动向人类与自动化共生的范式转变，其特点是机器与人类在工作系统中的合作，其设计不取代人类的技能和能力，而是与人类共存，帮助人类变得更有效率[56]。这种范式将考虑到：

① 制造企业的可持续技术和经济效益（例如，提高质量、提高响应能力、缩短生产时间，更容易地规划和控制生产过程，提高创新和持续改进的能力）；

② 劳动力的社会人文效益（例如，提高工作生活质量，通过有意义的任务提高工作满意度，提高个人灵活性和适应能力，提高车间人员的能力和技能）。

Kaasinen 等[55]在 HCPS 语义下提出了操作员 4.0（Operator 4.0）愿景，旨在通过人与自动化共生系统（人机共生），使制造业劳动力走向社会可持续（可持续制造），其内涵是：

① 通过智能人机界面，提高人类在网络和物理世界中与机器动态交互的能力，使用人机交互技术，以满足操作员的认知和物理需求；

② 通过各种丰富和增强的技术（如使用可穿戴设备）提高人类的物理、感知和认知能力，具体包括分析操作员、增强现实操作员、协作操作员、健康操作员、智能操作员、社交操作员、超强操作员和虚拟操作员等。

H-CPS 的两个目标都是通过计算和通信技术来实现的，类似于人在回路中的自适应控制系统。Sun 等[57]在操作员 4.0 的基础上，提出了健康操作员 4.0 的概念，设计了一个实现模型，进行了相关实验，验证了所提出的系统架构和实现框架的可行性。

在人与自动化共生概念的基础上，文献 [58] 提出了以人为中心的生产系统，通过比较和分析传统的以人为中心的生产系统以及工业 4.0 中以人为中心的信息物理生产系统，进一步预测了操作员的未来角色、所需的知识和能力以及辅助系统如何支持操作员 4.0。

（3）人在回路的制造系统（HILCPS）

人在回路的信息物理系统（human-in-loop cyber physical system，HILCPS）是人在回路制造系统的基础，强调人是系统的重要组成部分，为了使这些系统更好地服务于人类的需要，未来的 CPS 将需要通过考虑人类意图、心理状态、情感和通过感官数据推断出行为的人在回路控制，来加强与人类元素的更紧密联系[59-60]。文献 [61] 总结了人在回路的信息物理系统的若干应用，提出了一个新的分类练习，着重于人的组件的一般角色以及需求分析。Zhang 等人[62]提出了一种改进的外骨骼辅助识别方法，以最大限度地减少人类在行走过程中的能源成本，并能根据个人需求进行定制以及帮助用户学会使用该设备。

Wang 和 Haghighi[63] 结合 HMS holarchy 和 CPS，提出了人在回路的制造系统架构，定义了由网络层连接的物理和网络进程的两层。在这种架构中，人类用户被视为系统的第三方，与物理和网络元素交互，推动决策。Nunes 等人[64]提出了人在回路物理生产系统中人的角色分类，将人的角色分为数据获取、状态推理、状态影响和执行等 4 种。文献 [65] 在前人对人在回路和人的网络物理系统研究的基础上，旨在从更广泛的社会化的人在回路网络物理生产系统的角度，对人与机器的交互进行深入思考，以支持更多的主体进行协作和社会联系。

虽然人信息物理融合系统、人与自动化共生系统和人在回路的信息物理系统等几种人机物共融的机理都可看成是人类社会、信息系统和物理系统等系统的组成，但是国内外学者关于发展人机物共融所追求的目标是有差异的。国内学者的研究重点在于人机物的深度融合，使人信息物理系统更加智能化，发展目标是解决复杂的制造问题、优化制造系统性能，强调人机物融合智能。国外学者则强调以人为本的人机物协同，人信息物理系统的发展目标不是为了取代人，而是帮助人在智能的制造系统中更有效率，旨在改善劳动者的工作环境。因此，人机物共融的思想不单单依赖硬件传感器采集的客观数据或是人五官感知到的主观信息，而是把两者有效地结合起来，并且联系人的先验知识，通过人机物协同感知形成一种新的输入方式；其次，在信息的处理阶段，也是智能产生的重要阶段，将人的认知方式与计算机优势的计算分析能力融合起来，通过人机物协同认知构建起一种新的理解途径；最后，在智能的输出端，将人在决策中体现的价值效应加入计算机逐渐迭代的算法之中相互匹配，通过人机物协同决策形成有机化与概率化相互协调的优化判断。在人机物融合的不断适应中，人将会对惯性常识行为进行有意识的思考，而信息物理系统也将会从人的不同条件下的决策发现价值权重的区别。人与信息物理系统之间的理解将会从单向性转变为双向性，人的主动性将与信息系统的被动性混合起来。

3.4 人机物共融制造模式及机理

在未来的智能制造环境中，为了构建人机物共融的智能制造系统，使人信息物理系统更加智能化，不仅需要研究并构建人信息物理系统的抽象和计算理论、人信息物理系统体系结构建模的理论和方法等，以支持人机物异构系统和装置的服务抽象、动态集成以及模型对功能、性能和服务质量的复杂要求，还需要研究人机物共融机理，以及人机物协同感知、协同认知和协同决策的人机物融合机制，形成人机物共融的智能制造模式，指导新型智能制造系统、产品服务系统与商业模式的构建、形成和企业实践。

3.4.1 人机物共融制造模式模型

人信息物理系统是人类社会（智能环境中的个体、社会组织和社会网络）和信息物理系统的有机融合，不仅包括系统中人、物理对象和信息空间之间的行为协调和交互，还包括向系统用户提供的服务，人类在由计算软件生成的智能环境中感知、分析、决策和控制。如前文制造模式的变革所述，可持续商业模式创新、人机物共融的智能制造系统、生态系统服务平台共同构成人机物共融制造模式，人机物共融机理和人机物协同感知、认知和融合决策是人机物共融的重要内容和特征（图 3.15）。

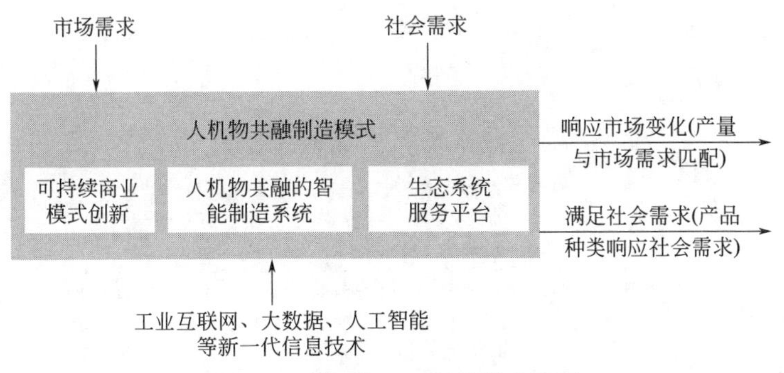

图 3.15　人机物共融制造模式模型

3.4.2　人机物共融的智能制造机理

人机物共融的智能制造系统包括如图 3.16 所示的人、新一代人工智能驱动的信息系统和物理系统三个部分，由各种异构系统和装置组成，包括：隶属于不同组织并在 HCPS 系统运营中过程发挥不同作用的各种人类系统，由不同的人使用不同的技术和工具设计的、独立运行并由不同的组织或机构管理的不同物理系统，具有不同功能、品牌和质量的不同传感器和执行器系统，使用不同技术和体系结构风格设计的、以不同编程语言实现的、在不同平台上运行的不同软件系统。另外，HCPS 在分布式和协作业务流程和工作流的执行过程中共享不同的软件、硬件、物理和人力等资源，这些资源具有不同的功能。

(1) 人的作用

人的作用（以预测性维护与计划联合优化为例）包括：运营（operation，设计创建运行分析），组织 / 信息系统 / 物理系统的设计、创建、运行、感知与分析；决策（decision，评估优化决策），人 / 信息系统（算法 / 模型 / 性能 / 系统）/ 物理系统（设备 / 工序 / 工艺 / 质量等）评估优化与决策；监督（supervision，监督指导），对人 / 信息 / 物理系统的现场或某一特定环节、过程进行监视、督促和管理，使其结果能达到预定的目标；执行（implementation，执行实施），现场物理系统（设备、工具、感知器件）操作（如车间现场操作员、设备点检 / 巡检 / 检修员）、信息系统操控等。人实现的功能包括：感知控制、学习认知和分析决策。

人信息系统接口主要采用基于 VUI/GUI/DUI/TUI/3DUI 的 HCI 接口，人物理系统接口主要利用基于 GUI/VUI 的 HMI 接口或者直接控制。其中，人信息物理系统接口包括语音用户界面（voice user interface，VUI）、图形用户界面（graphical user interface， GUI）、对话用户界面（dialogue user interface，DUI）、触摸交互界面（touch user interface，TUI）和三维交互界面（3D user interface，3DUI），通过这些接口实现人机物交互。

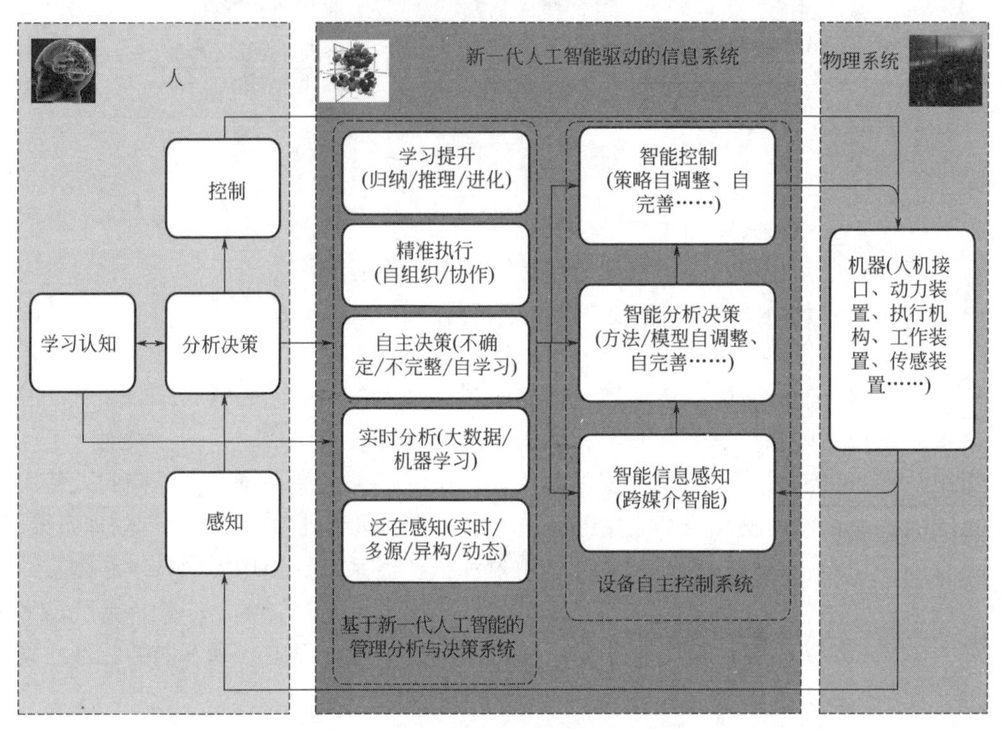

图 3.16　人机物共融的智能制造机理

（2）信息系统

信息系统的作用包括：通知（inform，信息检测传输提醒发送）、支持（support，存储、计算、仿真）、决定 [decide，多传感器（感知）融合 / 数据（认知）融合 / 决策（决策）融合]、行动（act，控制 - 控制指令）。信息系统分为两部分，分别为用于控制设备的设备自主分析控制系统（智能信息感知、智能分析决策与智能控制）以及用于分析仿真和决策的基于新一代人工智能的管理分析与决策系统（泛在感知、实时分析、自主决策、精准执行和学习提升），共同形成有色金属工业大脑，实现的功能分别包括：

① 监测：智能信息感知（跨媒体智能感知）/ 泛在感知（实时、多源、异构和动态）。

② 分析决策：智能分析决策（方法、模型自调整与自完善）/ 实时分析（基于大数据的分类、预测、仿真、评价等）与自主决策（不确定、不完全与

自学习）。

③ 执行：智能控制（策略自调整、自完善）/ 精准执行（自组织、协同、自愈）。

④ 学习提升：归纳、推理与演化。

（3）物理系统

物理系统包括物理本体、传感装置、动力装置、执行机构等。传感装置作为信息物理系统中的末端设备，主要采集设备和环境的状态信息，并通过通信网络发送给信息系统的设备自主分析控制系统，设备自主分析控制系统接收到数据之后自主或者在管理分析与决策系统的支持下，运营存储计算分析器件（存储器、PC、移动终端、服务器等）进行存储、计算、分析、处理和决策，再通过控制模型返回给物理设备相应的控制指令，末端设备接收到指令数据后，通过执行机构和动力装置执行。

信息物理系统接口包括基于 HTTP/ 现场网络的在线和离线信息系统的数据通信接口。

3.4.3 人机物协同感知、认知和决策

人机物共融的挑战在于如何对智能计算任务进行分割，给人和机器分配各自擅长的子任务，并确定执行子任务的顺序（串行或并行），以及如何对计算结果进行融合。

在基于信息物理系统的人机物协同感知、分析、评估、优化、决策和执行过程中，人设计创建模型，信息系统检测、传输、计算、仿真、控制，人机协同评估、优化和决策，物理系统执行控制指令。人机物共融通过人机物协同感知（人机物感知融合）、人机物协同认知（数据和模型层面的融合）、人机物协同决策（人机物决策融合）与人机物协同智能控制实现图 3.17 所示的人机物融合与协同分析决策过程。

在人机物协同感知、认知与决策过程，首先将各类传感器采集的客观数据和人类五官感知到的主观信息有效地结合起来，并且融合人的先验知识，形成人机物感知融合信息，来提升传统基于机器设备的感知能力，实现人机优势互补，提高感知效能。

在信息处理阶段，将人的认知方式与计算机的计算能力有机融合起来，在数据管理的基础上，构建各种工业模型（工艺模型、机理模型等）和数据模型（状态模型、分类模型、预测模型、仿真模型、性能评估模型、优化模型等）等数字模型，实现人机物协同认知。

在人机物协同决策层面，将人在决策中体现的价值效应加入数字模型逐渐迭代的算法之中相互匹配，通过提出问题、确定系统目标和评价指标、系统可行方案设计、系统模型与模型化、仿真、评价、实施等人机物协同分析决策过程（图 3.18）形成有机化与概率化相互协调的优化判断，实现人信息物理系统的协同优化和决策，并将性能评估（决策）结果反馈至物理系统。在人机物决策融合的不断适应中，人将会对惯性常识行为进行有意识的思考，而信息系统也将会从人的不同条件下的决策发现价值权重的区别。

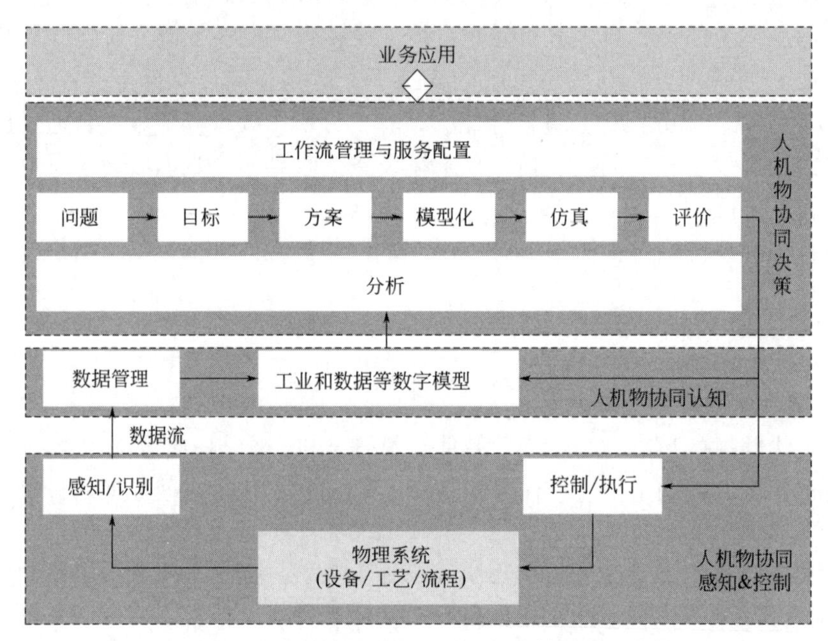

图 3.17　人机物协同感知、认知与决策过程示意图

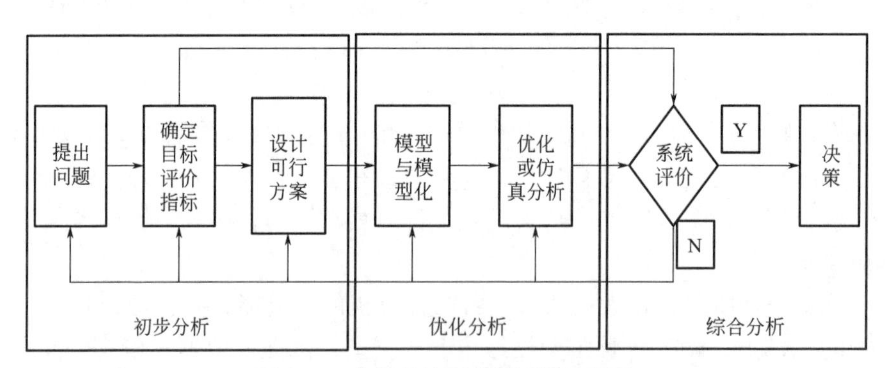

图 3.18　人机物协同分析过程示意图

在智能控制层面，根据人机物协同决策结果修正数字模型的参数，然后根据优化参数控制和执行物理系统。

通过人机物融合决策过程，不断提高信息系统自主决策的准确率，逐渐减少人参与决策的比例，实现人机物融合与协同决策，以及设备、工艺、流程的自主决策和自主运行优化。人机物感知数据融合、工业模型和数据模型融合、决策融合贯穿在人机物融合与协同决策的全过程。

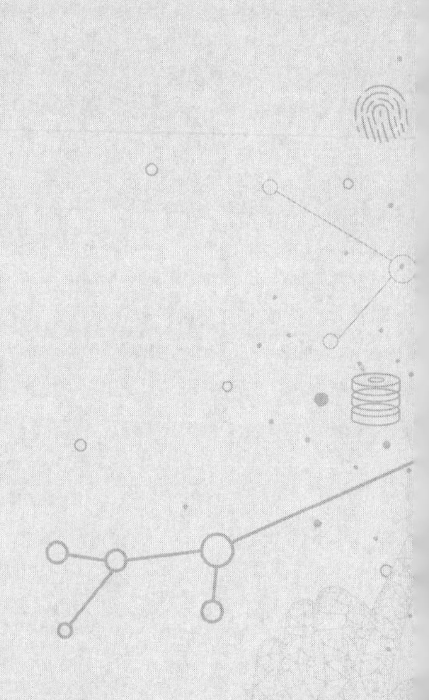

The Road of
Industrial
Intelligent
Innovation

第 4 章
有色金属工业人机物共融制造系统

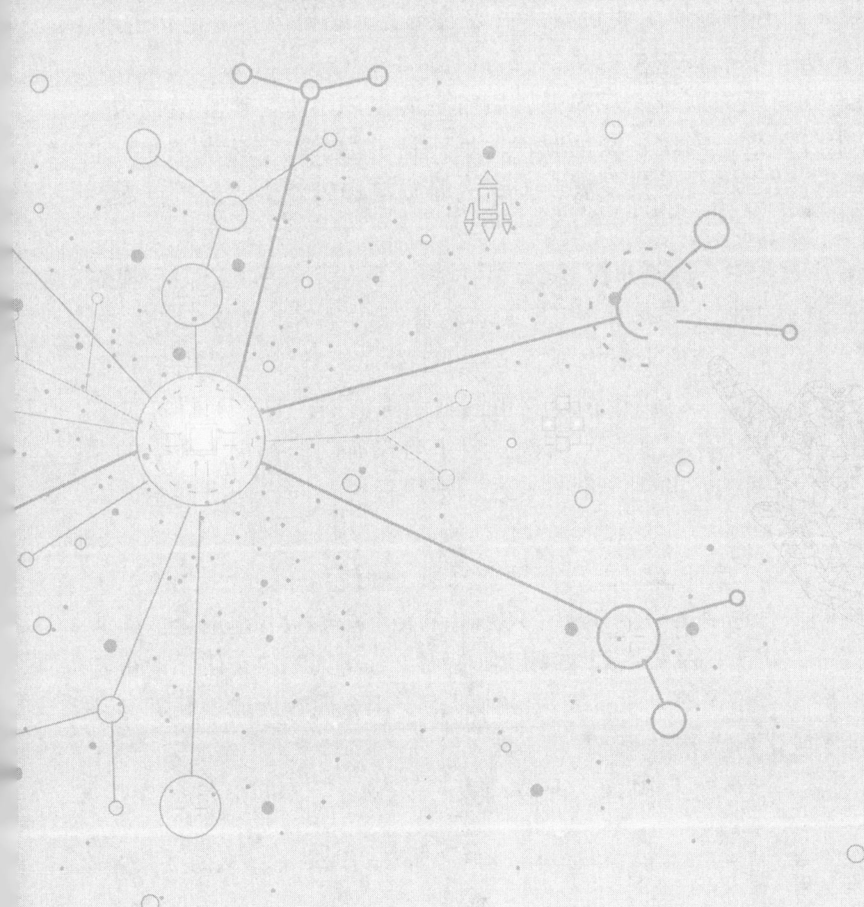

本章探讨构建有色金属工业人机物共融制造模式，形成人机物共融制造系统、可持续商业模式和产品服务平台，支持有色金属工业的安全、高效、智能、绿色可持续发展。

4.1 有色金属工业智能制造的需求

4.1.1 行业挑战及发展方向

有色金属是国民经济和国防军工发展的基础原料和战略物资，我国是有色金属大国，并保持持续增长态势。以铜、铝、铅、锌、锡、钨、钼、稀土等主要金属品种为代表的有色金属工业作为我国流程工业的重要组成部分，是制造强国的重要支撑，战略地位极其重要，目前我国有色金属冶炼主体工艺及装备处于世界先进水平。

“十三五”以来，有色金属工业转型升级成效显著，结构调整取得新进展，创新能力迈上新台阶，绿色转型呈现新面貌，但依然存在一些短板，主要体现在要素效率不高、创新能力需进一步加强、后备资源保障不力、产业结构现状引起的同质竞争十分激烈，因此，绿色低碳发展任重道远，数字化水平和行业智能制造水平难以有效支撑高质量发展，关键战略资源保障能力不强等问题亟待解决。

在有色金属冶炼过程中，原料来源复杂，品位低、伴生金属多。比如，某锌冶炼企业原料矿石来自 100 余家矿山，每家矿石的锌含量并不一致，含量较低，同时含有铅、铜、镉等很多其他金属成分，这就是品位低、伴生金属多的特征；某铜冶炼企业原料来自铜精矿、阳极铜以及粗铜杂铜等，铜精矿源于国内的 10 余家矿山、国外多种环境的铜精矿，阳极铜主要来自没有阴极铜加工能力的非洲或南美等，每家矿山铜矿石的铜含量不一致、干燥程度不同，同时伴生金属多、品位低。

有色金属冶炼工艺多、流程长、设备与装置复杂，即使同一种金属的冶炼工艺和方法也不尽相同。有色金属冶金方法有火法冶金、湿法冶金和电冶金。火法冶炼是在高温条件下，精矿经过一系列物理化学变化，分离其中的杂质元素得到有用金属；湿法冶炼是将精矿溶于水或其他液体，使有用金属转入液相并进行分离富集，以单质元素或化合物形式得到有用金属。

同时，在有色金属冶炼过程中，工况波动大、检测滞后，制造信息分立、管控分离；在运营决策过程中，主观性强、缺乏预测支持工具，使得企业生产运营过程管控粗放，物耗能耗高、效率低。冶炼生产车间一般由多套生产装置有机联合而成，各装置之间非线性耦合、运行工况动态多变且存在不确定干扰，实际生产需要综合考虑产量、质量、能效、安全和环保等多个目标和约束条件。由于原料供应及市场需求波动、设备运行特性时变、能源介质约束等因素，同一流程存在不同原料特性和生产控制方案。而且，各生产工序由多台设备协同完成具体的生产任务，由于生产工序的运行状态时变，需要对各生产设备进行协同优化、控制和预测，保证生产工序的动态优化运行，对建设有色金属冶炼智能工厂极其关键。然而，生产车间当前多以单个设备的局部模型预测控制为主，缺乏多个设备的协同控制；装置优化和车间调控多依赖机理模型的稳态优化，缺乏机理/数据混合模型的实时动态优化，设备模型预测控制、装置实时优化和车间实时调控缺乏有效的协同合作和一体化集成；管理、调度、生产等层域缺乏网络互联，管理、产品和生产数据没有形成共享，缺乏统一企业数据空间，致使制造信息分立、产供销脱节、管控分离。因此，有色金属冶炼生产过程中以成本、效率、质量和安全为核心的流程精细管控需求突出。

在有色金属冶炼流程精细管控过程中，业务流程、服务和数据等产品/制造/管理信息，分布在设备、工序、车间和企业等不同层级，以及采购、生产、运营服务等不同的业务部门之间，就形成了产品/制造/管理等企业信息的跨层域分布；同时，由于有色金属种类多和工艺差异，形成了有色金属冶炼工艺多、流程长、设备与装置复杂的特点，更进一步，全流程不确定性影响因素多，决策效率低。这些因素使得研发面向有色金属冶炼流程精细管控的智能网络协同制造平台面临三大挑战性难题（图 4.1）：①如何实现企业数据、服务和流程管理的跨域集成？②如何实现有色金属冶炼流程跨层域协同优化控制与预测运营？③如何构建覆盖有色金属冶炼全流程精细管控的智能协同制造平台？

《有色金属工业发展规划（2016—2020 年）》明确了加速推进两化深度融合，要将计算机数字化设计建模、模拟仿真、智能控制、大数据、云平台等技术逐步应用于有色金属企业生产、管理及服务领域。2019 年初，由工业和信息化部、发展改革委、自然资源部联合组织行业智能化建设指南编制工作，2020 年 4 月发布了《有色金属行业智能矿山建设指南（试行）》《有色金属行业智能冶炼厂建设指南（试行）》《有色金属行业智能加工厂建设指南（试行）》，明确了行业智能化建设思想，明确了有色金属行业智能化建设的目标、建设原则、总体设计、建设内容与基础支撑，为国家有色金属行业“新基建”指明了方向。

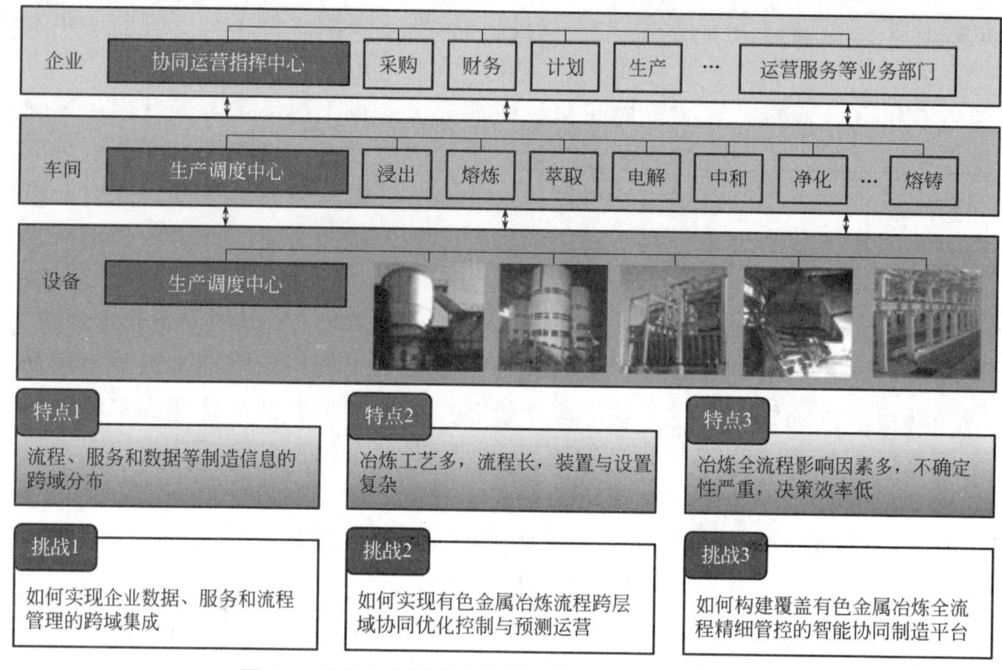

图 4.1　有色金属冶炼流程精细管控过程面临的挑战

4.1.2　传统信息系统构成

目前，我国流程工业信息化系统普遍采用由 ERP、MES 和 PCS 组成的三层架构。ERP 和 MES 的主要功能是对信息进行集成和管理，企业的生产经营与管理决策主要依靠知识型工作者的经验和知识，无法实现企业目标和生产计划调度一体化决策。PCS 的主要功能是对各种工业现场进行过程控制和监控，过程控制系统的运行工况识别、控制参数值的设定也主要凭借知识型工作者的经验和知识来完成。依赖人的行为将限制发展，无法实现各个工业子流程的协同优化，无法实现 ERP、MES 和 PCS 的一体优化与决策。

有色金属工业现有典型的信息系统（图 4.2）覆盖产品、制造、管理和运营保障等主题域。管理域系统主要包括供应链管理与 ERP 系统（执行生产计划、销售计划、采购计划等计划管理内容）、OA 协同办公系统、财务系统和原料管理系统；产品域系统包括工艺管理、产品配方管理系统；制造域包括 MES 系统、故障智能诊断系统（20 多台司控设备的温度、振动等状态参数，实现基于阈值的报警管理以及来自软件供应商的设备健康状态报告）等，在现场生产系统层面，包括多种分散控制系统（distributed control system，DCS）和过程控制系统（process control system，PCS）系统，如霍尼韦尔 Honeywell、罗克韦尔的 AB、艾默生 Emerson、

ABB、横河、和利时等多种 DCS 和 PCS 系统，以及 PI 实时数据库系统、PI Web View 系统（大屏组态）、闪速炉数模（数学模型）系统；运营保障域的系统包括产品检化验系统、质量管理系统等。

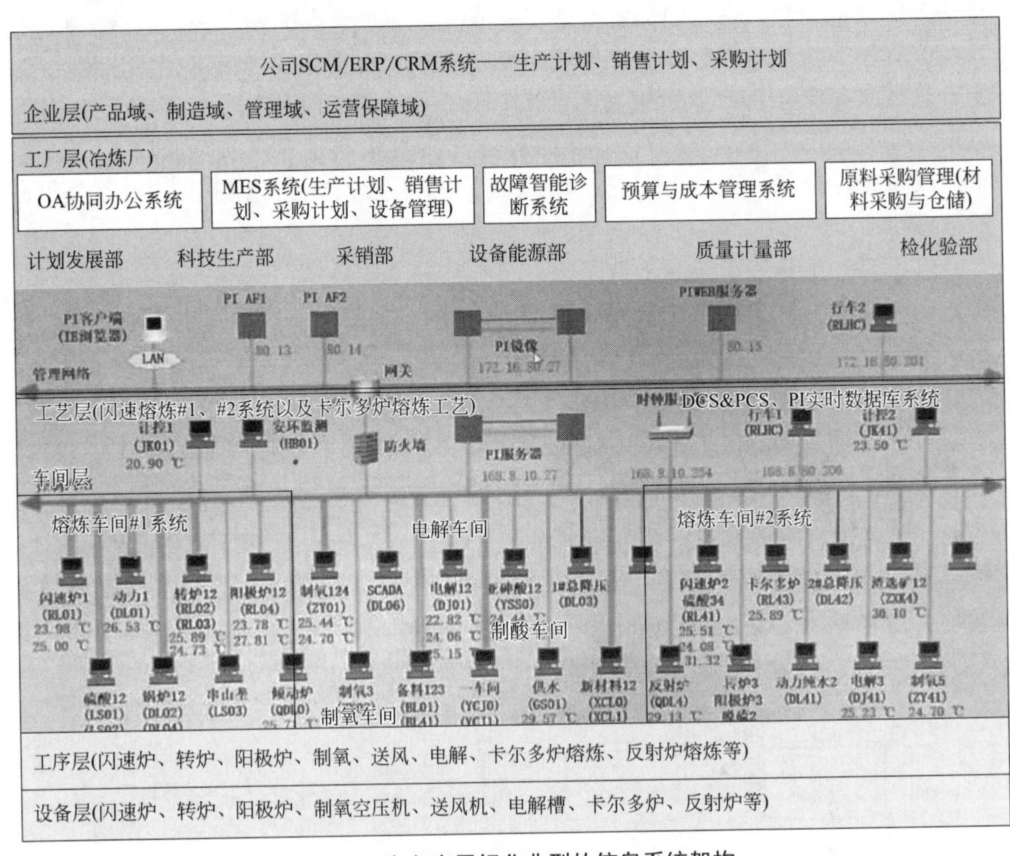

图 4.2　有色金属行业典型的信息系统架构

（1）PI 实时数据库

冶炼厂拥有以闪速炉工艺为核心的两套生产系统（简称“#1 系统”和“#2 系统”），PI 数据库通过 OPC 接口软件采集 #1 系统和 #2 系统所有生产装置的 DCS 控制系统和 PLC 控制系统的实时数据，对各生产流程数据进行统一监控和查询，对采集到的数据进行综合处理，以形成全厂生产报表，建立全厂的实时数据库和历史数据库，可以满足各相关部门快速、高效地对现场过程数据进行查询和处理的要求。

现场过程控制系统有将近四十套，生产过程信息通过数据采集接口集中到实时数据库系统 PI 中，供 MES（生产控制系统）或 ERP（管理信息系统）的关系数据库使用。PI 实时数据库系统（plant information system）是由美国 OSI Software

公司开发的基于C/S、B/S结构的商品化软件应用平台，是工厂底层控制网络与上层管理信息系统连接的桥梁，PI在工厂信息集成中扮演着重要角色。

工厂采用PI实时数据库来完成工厂设备与生产数据的自动采集与存储，其他支持工厂日常生产、运营的平台包括OA平台、ERP平台、MES系统、设备点检与在线智能诊断系统等。PI数据库通过在线存储、可视化和现场生产流程相关的上万点数据实现对生产过程的监控。PI Vision平台是在PI数据库的基础上建立的可视化实时监控平台，包括生产调度实时监控系统、环保调度实时监控系统等模块。PI数据库也同时支持其他平台（OA协同办公系统、ERP系统、MES系统等）的数据要求。

PI软件的数据库可关联十万个点，目前已经使用过半，但不是每个点都有意义，因为其中包含着一些废弃点，PI系统中的数据来源于DCS系统，PI中也有相应的组态，也能实时显示数据，PI默认的采集数据的周期是10s，如果从PI中获取数据，数据周期虽然可以改，但是改得太小会增加负担，PI中的历史数据通过一个插件datalink可以生成报表，要从PI中获取数据的话，首先要获得一个点表，然后通过点表去查询，从而在PI中导出数据。针对现有的PI数据库，基于OPC接口，设计方案实现数据的实时读取，在备份服务器上进行镜像备份及整理，如图4.3所示。

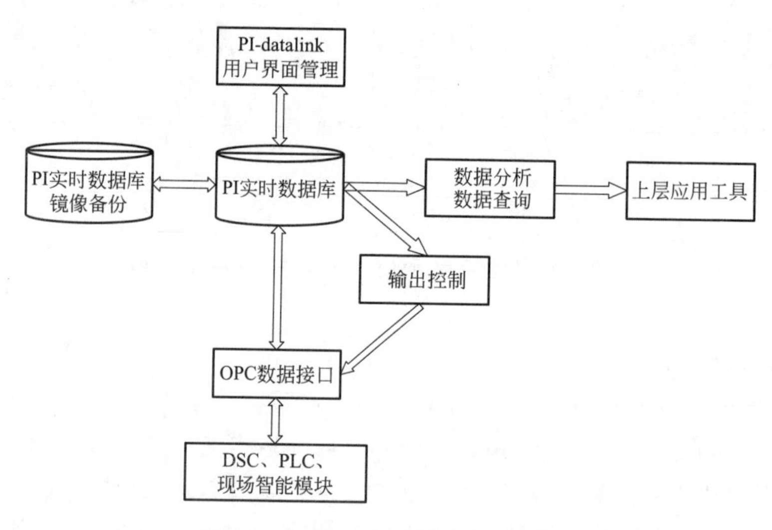

图4.3　企业PI实时数据库应用结构

（2）MES系统

自2016年起，开始进行智能工厂应用系统的开发，核心业务包括生产调度、计划统计、物料管理、设备管理、车间管理、安全环保，并新增了能源管理和辅助决策部分，公司层面的ERP、协同办公、全面预算、人力资源等系统与智能工厂应用系统集成交互。

MES 系统涉及大量结构化数据、半结构化数据及非结构化数据的统一存储和管理问题，同时厂内现存的不同系统、不同格式的数据如何进行数据转化问题，以及数据校验及数据安全性问题，在构建数据空间中需要进行进一步研究。经过与厂内各部门进行交流，确定构建数据空间所对应的目标业务包括生产管理、物流管理、能源管理、设备管理、安环管理及供应链管理六大部分。

智能工厂应用系统建有智能工厂应用数据平台，利用 Oracle 关系型数据库对数据进行存储，其数据来源包括 PI 实时数据库、各检测系统提供的计量数据和质检数据、集团公司层面的 ERP 系统数据、铁路运输调度系统数据、人力资源系统数据等。

（3）集团 ERP 系统

ERP 系统是公司层面设立的系统，保障冶炼厂与公司总部之间的数据通信，通信通过专线连接（不通过外网传输），主要在生产计划、销售计划、采购计划等方面进行沟通协调。

（4）基于 PI 的大屏监测信息

大屏监控室会有整个工厂的系统性信息，如产供销数据、设备状态与异常处理、历史数据对比。每个生产工艺线的监测数据会实时显示在大屏上（数据从 PI 数据库中读取），如图 4.4 所示。

图 4.4 监控大屏

（5）控制设备信息

冶炼厂使用多个厂家的控制系统，产品包括横河 CS3000、横河 VP、和利时、SCADA、艾默生、西门子、AB、霍尼韦尔、ABB 等。设备应用在不同车间、不同工序之中。对于底层控制设备而言，每个设备是独立的，具有各自的主机和数据库，能够独立工作。在工厂里使用多个厂家的控制系统聚焦生产过程中的设备，实时监控生产设备的运行情况。图 4.5 为冶炼厂现场各装置数据采集系统及接口。

数采接口

序号	装置名称	系统厂家	系统服务名	主机名	接口机操作系统
1	1.ZXK4(渣选矿)	横河cs3000	1.PI OPC ZXK4	横河系统接口机	Win 7
	2.zv41(5#制氧)		2.PI OPC ZY41(5#zhi vang)		
	3.rl04(一系统阳极炉)		3.PI OPC RLO4		
	4.zv01(4#制氧)		4.PI OPC ZY01 (4#ZY)		
	5.vcj1(一车间回转窑)		5.PI OPC YCJ1		
2	1.qdl0(倾动炉)	横河vp	1.PI OPC qdl0	WIN RP64ZA7PTI2	Win 2008 32
	2.zy01(12#制氧)		2.PI OPC #12zy		
3	1.dj01(电解)	和利时	1.PL OPC DJ01	Interface8	Win 7
	2.vcj0(一车间)		2.PI OPC YCJ0		
	3.dj41(二系统电解)		3.PI OPC DJ41		
4	DLO6(SCADA总降)	SCADA	SCADA	SCADA	Win 7
5	ls01(硫酸1、2系列)	艾默生	1.PI OPC ls01\2	ls01_2	Win 7
			2.PI OPC sm		
6	二系统闪速炉硫酸	艾默生	PI OPC RL	二系统闪速炉硫酸	Win 7
7	1.qdl4(反射炉)	和利时	1.OPC27	int10.	Win2003 R2
	2.hb01(环保监测)		2.OPC270		
	3.xcl0(新材料混法)		3.OPC271		
	4.xcl1(新材料加压)		4.OPC272		
	5.vss0(亚砷酸)		5.OPC273		
8	一系统动力	艾默生	PI OPC DL01	一系统动力	Win7
9	锅炉	西门子	PI OPC GL?	guolu	Win7
10	1.rl02(一系统老转炉)	AB	1.PI OPC RL02	Interface6	Win7
	2.rl03(二系统老转炉)		2.PI OPC RL03		
	3.gs01(水厂)		3.PI OPC GS01		
	4.ls03(串山垅)		4.PI OPC LSO3		
11	rl01(一系统闪速炉)	霍尼韦尔	opc 27	Interface7	Win7
12	1.RL42(二系统转炉、阳极炉、动力)	ABB 西门子	1.PI OPC RL42	OPC1	Win7
	2.RL43(卡尔多炉)		2.PI OPC RL43		
13	BL41(二系统备料)	PLC	PI-blplc	InterfaceX	Win7
14	BL01(一系统备料)	和利时	PI OPC BLO	BLO1-VC	Win7

图 4.5　现场各装置数据采集接口

4.2 有色金属工业人机物共融的智能制造系统

面对智能制造发展的新形势、新机遇和新挑战，在系统开展数字化转型现状调研、分析、评估，梳理现有体系架构，明确智能制造需求和重点领域的基础上，结合有色金属工业数字化转型升级需求和业务特点，分析有色金属工业企业主要业务需求、功能模块以及数据、知识等信息系统与业务功能深度融合方式，重新界定和梳理智能制造管控范围和执行流程，借鉴国内外提出的通用智能制造体系架构和有色金属工业人机物共融制造系统机理，研究构建有色金属工业智能制造体系架构是非常必要的，对指导有色金属工业智能制造顶层设计和有序推进智能制造工作的开展具有重要的现实意义。

4.2.1 有色金属工业人机物共融的智能制造系统架构

制造系统是制造过程及其所涉及的硬件、软件和人员所组成的一个将制造资源转变为产品或半成品的输入/输出系统，涉及产品生命周期（包括市场分析、产品设计、工艺规划、加工过程、装配、运输、产品销售、售后服务及回收处理等）的全过程或部分环节。随着工业互联网、大数据、数字孪生、信息物理系统和人工智能等新技术的引入，使得新的制造模式成为可能，对应于每一种新的制造模式就有一种新型的制造系统被开发出来，HCP、数字孪生与人机混合智能等使能技术催生了人机物共融的智能制造系统的产生。

（1）有色金属工业人机物协同决策的功能需求及架构

在有色金属冶炼过程，工况波动大、检测滞后，制造信息分立、管控分离。生产车间一般由多套生产装置有机联合而成，各装置之间非线性耦合、运行工况动态多变且存在不确定干扰，实际生产需要综合考虑产量、质量、能效、安全和环保等多个目标和约束条件。而且，由于原料供应及市场需求波动、设备运行特性时变、能源介质约束等因素，导致同一流程存在不同原料特性和生产控制方案。同时，各生产工序由多台设备协同完成具体的生产任务，由于生产工序的运行状态时变，需要对各生产设备进行协同优化、控制和预测，保证生产工序的动态优化运行。因此，关键工序跨层域优化控制对建设有色金属工业智能工厂和智能制造系统极其关键。

另一方面，设备模型预测控制、装置实时优化和车间实时调控缺乏有效的协同合作和一体化集成。生产车间当前多以单个设备的局部模型预测控制为主，缺乏多个设备的协同控制；装置优化和车间调控多依赖机理模型的稳态优化，缺乏机理/数据混合模型的实时动态优化。因此，调度生产预测性运营与优化对建设有色金属工业智能工厂和智能制造系统至关重要。

在运营决策过程，人为主观性强、缺乏预测支持工具，使得企业生产运营过程管控粗放，物耗能耗高、效率低。有色金属工业的生产类型主要是存货/预测生产方式，根据对市场需求（现实需求和潜在需求）的预测，企业有计划地开发和生产产品，生产出的产品不断补充成品库存，通过库存随时满足用户的需求。产品有一定的库存，为了防止库存积压或脱销，在预测产品和原料需求的基础上，生产管理的重点是抓产供销之间的衔接，按量组织生产过程各环节之间的平衡，全面完成计划任务。因此，产供销一体化计划运营决策对建设有色金属工业智能工厂和智能制造系统也极为重要。

有色金属工业人机物协同决策过程如图 4.6 所示，人机物智能环境由多个具有协同感知、优化、控制和监控等功能的系统构成，人机物协同决策则支持产供销一体化运营决策、预测性运营与优化调度、跨层域优化控制等，实现从原材料采购到产品销售的全流程优化控制和决策。

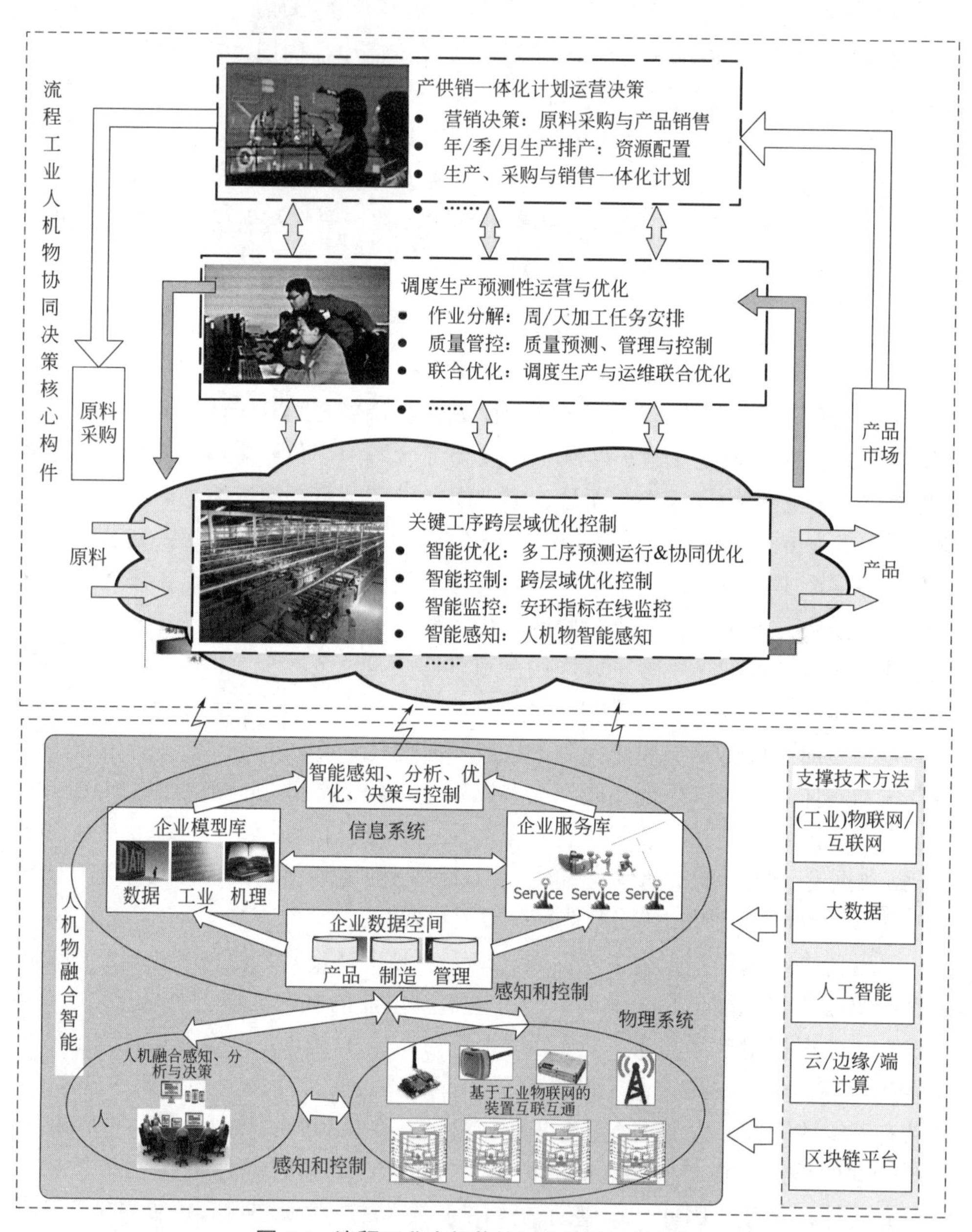

图 4.6　流程工业人机物协同决策的功能架构

（2）有色金属工业人机物协同决策的数据融合需求

在有色金属工业企业的运营过程，信息系统不仅包括工序层过程控制系统PCS、车间层制造执行系统MES、企业层企业资源计划ERP，可能还包括设备层的设备分布式控制系统DCS/PLC、工厂层的制造资源计划MRP、供应链协同等信息系统，覆盖了产品、制造、管理和运营保障等不同主题域，DCS、PCS、MES、MRP、ERP与供应链协同等层次都有不同的数据库支持，如PCS实时数据库、ERP关系型数据、企业运营过程中大量半结构化和非结构化数据等，从而形成了产品、制造和管理等不同主题域的数据来源。

这些业务流程、服务和数据等产品/制造/管理信息，分布在设备、工序、车间和企业等不同层级，以及采购、生产、运营服务等不同的业务部门之间，形成了产品/制造/管理等企业信息的跨层域分布。因此，数据跨产品/制造/管理等主题域的实时互联、服务跨域共享以及跨域流程管理等，也是建设有色金属工业智能工厂和智能制造系统的关键要素。要实现人机物共融制造系统的横向集成和纵向协同，需要解决如图4.7所示信息系统不同层面不同主题域数据的互联、共享和融合，以及不同层次之间业务系统的协同问题。

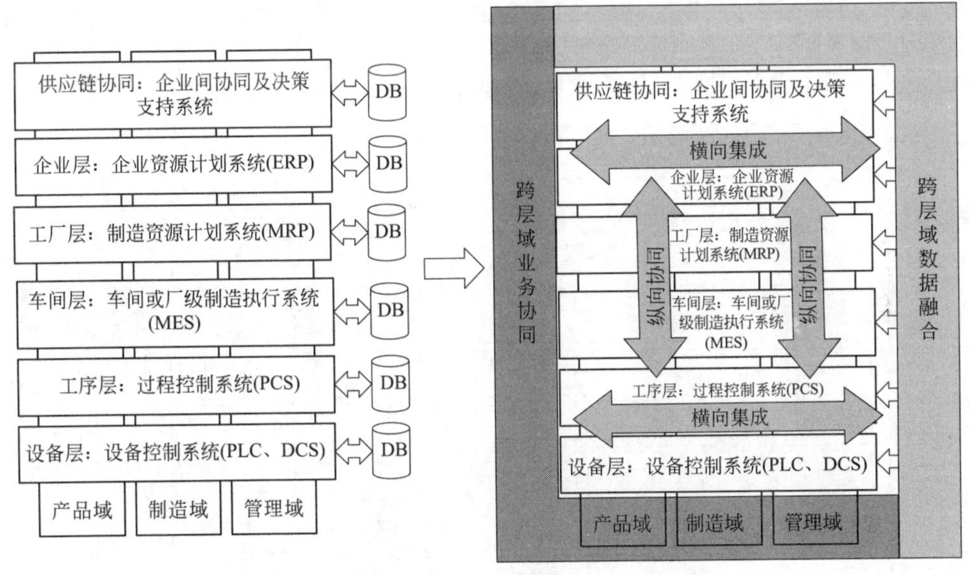

图4.7　信息系统跨层域业务协同与数据融合

（3）有色金属工业人机物共融智能制造系统架构的构建

面向有色金属冶炼流程精细管控的网络协同制造技术与平台，聚焦有色金属冶炼流程产供销一体化计划运营决策、调度生产预测性运营与优化、关键工序跨层域优化控制等人机物高效协同与运营优化的功能需求，围绕实时数据跨域互联、服务跨域共享和安全集成等关键技术瓶颈，构建如图 4.8 所示有色金属工业人机物共融的智能制造系统平台架构。平台由终端层、边缘层、IaaS 层、PaaS 层、SaaS 层、数字孪生和系统安全评估规范等部分构成。

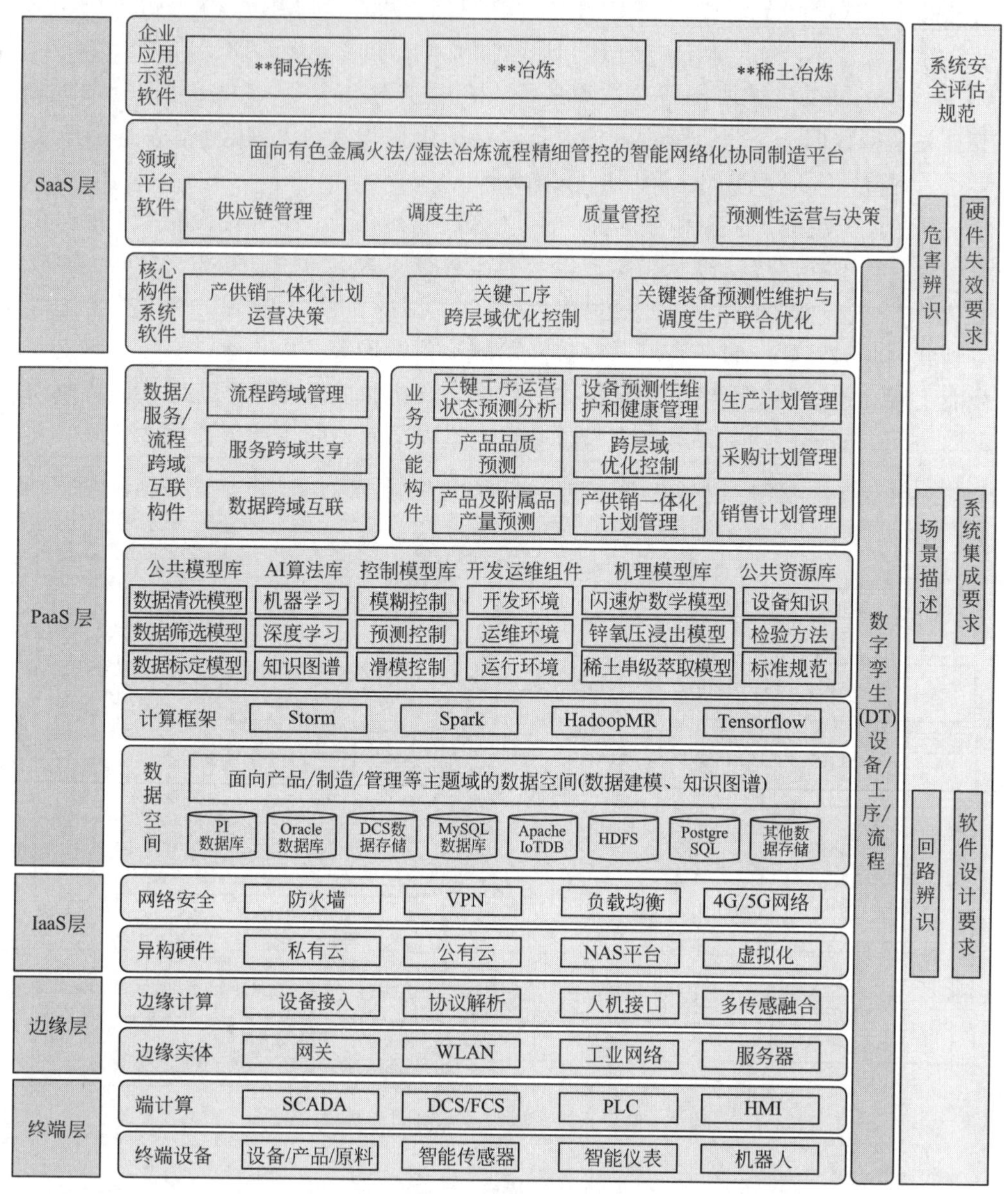

图 4.8　有色金属工业人机物共融的智能制造系统平台架构

终端层（device layer）表示连接到本地局域网或物联网的单个设备、部件，或智能工厂中的产品、原料，以及智能传感器、仪表、机器人等，以实现即时交互。现场的各种控制系统常常由不同厂家的软件实现，终端层提供对单个设备的可见性和控制，数据库能够从SCADA、DCS、PLC、RTU、板卡、仪表、模块、OPC等多种软件、设备、模块和协议获取数据，而企业应用则提供对所有连接设备的可见性和控制。

边缘层依托传感器、工业控制、物联网技术进行工厂内外数据的打通聚合，对设备、系统、环境等要素信息进行实时采集和处理。一方面既可借助智能控制器、智能模块、嵌入式软件等传统的工业控制和连接设备，实现平台对底层数据的直接集成；另一方面可利用以智能网关为代表的新型边缘计算设备，实现智能传感器和设备数据的汇聚处理以及边缘分析结果向云端平台的间接集成。多类型的边缘连接手段为工业互联网平台实现泛在连接提供了有力的支撑，丰富了平台可采集与分析的数据来源，保证设备各类数据的采集和集成。

IaaS层提供基本的计算、存储、网络、安全等物理资源，提供基础资源服务能力。通过公有云、私有云、混合云等多种云架构，具备多云迁徙能力，为平台中的服务和应用提供虚拟化的计算、存储、网络等各类资源以及相应管理能力，包括基础框架、存储框架、计算框架、消息系统等运行支撑能力，以及资源监控、负载管理、存储管理、资源管理等调度功能。

PaaS层采用SOA的架构设计，支持B/S应用架构，提供支撑制造系统平台自身所需的PaaS和大数据处理能力，基于开源技术体系支持IoT数据/关系型数据/NoSQL数据/工业实时库等，支持MySQL、Oracle等各类主流数据库，包括VMWare等主流虚拟主机环境下相应数据库系统的支持，通过数据空间中的数据建模和知识图谱技术管理产品、制造和管理等主题域的多维数据；支持Storm、Spark等各类计算框架，以及批量和实时大数据分析；支持针对不同类型设备的360度全方位建模与数据接入，支持租户按应用订阅、按需使用；能够接入大数据分析工具和AI模块，支持大数据分析业务应用平台、公共模型库、机理模型库、控制模型库和各类开放式人工智能算法；支持关键工序运营状态预测分析、产品品质预测、产品及附属品产量预测、设备监控管理、跨层域优化、生产计划管理、采购计划管理等不同业务功能构件应用之间相互交互和集成接口；提供数据、服务和流程跨域互联与共享的基础平台服务，支持应用开发和集成，并以统一的API形式对外提供服务，支持与现有DCS系统、MES系统、HR系统、ERP系统、SCM系统等信息化系统的集成；支持Windows、Linux等主流操作系统，也包括VMWare等主流虚拟主机环境下相应操作系统的支持。

SaaS层依托设备接入、IaaS基础设施服务、PaaS大数据分析、设备/工序/流程数字孪生服务等平台能力支撑，部署面向有色金属火法/湿法冶炼流程精细管控的智能网络化协同制造平台应用，支持有色金属企业产供销一体化计划运营决策、关键工序跨层与优化控制、关键设备预测性维护与调度生产联合优化等构件的人机物协同决策，并保证系统功能的可扩展性和开放性，方便后期各功能模块的加入。

系统安全评估规范部分在系统危害辨识、硬件失效要求、系统集成要求、场景描述、回路辨识、软件设计要求等部分进行规范和要求，有助于支持远程管理与诊断，同时提供快速的报警与事件处理功能。在提高系统安全性的同时，大大提高了系统维护的方便性。

4.2.2 基于知识图谱的人机物融合框架

有色金属工业复杂制造系统中，涉及产品、生产和管理等主题的数据库系统独立运行，各个系统数据的存储结构也不尽相同，不易实现数据的共享，难以挖掘不同主题数据之间的关系，无法支持业务或流程的跨域跨层协同优化。将制造系统的多主题数据划分为与人相关的数据、与信息系统相关的数据和与物相关的数据。其中，人（人力资源）具备不完全信息决策能力的优点和获取深度知识能力差的缺点，机（虚拟信息系统）具备处理海量数据的优点和处理不完全信息能力差的缺点，物（生产物理系统）具备执行能力强的优点和缺乏数据强处理能力的缺点。如何将这三类异构数据有效融合，构建企业数据空间，实现数据的跨域互联，提高数据的利用率是一个亟需解决的问题。

（1）企业数据空间框架

通过建设企业数据空间，将图 4.9 所示的公司内外部产品、制造和管理域的数据汇聚在一起，对数据进行重新组织和连接，让数据有清晰的定义和统一的结构，并在尊重数据安全与隐私的前提下，让数据更易获取，最终打破数据孤岛和垄断。

企业数据空间可以实现如下目标：

① 统一管理结构化、非结构化数据。将数据视为资产，能够追溯数据的产生者、业务源头以及数据的需求方和消费者等。

② 打通数据供应通道，为数据消费提供丰富的数据原材料、半成品以及成品，满足公司自助分析、数字化运营等不同场景的数据消费需求。

③ 确保公司数据完整、一致、共享。监控数据全链路下的各个环节的数据情况，从底层数据存储的角度，诊断数据冗余、重复以及“僵尸”问题，降低数据维护和使用成本。

④ 保障数据安全可控。基于数据安全管理策略，利用数据权限控制，通过数据服务封装等技术手段，实现对涉密数据和隐私数据的合法、合规消费。

企业数据空间由数据池、知识图谱两层组成，将内外部数据汇聚一起，并对数据进行重新组织和连接，为业务可视化、分析与决策提供数据服务，如图 4.10 所示。

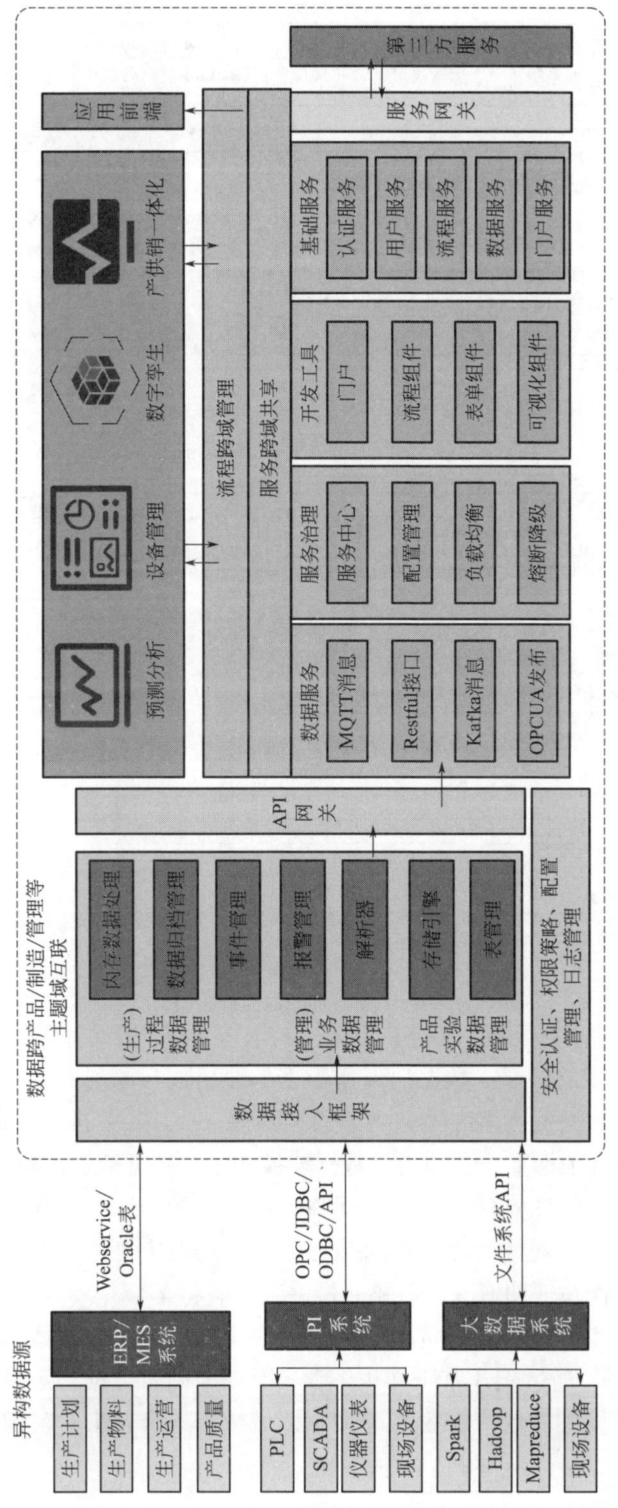

图 4.9　产品、制造与管理域的数据集成

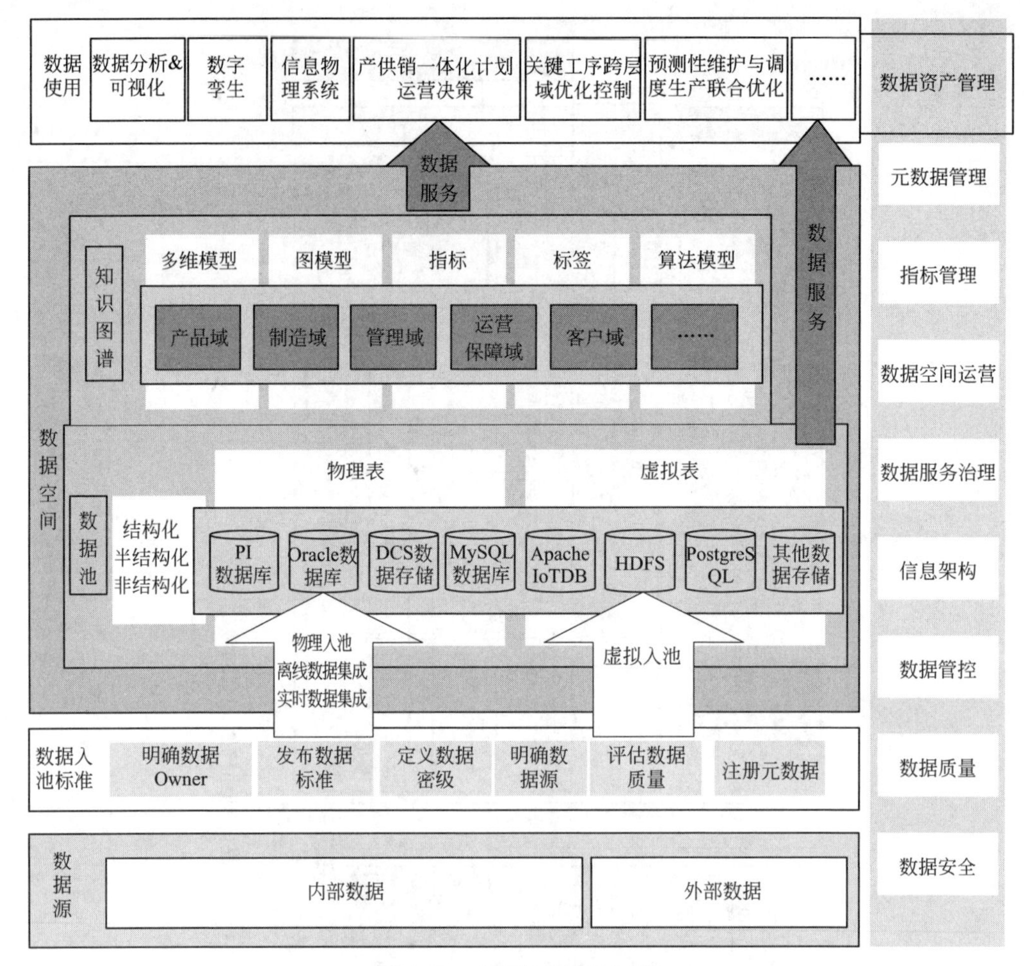

图 4.10　企业数据空间框架

数据池是逻辑上各种原始数据的集合，具有“海量”和“多样”（包含结构化、非结构化数据）的特征。数据池保留数据的原格式，原则上不对数据进行清洗和加工，但对于数据资产多源异构的场景需要整合处理，并进行数据资产注册。数据入池必须遵循 6 项标准，共同满足数据连接和用户数据消费需求。

在数据层面，知识图谱的实体往往面临数据融合的问题，因为知识图谱的数据源可能有多个，在不同数据源有对同一实体的不同表达（图 4.11），即使在同一个数据源里也可能存在这种情况，需要通过一定手段将其合并。

知识图谱的基本问题是怎样将多个来源的关于同一个实体或概念的描述信息融合起来（图 4.12），通过构建基于知识图谱（数据空间及数据关系）的人机物数据融合框架，将不同架构的产品、管理和制造域数据融合起来，实现不同主题域数据共享和互联。

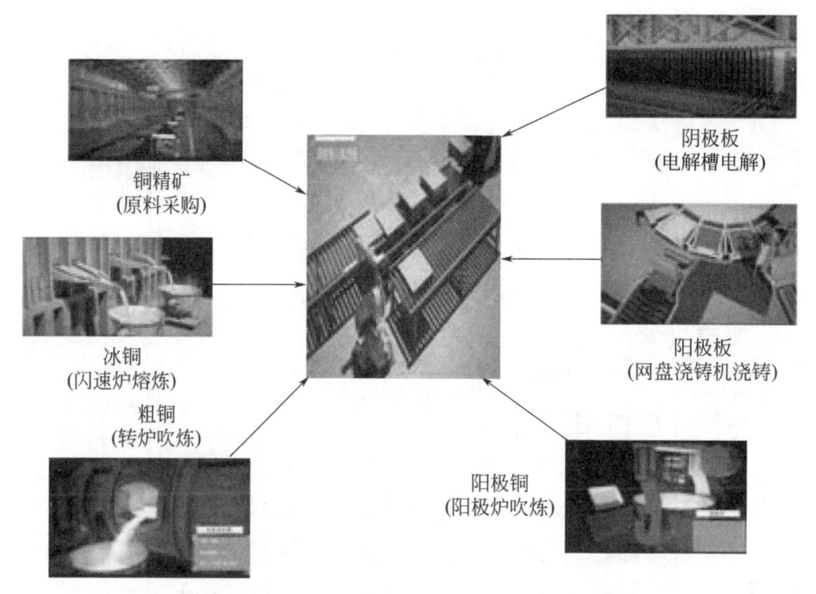

图 4.11　铜熔炼过程的铜概念（不同数据源的同一实体）

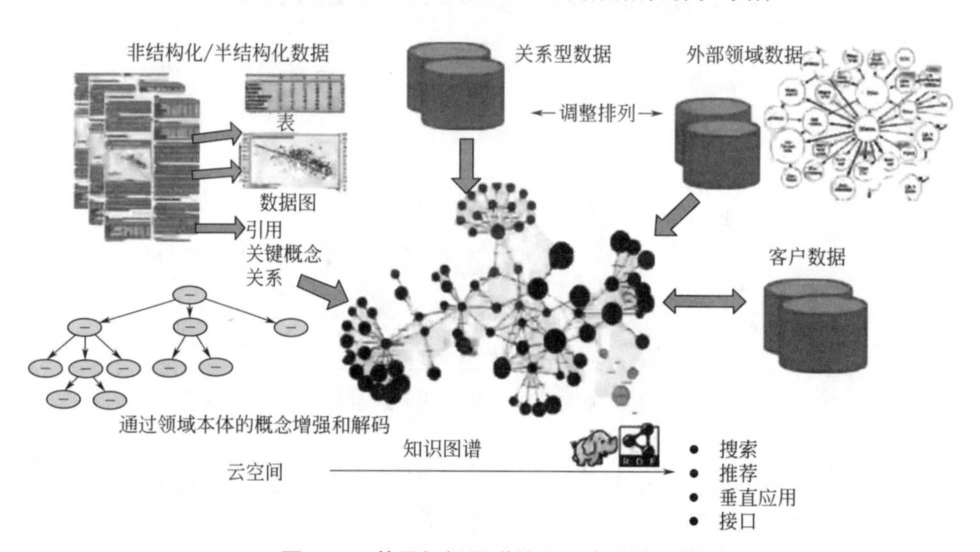

图 4.12　基于知识图谱的同一实体数据融合

知识图谱是对数据池的数据按业务流 / 事件、对象 / 主体进行连接和规则计算等处理，形成面向数据使用的产品、制造和管理等不同主题数据，具有多角度、多层次、多粒度等特征，支撑业务分析、决策与执行。基于不同使用诉求，主要有多维模型、图模型、指标、标签、算法模型等多种关联方式。

（2）企业数据空间中知识图谱的构建方法

如图 4.13 所示，构建人机物融合的知识图谱分为 3 个步骤：①人机物数据采集；②人机物知识抽取；③人机物知识存储。

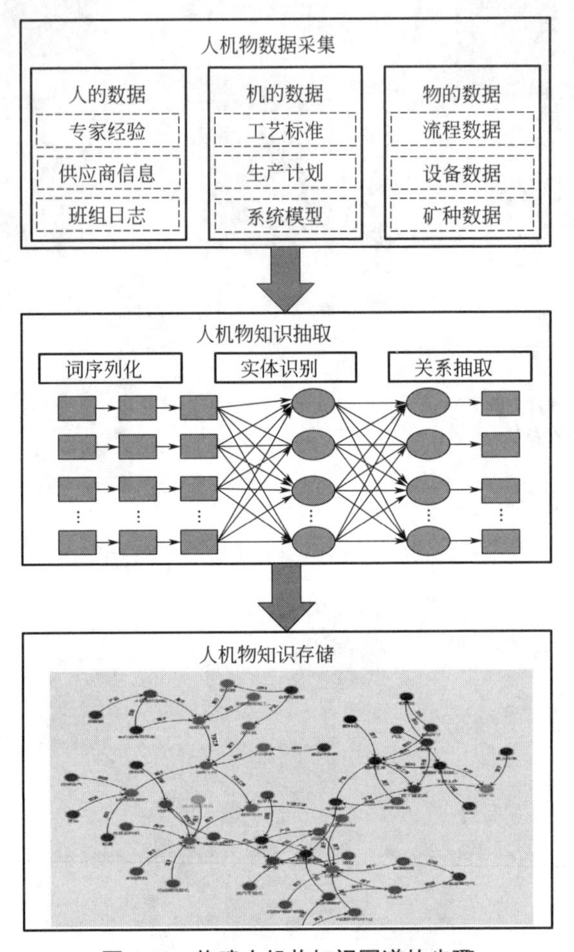

图 4.13　构建人机物知识图谱的步骤

① 人机物数据采集　分别以人、机、物作为数据来源，寻找相关领域特定概念。人的数据包括专家经验、供应商信息等。机的数据主要来自信息系统，包括工艺制度、生产调度计划以及规则数据等。物的数据由客观存在的数据构成，包括设备数据、矿种数据等。

② 人机物知识抽取　采用语义融合的方式，将人机物三元数据抽象为语义信息，用本体形式表示语义。在本体中，知识以 <entity1，relationship，entity2> 的格式保存为结构化三元组，即实体 entity1、entity2 之间存在关系（relationship）。将采集到的人机物文本数据进行切分，以单句的形式输入至三元组抽取模块。知识抽取分为命名实体识别和关系分类两个独立的子任务，采用联合学习的方式同时完成两个子任务，可以更加紧密地交互实体与关系之间的信息。

③ 人机物知识存储　在完成人机物三元组知识的抽取之后，将抽取好的人机物三元组按照规则映射至 OWL 文件，并将其存储至图数据库中。

4.2.3　基于信息物理系统的人机物协同决策模型

（1）虚实结合的企业建模框架

随着企业建模体系的不断发展，现有的建模方法在智能制造建模体系所应具有的模型表达能力、语义与表示方法、形式化程度、方法论、可读性以及模型支持能力等诸方面均已有所突破。因此，在国外企业建模理论、方法与工具研究、开发的基础上，结合工业 4.0 参考架构 RAMI4.0、工业互联网参考架构 IIRA 以及中国制造 2025 的智能制造系统架构等各种智能制造企业建模参考体系结构的优点，提出从生命周期（life cycle）、视图（view）、物理世界（physical system）、虚拟世界（cyber system）四个维度建立智能制造系统的参考体系架构（图 4.14）对智能制造的核心特征和要素进行总结。

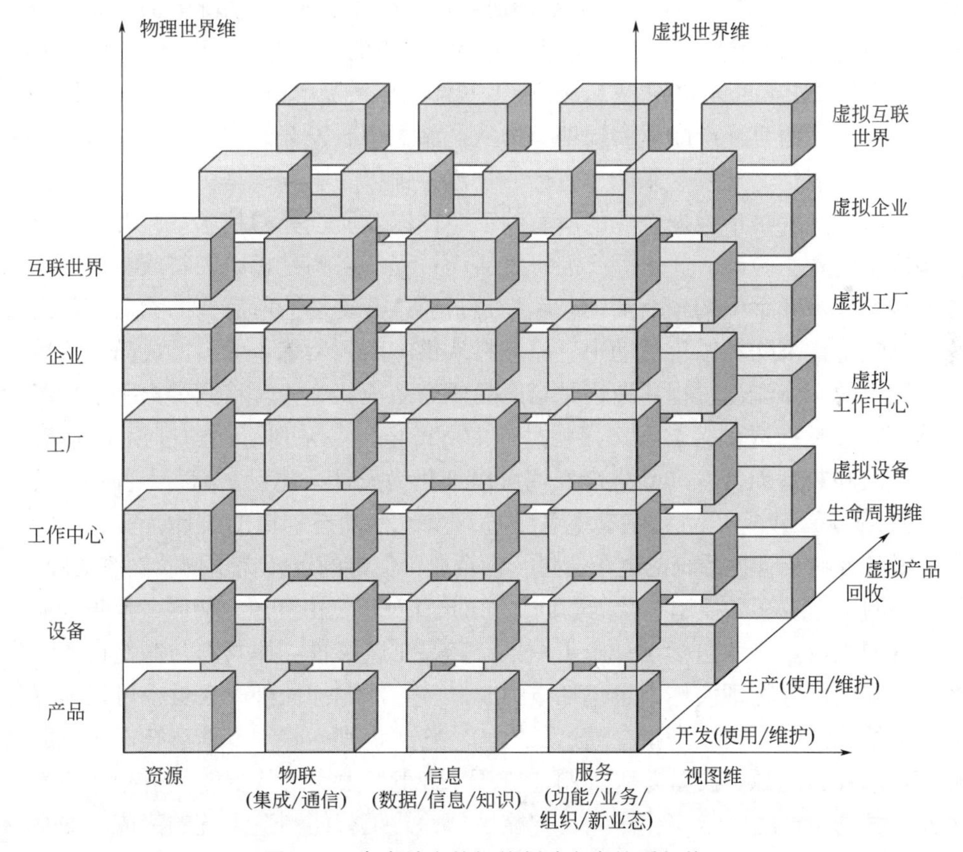

图 4.14　虚实结合的智能制造参考体系架构

生命周期是由原型开发（研发 / 设计 / 使用 / 维护）、产品生产（生产 / 销售 / 使用 / 维护）、回收（回收 / 再制造）等一系列相互联系的价值创造活动组成的链式集合；视图维包括资源、物联（集成 / 通信）、信息（数据 / 信息 / 知识）、服务（功能 / 业务 / 组织 / 新业态）等四个层次；物理世界维包括产品层、设备层、工作中心层、车间（工厂）层、企业层和互联世界层等共六层，体现了装备和工厂的互联化和智能化，以及网络的扁平化趋势；虚拟世界维与物理世界维相对应，包括虚拟产品层、虚拟设备层、虚拟工作中心层、虚拟车间（工厂）层、虚拟企业层和虚拟互联世界层等共六层，体现了装备和工厂从物理世界向虚拟世界的映射，以及制造过程的虚拟化趋势。

生命周期维提供对系统生命周期的建模支持，由企业模型开发生命周期中的主要阶段相对应的三个建模层次组成。与 RAMI4.0 参考体系结构的生命周期维相类似，包括原型开发、产品生产、回收三部分。原型开发采用 RAMI4.0 的方法，根据企业的目标，通过简单明了的图形系统描述企业原型产品从初始设计至定型的过程，还包括各种测试和验证；产品生产兼顾原型开发层的需求定义和实现工具及用户界面的可实现能力，设计二者的沟通方式与形式，进行产品的设计、仿真、制造等规模化和工业化生产，以及销售、使用和维护服务，每个产品是原型（type）的一个实例（instance）；回收（recycle）具体完成产品的报废和回收再利用。

对于产品而言，产品生命周期是指从产品原型研发开始到产品售后服务各个阶段，可以细化为开发、采购、生产、物流、销售、服务，是构成企业价值链的主要环节。开发是指根据企业的所有约束条件以及所选择的技术来对客户需求进行构造、仿真、验证、优化等产品研发活动过程；采购是指原燃料或半成品从供货商转移到企业手中的经营活动；生产是指通过劳动创造所需要的物质资料的过程；物流是指采购和销售活动中，原燃料从供应商到冶炼企业，产成品从冶炼企业到客户的实体流动过程；销售是指产品或商品等从企业转移到客户手中的经营活动；服务是指提供者与客户接触过程中所产生的一系列活动的过程及其结果。对于产品和装备而言，产品生命周期可以细化为设计、建设、运行、技改（技术改造）、维护，建立产品数字孪生系统进行全流程动态、精准设计，实现设计文档、设备资料及管控系统的电子交付，为企业价值链的运转提供物质支撑基础。

视图维是观察和控制企业的不同方面的“窗口”，由资源、物联、信息和服务四个视图组成。资源包括设计施工图纸、产品工艺文件、原材料、制造设备、生产车间和工厂等物理实体，也包括电力、燃气等能源。此外，人员也可视为资源的一个组成部分。物联是指在通过二维码、射频识别、软件等信息技术集成原材料、零部件、能源、设备等各种制造资源（由小到大实现从智能装备到智能生产单元、智能生产线、数字化车间、智能工厂，乃至智能制造系统的集成）的基础上，通过有线、无线等通信技术，实现机器之间、机器与控制系统之间、企业之间的互联互通。信息是指在物联的基础上，利用大数据、物联网和云计算等新一代信息技术，采集企业中的所有信息，描述企业运作过程中使用的事务信息结构，并在保障信息安全的前提下，实现数据 / 信息 / 知识的协同共享。服务由功能、业务、组织和新业态等子视图构成。功能描述企业所有功能和子功能，以及它们之间的全局关系与隶属关系；业务映射和实现相关的业务流程；组织考虑企业组织方面的问题，描述各组织之间的对应关系和结构关系；新业态包括个性化定制、远程运维和工业云等服务型制造模式。

物理世界维 RAMI4.0 参考体系结构的分层结构维，包括产品层、设备层、工作中心层、车间（工厂）层、企业层和互联世界层等六个层次。

虚拟世界维与物理世界维相对应，数字孪生实现了物理资源在虚拟世界的映射，其概念模型包括 3 个部分：①物理空间的实体产品；②虚拟空间的虚拟产品；③物理空间和虚拟空间之间的数据和信息交互接口。

物理空间的要素包括整个物理世界中的所有实际资源和虚拟资源。实际资源主要包括人、设备、物料、环境等可以用信息感知设备进行数据采集的对象；虚拟资源包括软件资源、知识、信息等不能直接利用智能设备采集的资源，大部分是已经存在的软件系统和一些非结构化信息，比如人的经验、调度规则等。物理空间囊括了所有的生产要素，是一个巨大的、异构的动态系统。虚拟空间与物理空间相对应。实际资源在虚拟空间中都存在唯一对应的镜像，无论状态还是行为都和物理空间要素同步对应。具体来说，虚拟空间是对物理空间的数字化描述，是一个动态演化的数字化模型，虚拟空间中模型随着现实世界数据的变化而不断调整和变化。虚拟空间和物理空间要素之间通过数据实现实时同步，物理世界要素的全方位数据能够实时反映到虚拟空间中的数字化描述模型中去，两者可以通过各种各样的服务实现动态演化和实时交互，虚拟空间可以通过服务来改变实际空间要素的状态和行为，也可以推动虚拟模型的演化。

（2）信息物理系统框架

在工业 4.0 的大规模定制、灵活生产、零件追踪和产品以及机器与其他产品间的沟通等需求背景下，现场设备、机器、工厂和单个产品都将连接到网络中。信息物理系统 CPS 作为工业 4.0 的一个关键概念，可以被描述为一组通过通信网络与虚拟信息空间交互的物理设备、对象和设施。其中，每个物理设备都将虚拟信息部分作为其真实设备的数字表示形式，最终形成“数字孪生”。在信息物理系统中，数字孪生就像是物理产品的虚拟表现，是一个包含所有信息和知识的数字影像，通过从物理部分到网络部分的数据传输与物理部分相连，从而可以监测和控制物理实体，而物理实体可以发送数据来更新其虚拟模型。数字孪生模型实现了制造系统中人机物的协同，例如，设备管理领域的数字孪生虚拟机床将制造数据和感官数据集成到数字孪生虚拟机床上以提高其信息物理制造的可靠性和协作能力。在产品的全生命周期过程建立装备、工序、车间、工厂和企业的数字孪生系统，可以实现企业产品和产线全生命周期过程的业务协同。

为此，构建图 4.15 所示的有色金属工业设备 / 工艺 / 流程 / 工厂信息物理系统框架模型，在信息空间构建物理对象几何模型、物理机理模型及工况模型等数字模型的基础上，建立构建仿真、预测、评估、优化与控制等物理对象的行为模型(包括各类工业和数据孪生模型)，实现信息空间和物理空间中的人机物协同与迭代优化，实现对物质流、能量流和信息流的集成和高效调控，不断提高制造系统的智能程度，最终实现系统自主决策。

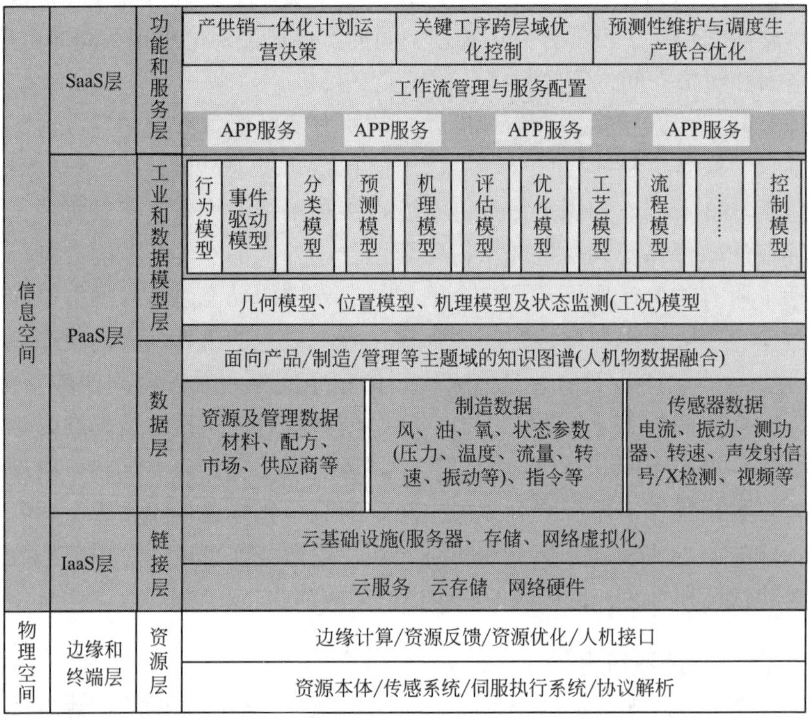

图 4.15 有色金属工业设备 / 工艺 / 流程 / 工厂信息物理系统框架模型

资源层代表堆栈的底部部分，代表了大量数据收集和控制的边界，还代表连接到机器上的软件和硬件适配器，这些适配器在与上层进行通信时是必需的。资源层与人类社会的感知与控制层面融合。

链接层提供通信、数据的连接服务，包括云基础设施、云服务、云存储及网络硬件等。

数据层代表了与资源层间的数据通信。企业内来自产品、制造与管理等不同域的各种资源都拥有单独的虚拟化状态，这种虚拟化由数据库实例支持，该数据库实例被构造为从资源接收实时流数据，写在这个数据层上的驱动程序可以与单个机器的专有接口进行通信，数据层面向不同域的知识图谱用于分析、融合产品、制造、管理等主题域的异构信息，以便更高级别的系统调用。模型层提供各类资源的不同数字模型视图，提供资源、位置、状态、机理、仿真、评估、优化与控制等几何、物理和行为分析模型，支持制造系统的协同优化、决策和控制。数据和模型层在人类的认知层面进行融合。

功能和服务层通过工作流管理与服务配置，提供产供销一体化计划运营决策、关键工序跨层域优化控制、预测性维护与调度生产联合优化等各种具体的领域应用。

在信息物理系统框架基础上融合人的感知、认知和分析决策，构建人信息物理系统融合框架模型（图 4.16）。人机物协同感知将人类作为感知节点，通过融合人类智能提升传统基于机器设备的感知能力和效能。人机物在数据和模型层面实现认知融合，在服务层面实现决策融合。

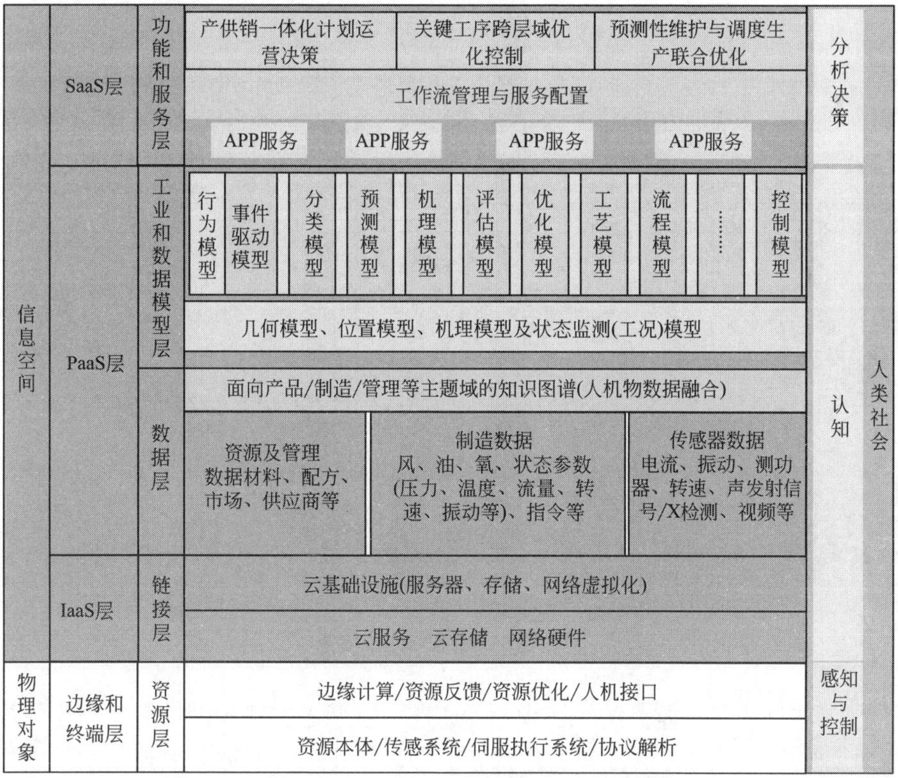

图 4.16　有色金属工业人机物融合框架模型

(3) 数字孪生的多视图模型

① 几何视图模型 几何视图模型能够直观地显示设备和流程的概貌，是基于数字孪生的人机物协同模型的基础。图 4.17 和图 4.18 分别展示了转炉 3D 模型和转炉车间的 3D 视图。

图 4.17 转炉 3D 模型

图 4.18 转炉车间 3D 视图

② 工艺过程状态监测的视图模型 工艺过程状态监测视图的数字孪生体能够全面地反映生产过程各设备和工艺状态信息，在此基础上加载数据驱动的或物理驱动的模型，运行结果能够辅助人决策。图 4.19 ～图 4.22 展示了工艺生产过程状态监测的数字孪生体。

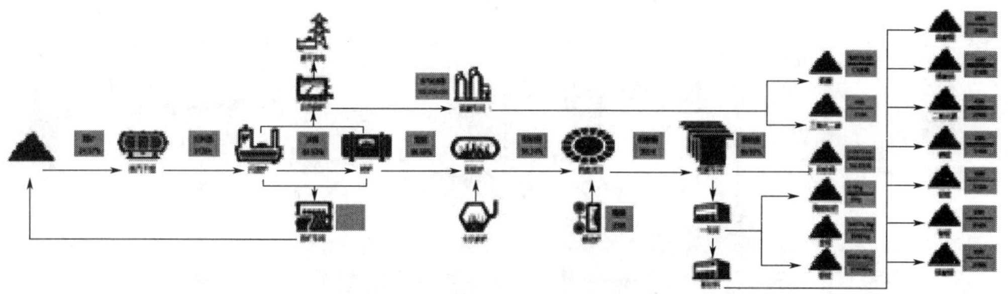

图 4.19　全厂工艺流程图

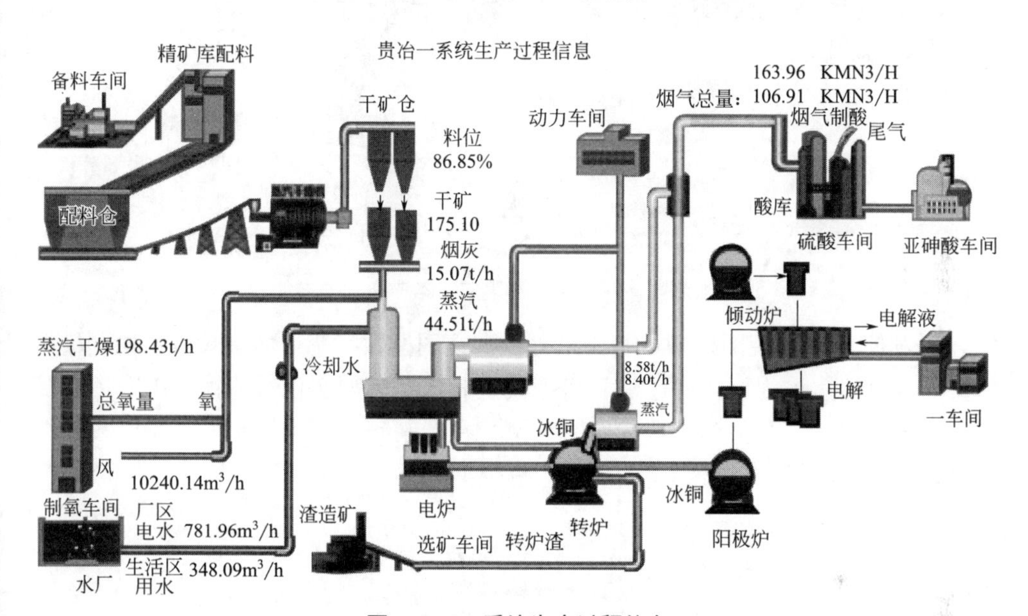

图 4.20　一系统生产过程信息

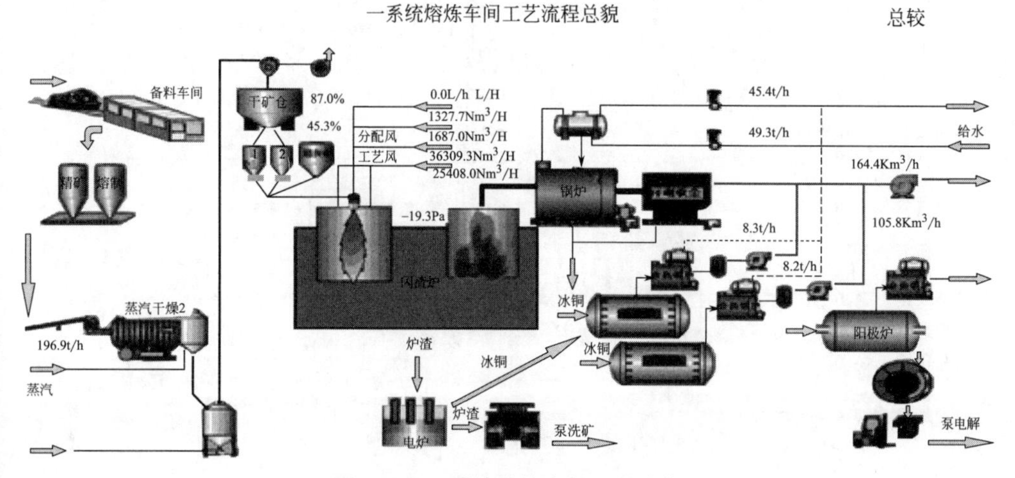

图 4.21　一系统熔炼车间工艺流程

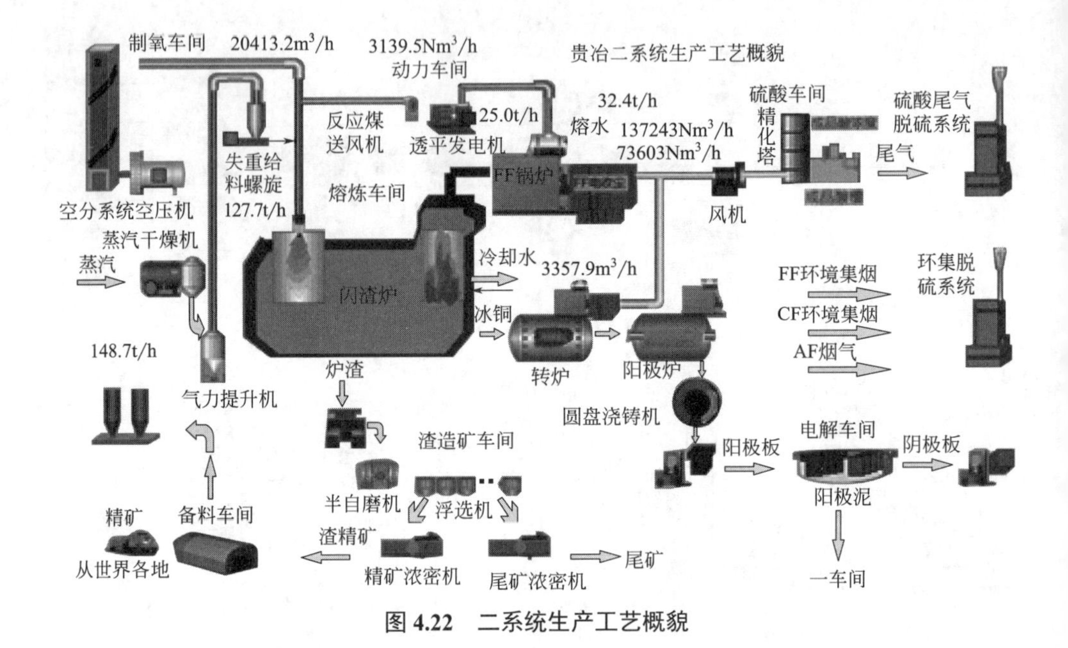

图 4.22　二系统生产工艺概貌

③ 机理模型的视图模型　基于机理模型视图的数字孪生体是人机物协同模型的关键，以闪速炉为例，通过建立机理模型和数据模型实现对冰铜温度、冰铜品位及渣中铁硅比三个关键参数的实时预测，在此基础上优化控制闪速炉流程工艺参数。图 4.23、图 4.24 展示了闪速炉熔炼模型。

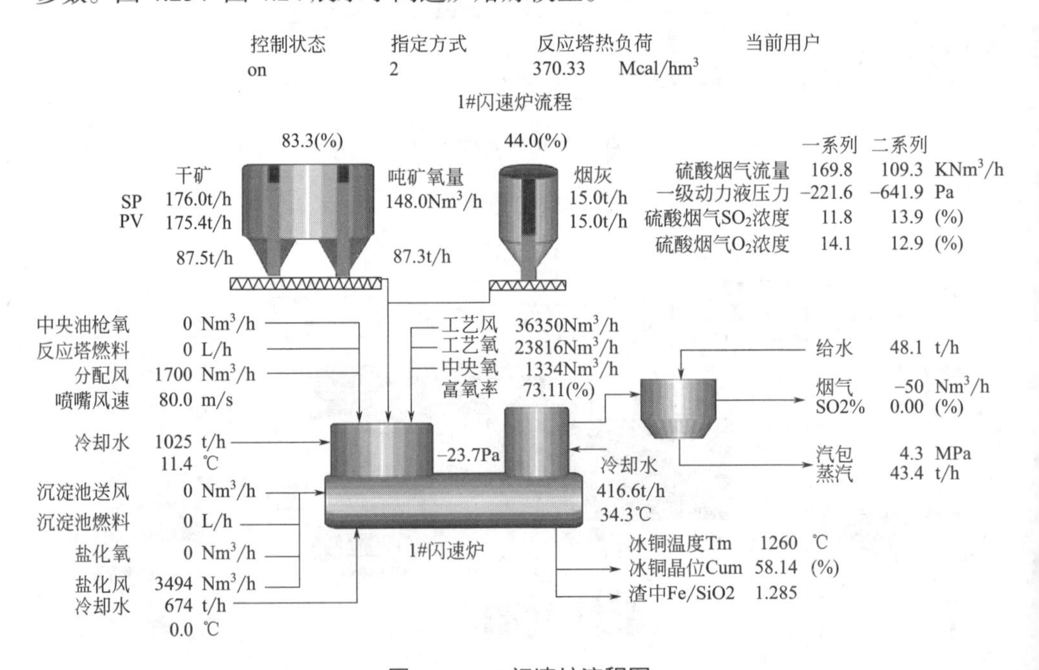

图 4.23　1# 闪速炉流程图

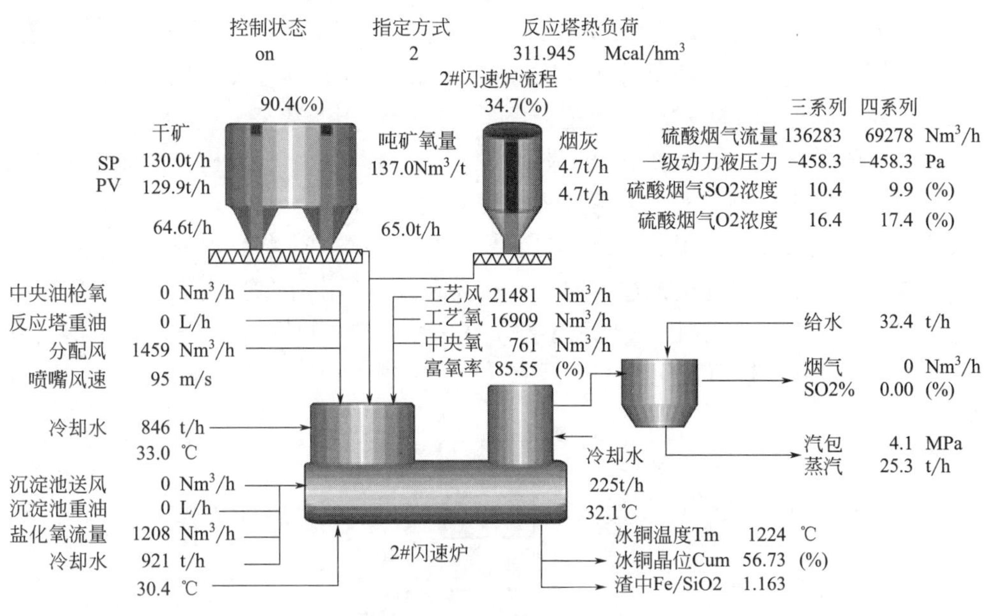

图 4.24 2# 闪速炉流程图

（4）人机物协同决策框架

构建如图 4.25 所示的铜冶炼数字孪生生产线，实现铜冶炼过程中物理空间到数字空间的映射，构建基于知识图谱的数据空间实现人机物三元数据融合，极大地提高了制造系统中人机物协同解决复杂问题的能力。

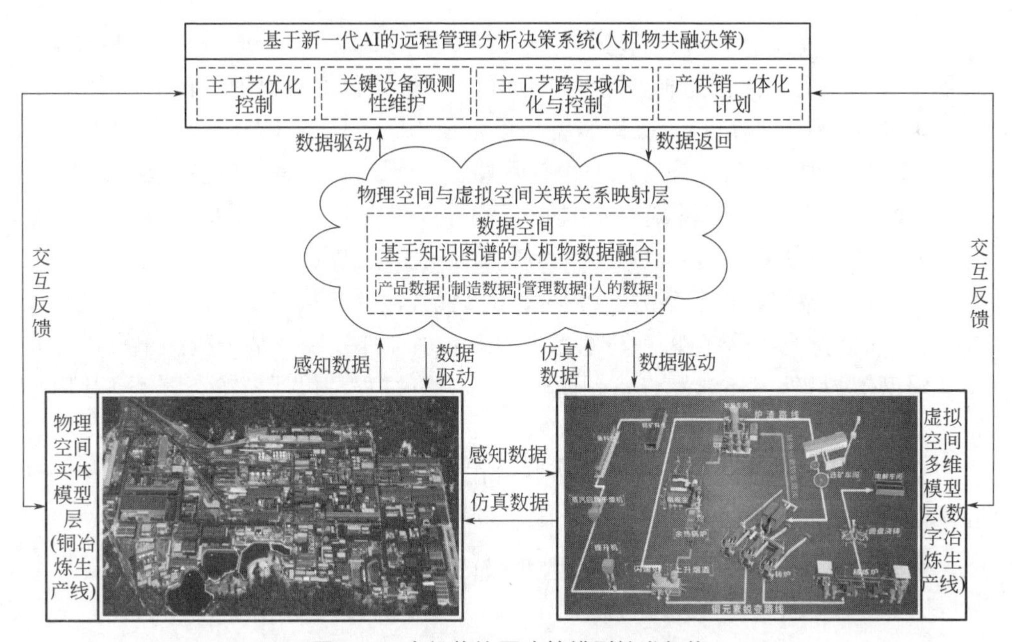

图 4.25 人机物协同决策模型技术架构

基于数字孪生的人机物协同决策框架通过人在回路的人工智能对设备/工艺/流程运行过程进行复杂事件建模（complex event processing，CEP），图 4.26 给出了人机物协同分析决策过程，通过物理系统运行过程的数字建模（状态模型、分类模型、预测模型、仿真模型、性能评估模型、优化模型），分析决策优化流程通过调用各类数字模型，实现运行过程的协同优化和决策，将性能评估（决策）结果反馈至物理系统，修正数字模型的参数，然后根据优化参数控制和执行物理系统。在通过数字孪生的决策过程中，不断提高数字孪生体自主决策的准确率，逐渐减少人参与决策的比例，实现基于数字孪生系统的人机物协同、设备/工艺/流程自主决策和自主运行优化。

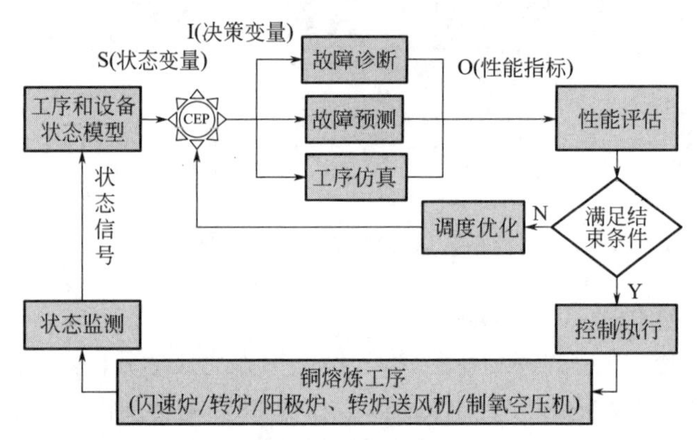

图 4.26　基于数字孪生模型的 2# 系统决策过程示意图

在铜冶炼过程中，基于工艺孪生的 2# 系统熔炼工艺（关键工序）跨层域（跨设备层与工序层）优化控制如图 4.27 所示，设备层包括闪速炉、转炉、阳极炉、转炉送风机、制氧空压机等关键装备与设备模组，工序层涉及闪速熔炼工序、转炉工序、阳极炉工序等工序，以及设备管理、生产、产品等不同主题域。

生产域涉及生产设备状态、性能的预测性运营决策过程，包括运营状态预测、仿真决策模型（机理模型、Monte Carlo 仿真、数学模型）。

设备管理域涉及设备预测性维护决策过程，包括：状态预测、仿真决策模型[Monte Carlo 仿真（单部件）、马尔可夫决策（多部件）以及基于预测事件的维护决策模型]。另外，还涉及设备预防性维修决策过程，包括：状态分类（故障诊断）、维修仿真、评估、优化等内容。

关键装备预测性维护与调度生产联合优化涉及生产设备状态、性能的预测性运营决策过程，以及设备预测性维护决策过程等内容。

运营管理域涉及产供销一体化计划运营决策过程，包括需求计划、生产计划、销售计划及其一体化决策过程。

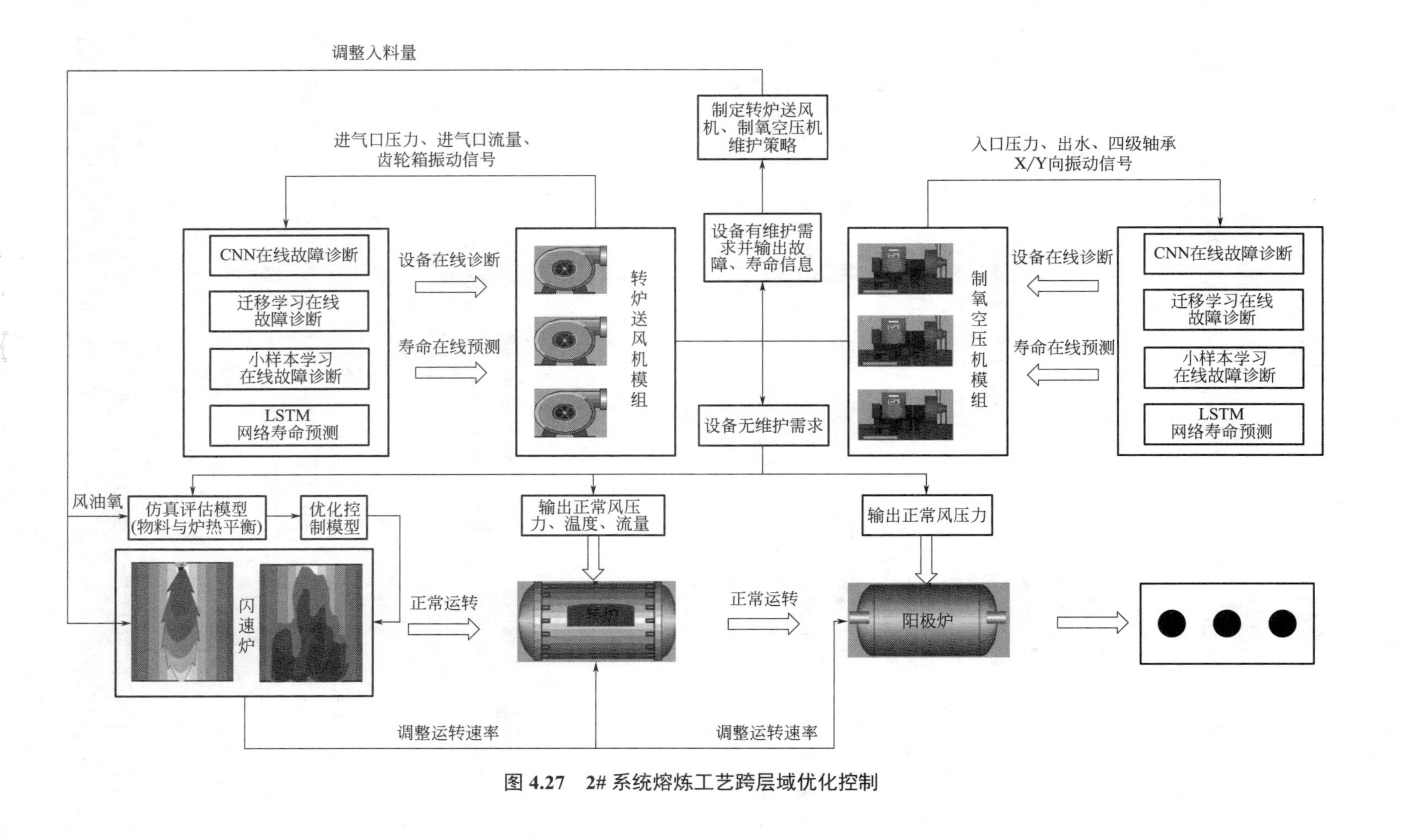

图 4.27　2# 系统熔炼工艺跨层域优化控制

4.2.4 基于多种用户界面的人机物交互模式与接口

考虑到人、信息与物理系统在决策和设备自主控制活动中的不同特征及其特点，结合不同决策和自主控制任务的性质，从解决人机物协同决策的技术角度，人机交互具有人主机辅、人机共商、机主人辅等交互模式，具备人信息系统接口和信息物理系统接口两种接口方式。

人主机辅通常解决经营管理战略决策，这类问题最大的特点就是影响因素具有不确定性和不可定量化特点，制定这类决策方案需要以专家为主，专家在信息系统的辅助下，提出决策问题，明确决策目标和问题的范围，参考决策分析过程模型，拟定该决策问题的求解技术路线，分解决策问题，在系统的支持下提出决策问题的解决方案。在这类决策智能系统中，信息系统是面向用户设计的，在决策过程中为用户提供所需要的功能服务，而不是面向问题求解。

人机共商主要用于解决生产执行过程中的指挥决策，这类决策涉及的因素较多，存在一定的由未来环境因素影响的不确定性。人们对这类问题有了较深入的研究，形成了相应的理论和方法，有一套科学的决策程序。但是，在一些重要的步骤上需要人的参与，需要信息系统的协助。解决这类决策问题，人和信息系统之间既需要分工，又需要合作，需要在工作开始阶段进行人机决策任务分配，将适合于信息系统做的任务交给系统，适合于人完成的任务交给人去做，两者取长补短。

机主人辅主要适用于工序过程操控决策。工序过程操控的特点是涉及外界因素少，确定性因素多，解决问题的流程比较固定，结构化的成分多。操控人员只是在问题比较复杂的情况下，参与问题的求解，以减少问题的复杂度或者在系统决策过程中出现问题时，帮助系统做出适当的选择。

在有色金属工业企业，远程管理的决策人员通过语音用户界面、图形用户界面、对话用户界面、触摸交互界面和三维交互界面等人信息接口实现人机物交互。

(1) 语音用户界面

如图 4.28 所示，语音用户界面是一种使用户可以通过语音命令与设备或应用程序进行交互的方式。语音用户界面可以部分或完全取代触摸、键盘或鼠标，解放用户的双手和双眼。

语音用户界面采用语音识别和自然语言处理等人工智能技术将用户的语音转换为文本。包括用于创建 VUI 语音组件的后端基础设施，通常存储在公共云或私有云中，在云端对用户语音进行处理后，并将给定的响应返回给用户与 VUI 交互的设备或应用程序。由于语音用户界面采用语音这种最自然的交流方式，因此具有直观和输入速度快的优势。

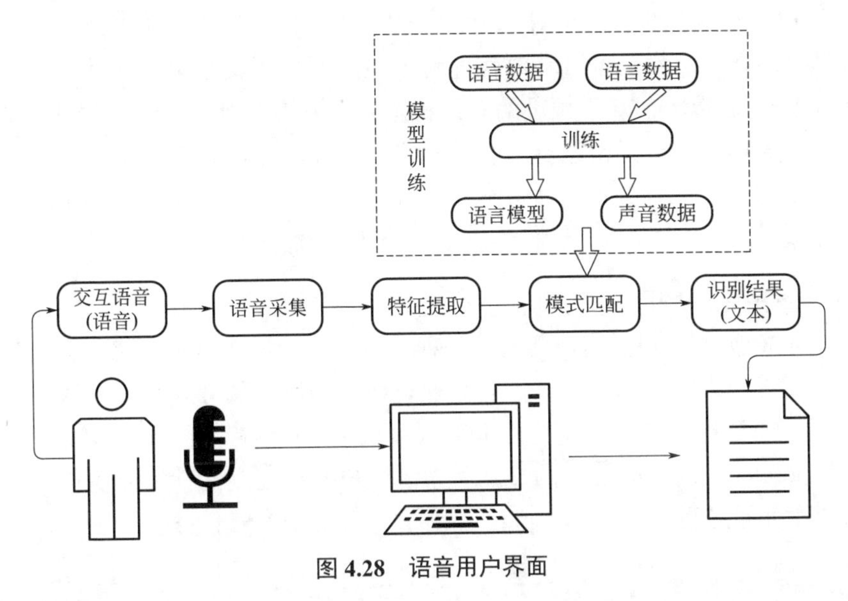

图 4.28　语音用户界面

（2）对话用户界面

如图 4.29 所示，对话用户界面是人与机器之间一来一回通过自然语言进行信息交互的方式。人机语音交互有五个关键处理阶段：第一步，机器接收到用户语音后，首先通过语音识别（ASR）将语音（voice）转换为文本（text），并且可保留语速、音量、停顿等语音本身的特征信息。第二步，机器通过自然语言理解

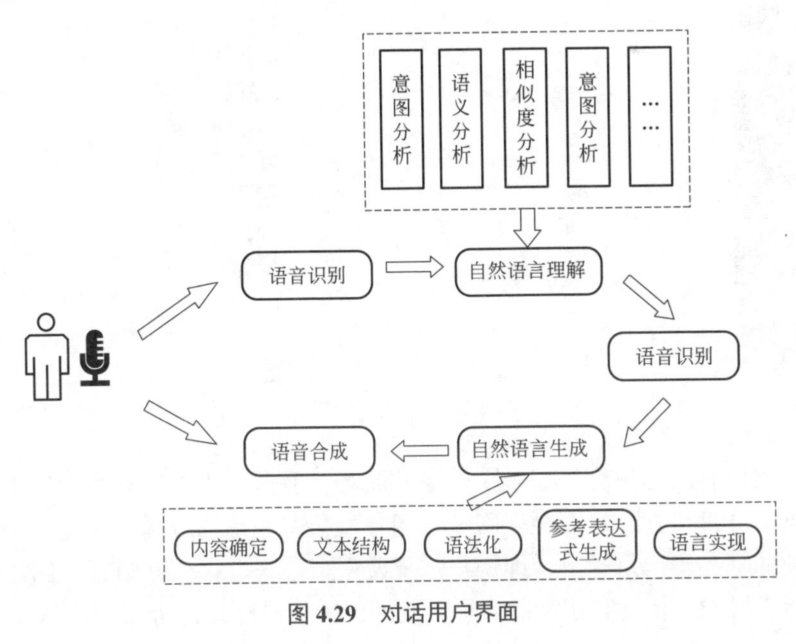

图 4.29　对话用户界面

（NLU）对语音识别后的文本，经过分词、词性标注、命名实体识别、依存句法分析等处理，并结合情感分析等结果，对用户意图进行识别。第三步，机器通过对话管理（DM）接收来自自然语言理解（NLU）的语义结果，并结合当前的语义环境（上下文环境），基于预设的对话状态，决策接下来的动作，并对语义环境进行更新。第四步，机器通过自然语言生成（NLG）将向用户传达的概念、知识、数据、意图等信息转化为语言（文本）。第五步，机器通过语音合成（TTS）将自然语言生成后的文本（text）转换为语音（voice），播报给用户。

（3）图形用户界面

如图 4.30 所示，图形用户界面是一种人机交互的界面显示格式，通过将命令和数据以图形的方式展示给用户，用户通过所见即所得的方式与显示的界面元素进行交互。图形用户界面一般包括窗口（window）、图标（icon）、菜单（menu）和指针（pointer）这四类主要的交互元素。用户通过控制指针来对窗口、图标和菜单等显示元素进行指点（pointing）操作，从而完成交互任务。

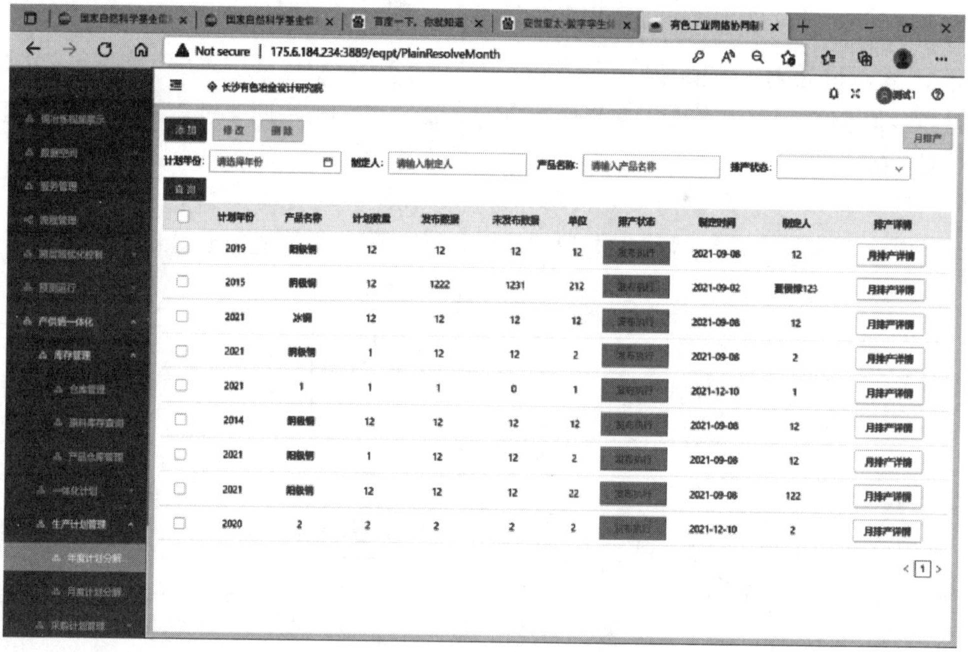

图 4.30　图形用户界面

图形用户界面的优势是摆脱了抽象的命令，通过利用人们与物理世界交互的经验来与计算机交互，从而显著降低了用户的学习和认知成本。然而，由于图形用户界面的基本操作是指点，即用户需要使用指针来选择交互目标，因而其往往对用户指点操作的精度有较高的要求。此外，由于鼠标设备所在的控制域（motor space）与界面显现的显示域（visual space）是分离的，因而用户需要对目标进行间接的交互操作（indirect manipulation），从而增加了交互的难度。

（4）触摸交互界面

如图 4.31 所示，在触摸交互界面上，用户通过手指在屏幕上直接操作显示的交互内容。

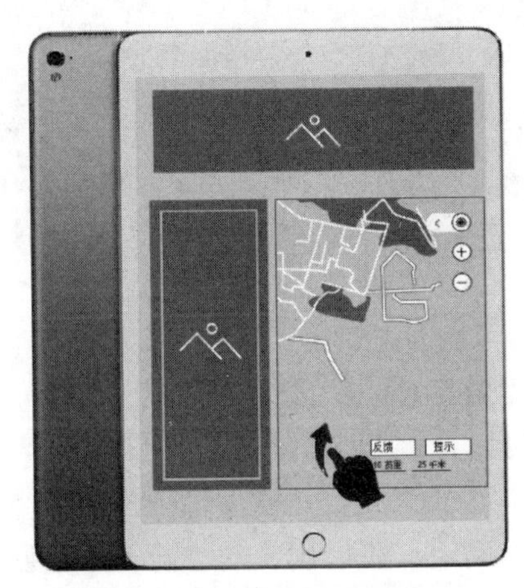

图 4.31　触摸交互界面

根据人机交互研究中的定义，触摸交互界面一般包括页面（page）、控件（widget）、图标（icon）和手势（gesture）这四类主要的交互元素。用户通过触摸、长按、拖拽等方式直接操控手指接触的目标，或者通过绘制手势的方式触发交互指令。目前，触摸界面主要存在于智能手机和可穿戴设备（如智能手表）等设备上。

触摸交互界面的优势是充分利用了人们触摸物理世界中物体的经验，将间接的交互操作转化为直接的交互操作（direct manipulation），从而在保留了一部分触觉反馈的同时，进一步降低了用户的学习和认知成本。然而，触摸操作受困于著名的“胖手指问题”，即由于手指本身的柔软，以及手指点击时对于屏幕显示内容的遮挡，在触屏上点击时往往难以精确地控制落点的位置，输入信号的粒度远远低于交互元素的响应粒度。同时，由于触摸交互界面的形态仍然为二维界面，所以这限制了一些与三维交互元素的交互操作。

（5）三维交互界面

如图 4.32 所示，三维（3D）交互界面的出现进一步提升了人机界面的自然性。在三维交互界面中，用户一般通过身体（如手部或身体关节）做出一些动作（如空中的指点行为，或者肢体的运动轨迹等），以与三维空间中的界面元素进行交互，计算机通过捕捉用户的动作并进行意图推理，以触发对应的交互功能。目前，三维交互界面主要存在于体感交互、虚拟现实、增强现实等交互场景中。

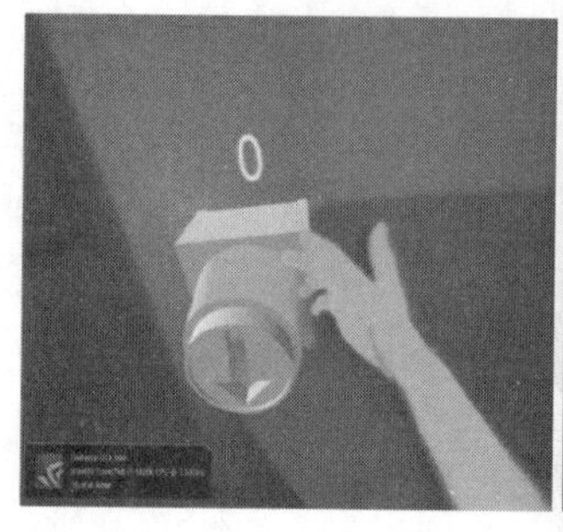

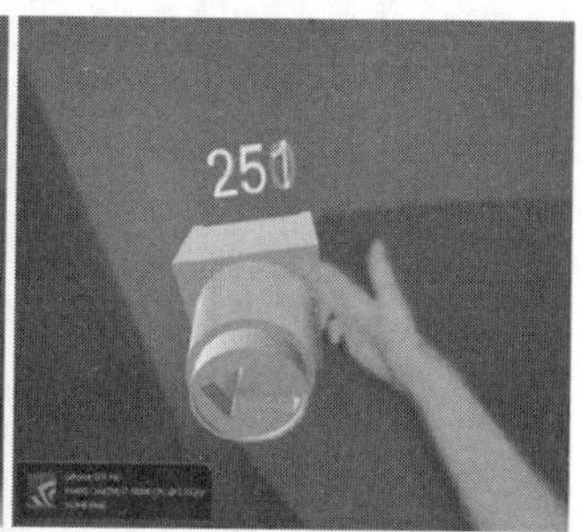

图 4.32　3D 交互界面

三维交互界面的优势是进一步突破了二维交互界面的限制，将交互扩展到三维空间中。因此，用户可以按照与物理世界中相同的交互方式，与虚拟的三维物体进行交互，从而进一步提升交互自然度，降低学习成本。不过，三维交互的挑战在于由于完全缺乏触觉反馈，所以用户动作行为中的噪声相对较大，而且交互动作与身体的自然运动较难区分，因而输入信号的信噪比相对较低，较难进行交互意图的准确推理，限制了交互输入的准确度。此外，相比于图形用户界面和触摸交互界面，动作交互的幅度一般较大，所以三维交互的效率也较低，同时更容易让用户感到疲劳。

4.3 可持续商业模式创新

制定可持续商业模式首先需要构建企业商业模式变革的概念框架，然后需要选择制定可持续商业模式的工具。

4.3.1　商业模式变革的概念框架

如图 4.33 所示，开始是有色金属企业传统的商业模式，企业价值主张不考虑可持续性，新一代信息技术变革后的制造系统和产品系统，给企业带来了一些可持续发展实践，变革后的可持续商业模式代表了企业绿色、高效可持续发展的价值主张。

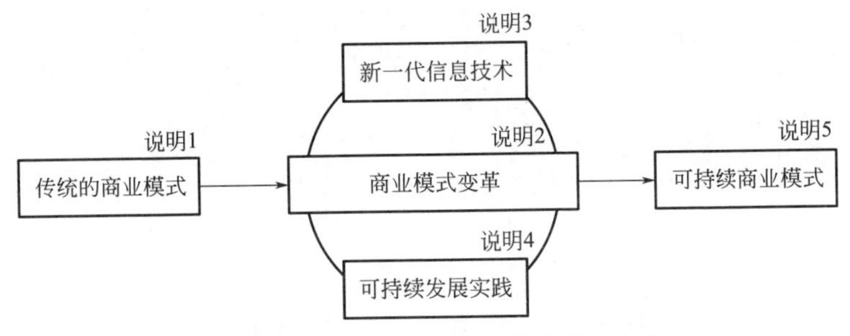

图 4.33　可持续商业模式变革的概念框架

说明 1：传统的商业模式代表了企业过去的价值主张，并未考虑可持续性。

说明 2：商业模式变革是一个从战略角度将企业竞争环境的外部变化内在化的过程，改变了企业的价值主张。

说明 3：新一代信息技术是企业竞争环境重要的外部变化因素，能给企业带来可持续发展实践。

说明 4：新一代信息技术驱动的符合可持续发展主题的实践，比如一些减少污染的措施。

说明 5：可持续商业模式代表企业新的价值主张，融入了可持续内涵。

4.3.2　可持续商业模式变革

基于三层商业模式画布（TLBMC）研究有色金属企业从传统商业模式到可持续商业模式的转型，该模型通过提供一个用户友好的工具来支持以可持续性为导向的商业模式创新，TLBMC 没有试图将多种类型的价值缩小到一个单一的画布上，而是允许经济、环境和社会价值在各自的层面内进行横向探索，并通过这些层面的纵向整合相互关联。这反过来又支持对以可持续性为导向的创新进行更丰富的讨论和更具创造性的探索。图 4.34 ～图 4.36 分别为经济、环境和社会商业模式画布。

经济商业模式画布(Economic Business model Canvas)				
关键伙伴 Key partnerships	关键业务 Key activities	价值主张 Value proposition	客户关系 Customer relationships	客户细分 Customer segments
	核心资源 Key resources		分销渠道 Distribution channels	
成本结构(Costs structure)		收入来源(Revenue stream)		

图 4.34　经济商业模式画布

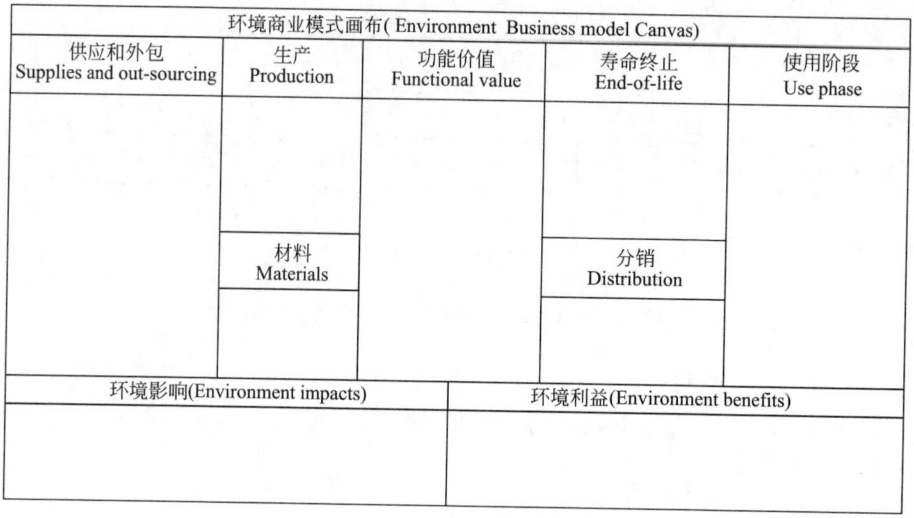

环境商业模式画布(Environment Business model Canvas)				
供应和外包 Supplies and out-sourcing	生产 Production	功能价值 Functional value	寿命终止 End-of-life	使用阶段 Use phase
	材料 Materials		分销 Distribution	
环境影响(Environment impacts)			环境利益(Environment benefits)	

图 4.35 环境商业模式画布

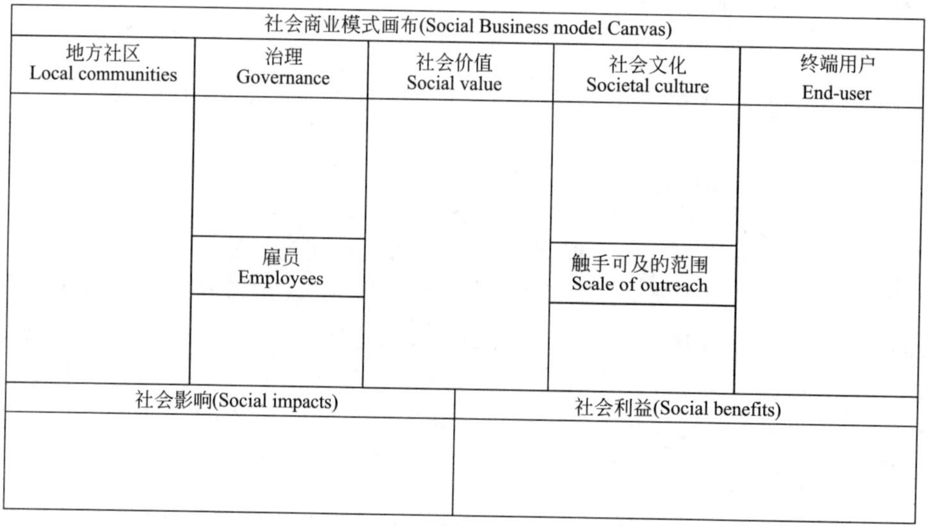

社会商业模式画布(Social Business model Canvas)				
地方社区 Local communities	治理 Governance	社会价值 Social value	社会文化 Societal culture	终端用户 End-user
	雇员 Employees		触手可及的范围 Scale of outreach	
社会影响(Social impacts)			社会利益(Social benefits)	

图 4.36 社会商业模式画布

4.4 产品服务系统

如图 4.37 所示，有色金属企业产品服务系统主体有企业、客户和合作伙伴，合伙伙伴是企业之外能够为客户提供服务的主体。平台业务分为 4 个部分，分别为传统产品、产品相关的服务、流程相关的服务和其他定制服务等。

产品相关的服务包括咨询服务和技术服务，利用企业的现有基础和优质合作伙伴，共同提供技术服务。流程相关的服务包括智能生产相关服务和数字化转型相关服务。企业在智能工厂建设的过程中，诸如产品生命周期管理、设备故障诊断、生产过程控制等功能应用，均可以服务的形式提供给客户。数字化学习工厂是以工作为导向，面向未来制造业教育、培训和研究的学习环境，其广泛使用了数字孪生技术，将以往的学习者在物理世界中实践学习的模式，转向学习者通过增强式交互的手段在虚拟空间中进行实践学习的模式，为学生求职以及工程师的职务提升提供帮助。

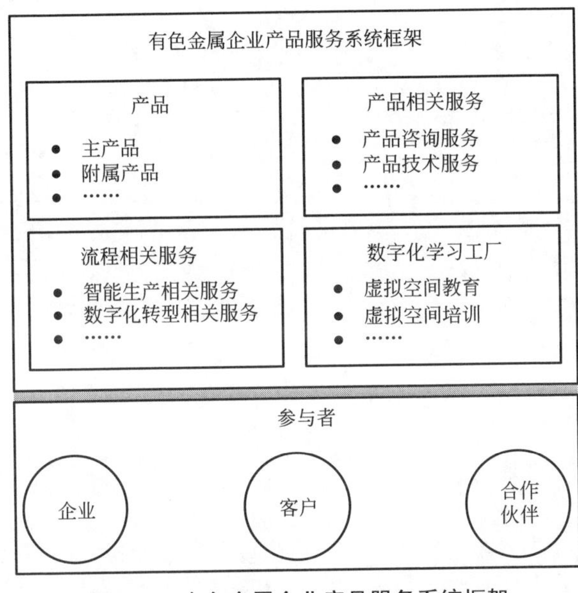

图 4.37　有色金属企业产品服务系统框架

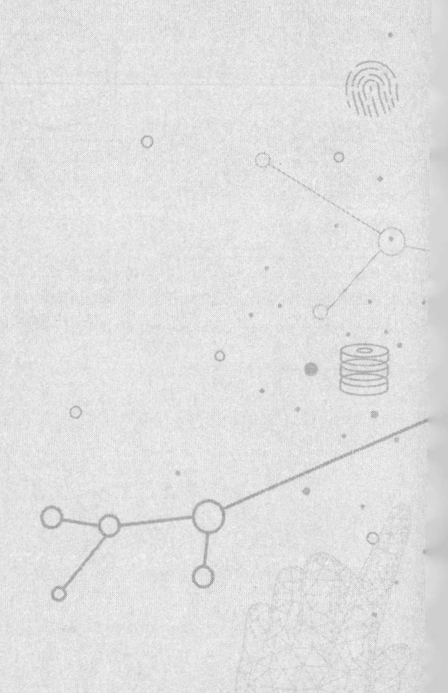

e Road of
dustrial
telligent
novation

第 5 章
有色金属工业人机物协同决策模型

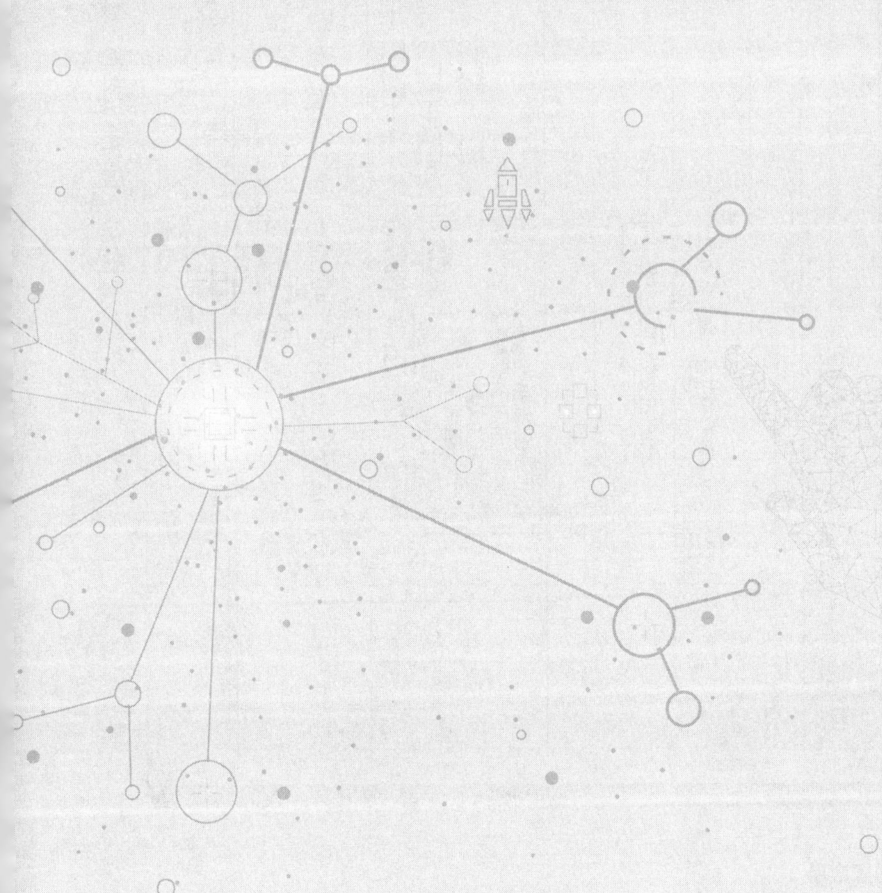

人机物协同决策提高了制造系统的性能，为实现有色金属工业跨层域优化控制提供技术支撑。本章探讨图 5.1 所示的支持产供销一体化计划、主工艺跨层域优化控制、关键装备预测性维护与调度生产联合优化的人机物协同决策模型，支持有色金属工业智能网络协同制造。

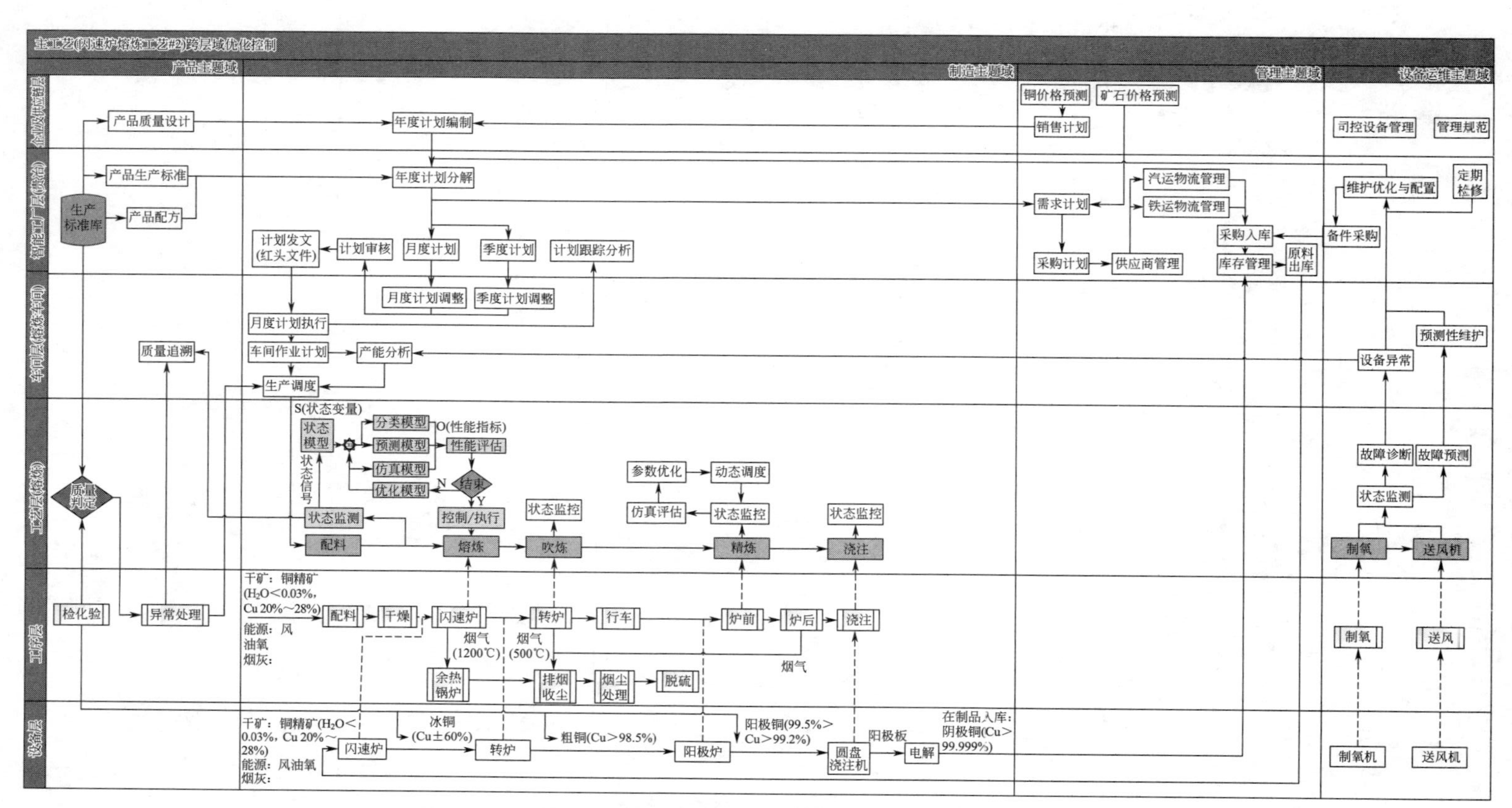

图 5.1 铜熔炼工艺跨层域优化与控制过程

5.1 产供销一体化计划运营决策

有色金属工业的生产类型主要是存货生产方式，企业根据对市场需求的预测，有计划地开发和生产产品。为了防止库存积压和脱销，营销管理的重点是预测产品需求，生产管理的重点是抓产供销的一体化，按量组织生产过程各环节之间的平衡，联合完成计划任务。

然而，有色金属工业传统信息系统架构存在信息孤岛现象，全流程计划和生产信息无法贯通，影响生产作业、产品质量、设备监控等管理一体化落实。例如，ERP 系统以财务为核心，与产线结合不够紧密，对产品制造过程的执行与跟踪未形成有效闭环。原材料、产成品感知系统不完善，如原材料称重、检测、运输等系统没有完全实现信息自动化，物流系统跟踪信息链不完整，物流管控流程存在盲点，直接影响全流程物料跟踪与管控的完整性。

为确保供应链稳定与连续，产供销一体化计划运营决策（图 5.2）根据企业年度生产计划确定销售计划，并将年度生产计划分解成季度生产计划和月生产计划，根据生产计划、原料库存和在途来料计算出完成生产计划所需的最小原料。运营决策过程对原料价格和有色金属产品价格进行预测，计算投产价差，结合库存及资金约束，确定原料采购计划。

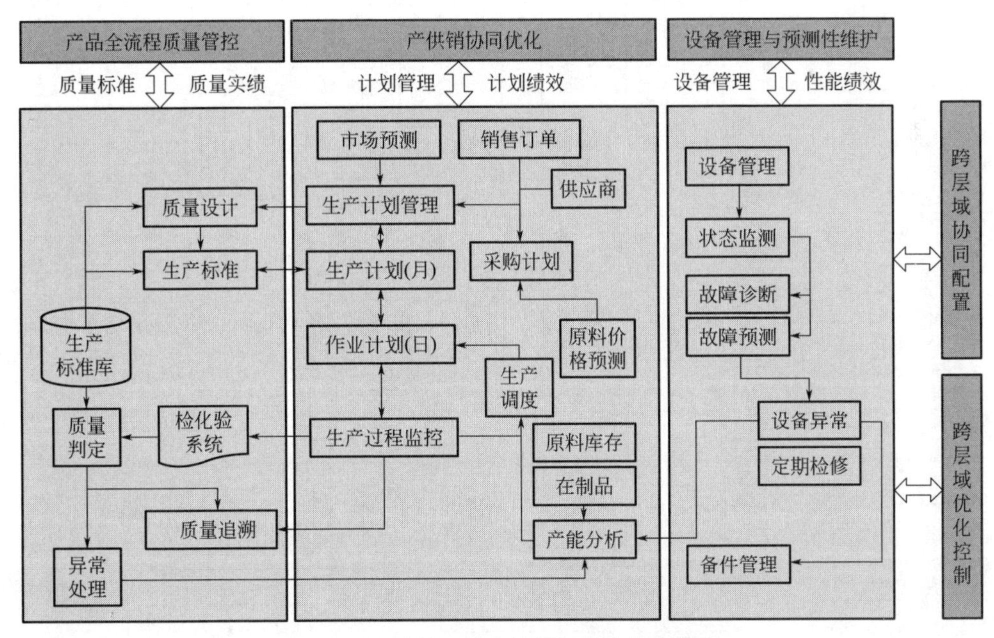

图 5.2　产供销一体化计划运营决策流程图

有色金属工业的生产类型是预测生产方式，为了防止库存积压和脱销，在预测产品和原料需求的基础上，生产管理的重点是按量组织生产过程各环节之间的平衡，针对有色金属工业全流程计划和生产信息无法贯通、产供销脱节等问题，构建如图 5.3 所示的有色金属工业产供销一体化计划决策流程。

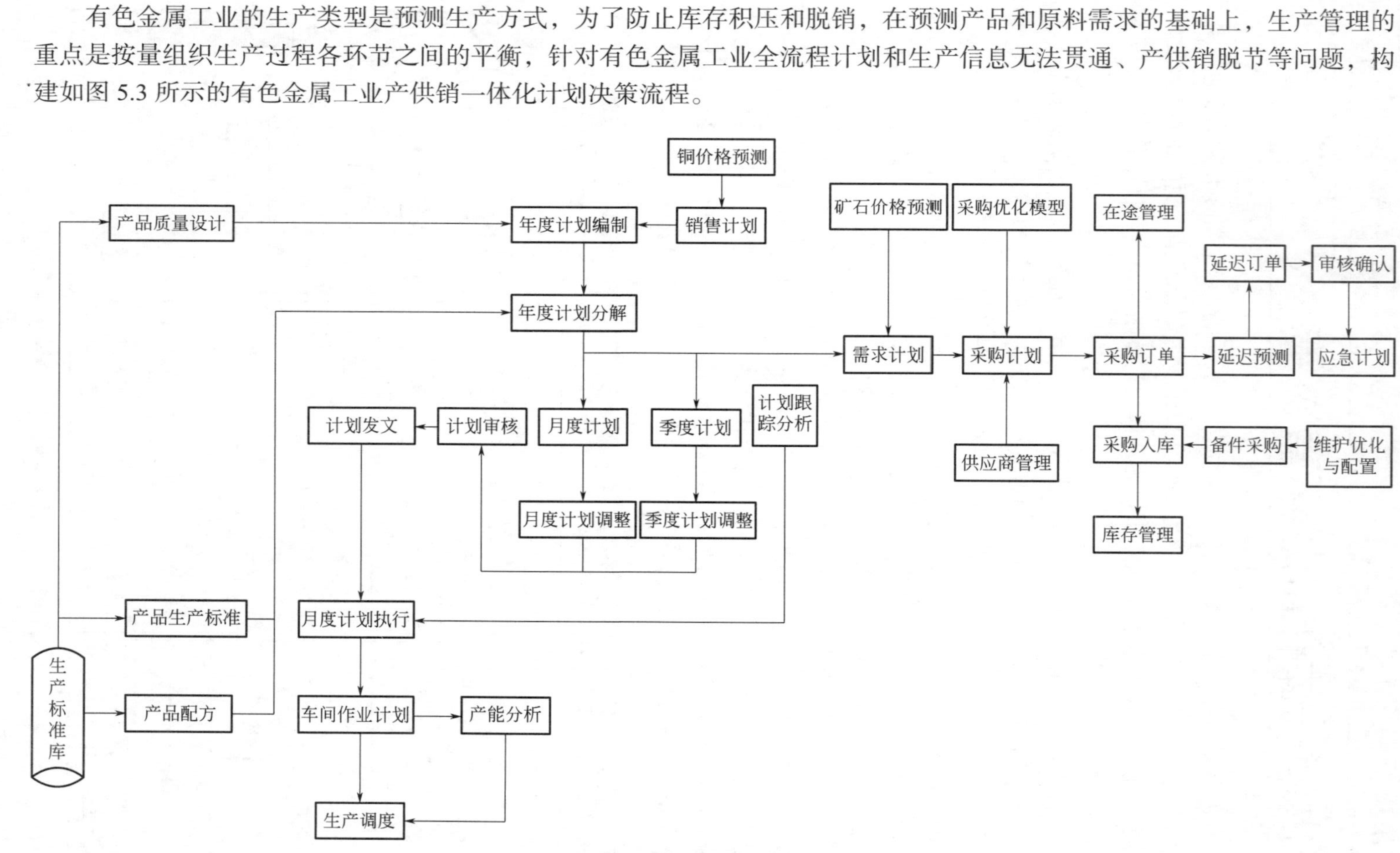

图 5.3 产供销一体化计划决策流程图

在产供销一体化计划预测运营与优化决策过程，通过构建图 5.4 所示的有色金属产品市场价格预测模型、原材料价格预测模型、原料采购计划优化模型、采购订单延迟预测模型以及供应链仿真模型等工业和数据模型，建模和预测有色金属产供销一体化计划运营决策过程，实现人机物协同预测和优化。

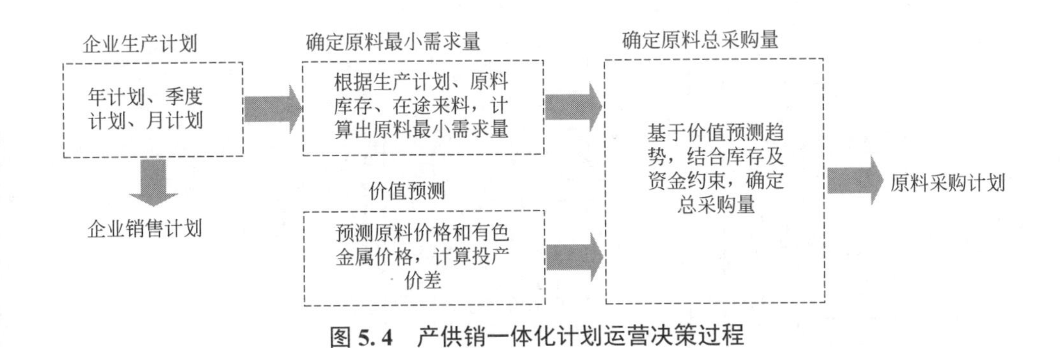

图 5.4 产供销一体化计划运营决策过程

5.1.1 有色金属产品和原料价格预测方法

有色金属是兼具商品属性和金融属性的原材料，由于受到全球经济宏观环境、全球供需关系、生产成本、替代品、美元现行汇率等多种因素的影响，价格波动比较频繁且波动幅度较大。有色金属作为商品而言，供需关系影响了价格的中长期走势，而从其金融属性分析，美元汇率、消费指数、物价水平等因素影响了价格的短期波动。因此，有色金属的历史价格数据波动有明显的高噪声、非平稳、非线性的特点。

以有色金属铜为例，价格的频繁波动与大幅变化，将会直接影响生产企业在生产时对铜价制定的生产计划，在采购时对矿石原料价格制定合适的采购策略，从而影响实现最大限度控制生产成本、增加企业利润的目标。由此可见，铜的价格波动严重影响了企业的经营决策，甚至是企业的经营稳定性。因此，准确、稳健的有色金属价格预测方法，对于企业制定合理的采购和生产计划以及投资战略具有重要意义，可以降低有色金属贸易企业经营风险，是相关企业保持利润增长的关键。

（1）有色金属产品市场价格预测模型

在现实世界中，有色金属的价格序列具有较强的波动性和非线性特征，因此，一种准确而稳健的价格预测方法对于有色金属冶炼企业具有重要意义。有色金属产品市场价格预测方法框架如图 5.5 所示。

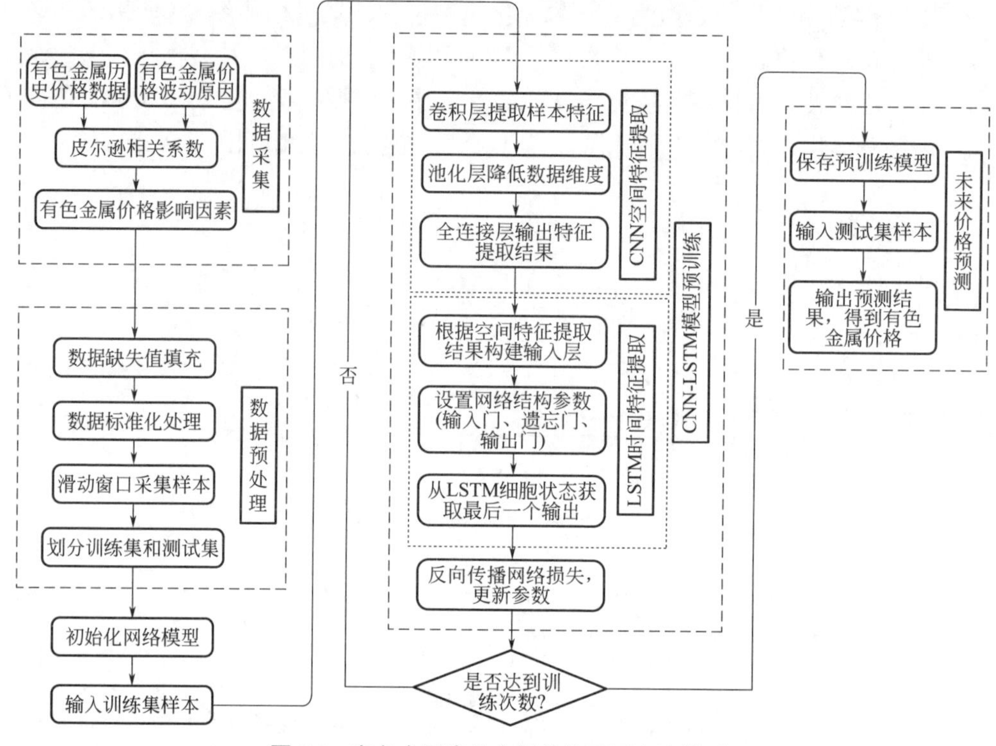

图 5.5　有色金属产品市场价格预测方法模型

以多维影响因素作为自变量，有色金属价格数据作为因变量，通过卷积神经网络 CNN 提取多维数据的内部空间特征。CNN 模型在处理图像和音频数据方面具有强大的数据处理能力，已经被广泛应用到自然语言处理、图像识别、音频识别等领域，并在一些价格预测的任务中也取得了较好的效果。

CNN 网络由三层结构组成：卷积层（convolutional layer）通过过滤器（卷积核）与原始输入数据进行卷积，提取包含影响因素的多维时序数据中的局部特征。池化层（pooling layer）的作用是在语义上把相似的特征合并起来降低数据维度，避免过拟合。池化层对卷积得到的特征映射的局部空间区域进行统计计算，计算特征映射局部空间区域的平均值或最大值。相邻池化单元通过移动几行或几列来在局部区域读取数据，减少特征维度，从而减少网络过拟合的可能性及实现对输入数据的平移不变性。全连接层（fully connected layer）是 CNN 模型的最后一层，比起前面各层要更加不可变和强健，输出包含全局信息，接收经过卷积层和池化层作降维处理后的数据，输出包含全局信息的特征提取结果。

将卷积神经网络提取的特征结果作为输入数据，使用长短期记忆网络 LSTM 对其进行时序预测，可以有效地提取时间维度的特征，提高预测精度。LSTM 是循环神经网络的一个分支，是一种专门处理序列输入的递归式神经网络，该网络可以通过不停地将信息在网络中循环，保证信息持续存在。但是原始循环神经网络存在一定的缺陷：网络反向传播会出现梯度消失和梯度爆炸现象，无法使网络参数得到有效更新。为了解决这个问题，长短期记忆网络应运而生。相对于循环神经网络，长短期记忆网络引入了记忆单元作为隐层架构的改进，之前时间步输入的信息可以在神经网络中传递下去，不会随着迭代而消失。因此，LSTM 网络可以挖掘时序数据中固有的抽象特征，掌握隐藏级常数结构，进而能够更有效地完成时间序列数据的预测任务。

如图 5.6 所示，有色金属铜既包含商品属性，又包含金融属性，其原始收盘价格通常受到多种因素的综合影响，波动频繁，变化较大。例如，未来某一天的铜价可能会受到历史铜价的影响。铜作为市场上其他金属替代品，收盘价格还可能会受其他金属价格的影响，例如，当其他金属价格下跌时，铜价很可能会遵循相同的趋势。此外，由于铜的生产与原油相关联，因此铜价很可能部分取决于能源成本。铜价还有可能与行业的需求和消费有关，这也会受到总体经济环境的影响。因此，铜价可能是道琼斯指数等一般经济指标的函数。另一方面，对于有色金属生产加工企业来说，原材料采购成本通常占总成本的 60% 以上。

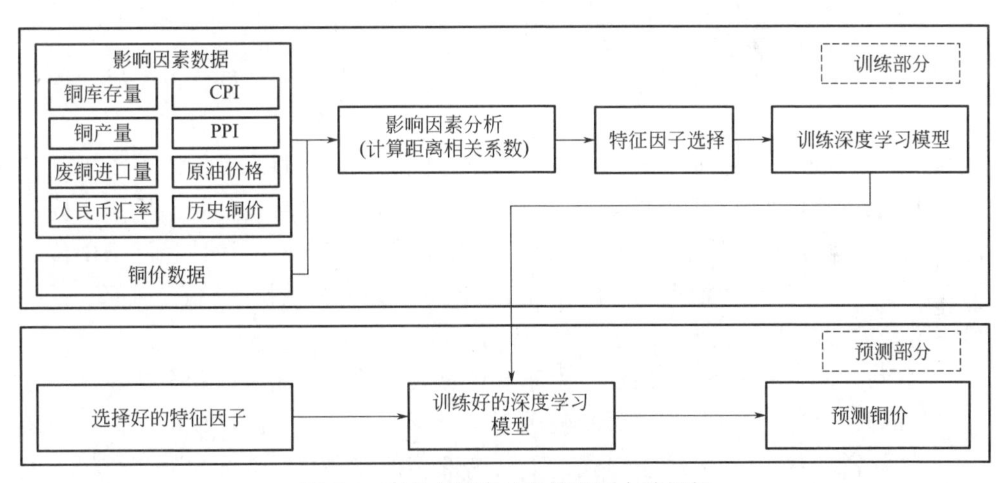

图 5.6　有色金属产品价格预测方法框架

综上所述，铜价可能受历史价格、全球经济、供需关系、生产成本、人民币现行汇率等多种因素的共同作用。在现实世界中，由于不同影响因素相互耦合和关联，铜的收盘价格预测是一项复杂的任务。因此，一种准确而稳健的价格预测方法对于采购商制定有色金属的采购计划具有重要意义。

下面，选取铜库存量、铜产量、废铜进口量、人民币汇率、生产者价格指数 PPI、消费者价格指数 CPI、原油价格、历史铜价等 8 种潜在的铜价影响因子，通过皮尔逊相关系数计算法来量化观察选择的影响因子与铜价之间的定量相关性。

皮尔逊相关系数法主要用来测定两个变量间的线性相关程度 ρ，定量表示为介于 -1 到 +1 之间的数值。其中，+1 表示完全正相关，0 表示不相关，-1 表示完全负相关。具体地说，皮尔逊相关系数是两个变量的协方差除以它们的标准差的乘积。

例如铜价 P_c 和原油价格 P_o 的相关系数定义为：

$$\rho_{c,o} = \frac{\mathrm{cov}\left(P_c, P_o\right)}{\sigma_{P_c}\sigma_{P_o}}$$

其中，σ_{P_c}、σ_{P_o}分别为铜和原油价格的标准差，二者之间的协方差为：

$$\mathrm{cov}\left(P_c, P_o\right) = \frac{1}{n}\sum_{i=1}^{n}(P_{ci} - \bar{P_c})(P_{oi} - \bar{P_o})$$

将上述多种影响因子价格数据与真实的铜价数据，通过计算皮尔逊相关系数的方法得出对应的相关程度 ρ，选择出对铜价影响最大的影响因子，构建深度学习模型并对其进行训练。根据选择好的影响因子与训练好的深度学习模型，对铜价进行预测。

（2）有色金属原料价格预测模型

对于有色金属矿石原材料，其原始收盘价格是非周期、非线性的一维时序数据，采用传统的神经网络无法捕捉数据中的时序信息，故其预测精度十分有限。因此，同样选取对复杂非线性时间序列数据之间的相关性具有良好学习能力的长短期记忆 LSTM 网络对铜的原材料收盘价格进行预测。与传统的神经网络不同的是，LSTM 网络引进了记忆单元，之前时间步输入的信息可以在神经网络中传递下去，不会随着迭代而消失。因此，LSTM 网络可以挖掘数据中固有的抽象特征，掌握隐藏级常数结构，进而处理具有较高预测能力的时间序列。

然而，如上一个小节中所述，由于有色金属铜兼备商品属性和金融属性，其原材料的收盘价格也是受到多种影响因素综合影响的结果，而仅仅依靠单一模型 LSTM 网络很难找到一种统一模式对于其内部多种因素都有良好的预测结果。因此，考虑采用“分解 - 集成”的复合价格预测模型，对一维的有色金属原材料价格数据，通过数据分解的方法将其内部特征提取出来，对于代表其价格的长期趋势和短期波动分别采用 LSTM 网络进行预测，将预测后的结果集成汇总即得到最终的预测结果，其复合预测模型的框架如图 5.7 所示。

选取变分模态分解 VMD 方法对复杂的原始收盘价格数据进行分解，通过预设 K 的方式将其分解为 K 个子序列，各个子序列分别代表了影响铜收盘价格的影响因子或噪声，子序列的趋势和波动特征更加明显，有助于减轻预测模型的负担。与分解相反，集成的主要目的是对每一个子序列的预测结果进行聚合，将各个 LSTM 模型的预测结果求和，即是最终的铜价预测结果。

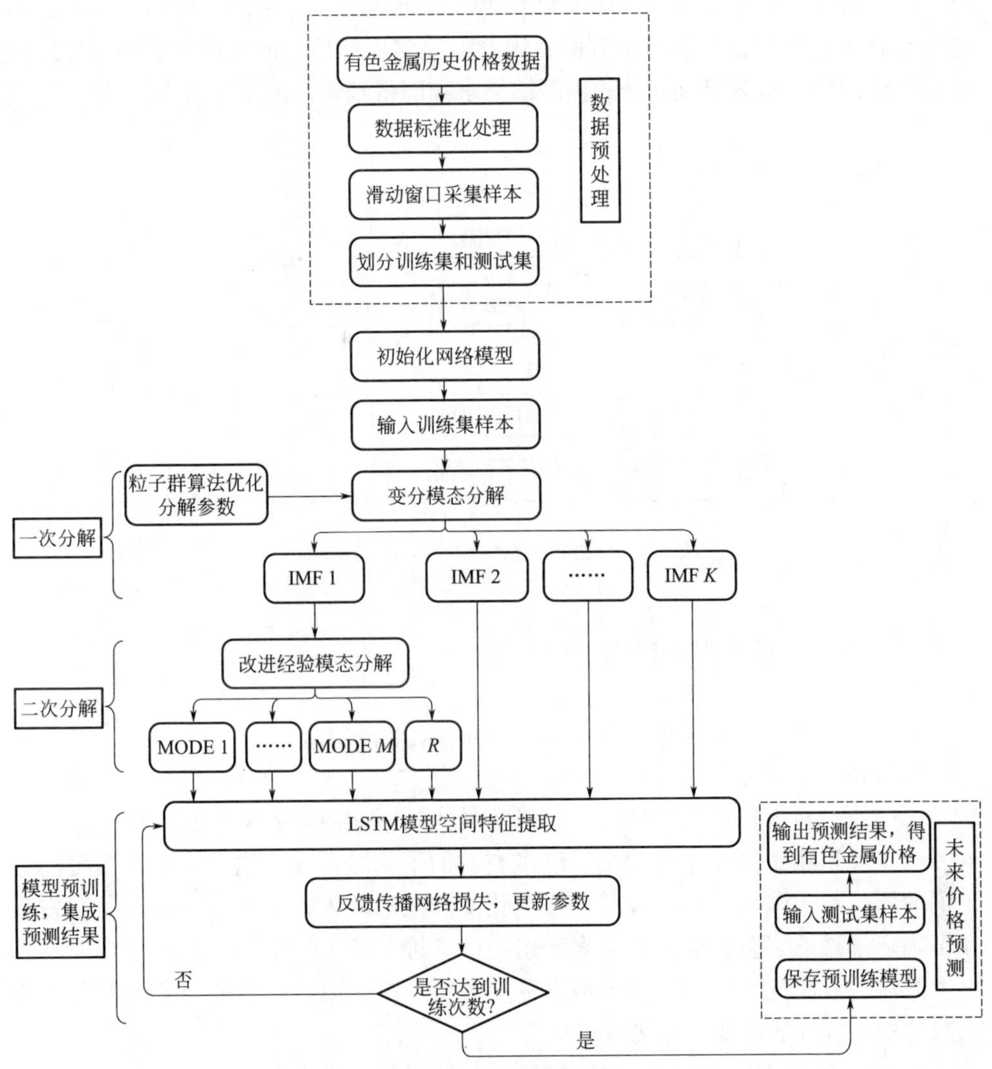

图 5.7　有色金属原料价格预测方法框架

此外，由于 VMD 分解时通常采用预设参数的形式，分解过程不具备自适应性，因此采用粒子群（PSO）算法，以 VMD 对原始数据分解后再集成与原始数据的均方根误差最小为目标函数，优化 VMD 的预设参数 K，直到达到最佳分解效果。

其中，变分模态分解（VMD）过程就是变分问题的构造和求解。它可以将实值信号分解为一系列带宽有限的子序列 IMF，即影响因子 u_k。每个影响因子可以集中在一个随分解过程而确定的中心频率 ω_k 附近。

如图 5.8 所示，将每个影响因子 IMF 作为 LSTM 网络的输入分别对其进行预测，模型的输出值即为该影响因子对有色金属价格的影响结果。然而，输入值影响因子 IMF 是原始信号分解得到的，因此对完整原始信号的预测需要综合考虑全部 LSTM 网络，将各组成部分的预测结果求和即得到最终的预测结果。

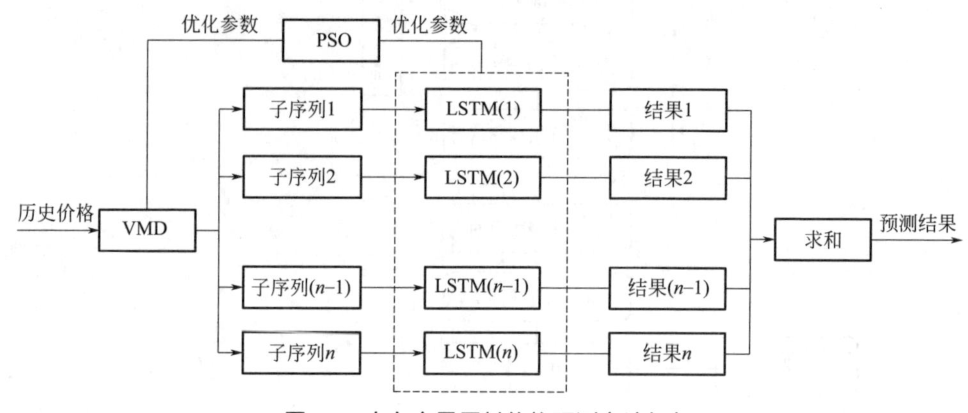

图 5.8　有色金属原料价格预测方法框架

5.1.2　原料采购计划优化

原材料采购，通常是指企业为满足日常生产经营的需要，从供应商或者市场购买原材料，是企业生产经营的重要决策问题之一。传统的原材料采购策略通常是考虑在原材料价格不变的情况下，确定最优的原材料采购量并使原材料采购成本、一次性采购费用和库存费用等诸多方面的采购综合成本达到最小。然而，对于铜的原材料采购而言，由于其价格变化受到国家政策、汇率、季节、供需关系和不确定事件的多重影响，常常表现出高度不确定性，给企业的生产经营带来了很大的风险，因此，如何针对价格不确定情形下的铜原材料采购问题提出合适的采购计划是具有强烈现实意义的。

对于以铜为代表的有色金属冶炼企业，原材料采购成本占到总生产成本的绝大部分，而铜价格的波动对本来就高的生产成本来说更是举足轻重，对于此类流程制造工业，保证以更有竞争力的原材料采购成本进行原料采购决定了企业生产成品的利润。

我们基于原材料价值预测结果确定原材料成本，同时考虑库存、资金、生产等约束，结合一次性采购费用和库存费用，制定原料采购优化计划。

原料采购计划优化框架图如图 5.9 所示，基于原料最小需求量及价值预测结果，考虑库存、资金、生产等约束，如果原料价格呈现上涨趋势，则增大采购量，根据库存约束和资金约束确定原料最大采购量，如果原料价格呈现下跌趋势，根据库存约束和生产约束确定最小原料采购量。建立采购总量优化模型，实现多节点采购决策滚动优化，使单位原料采购成本最低，进一步确定原料采购计划，包括原料采购点、原料采购量、采购基准价。

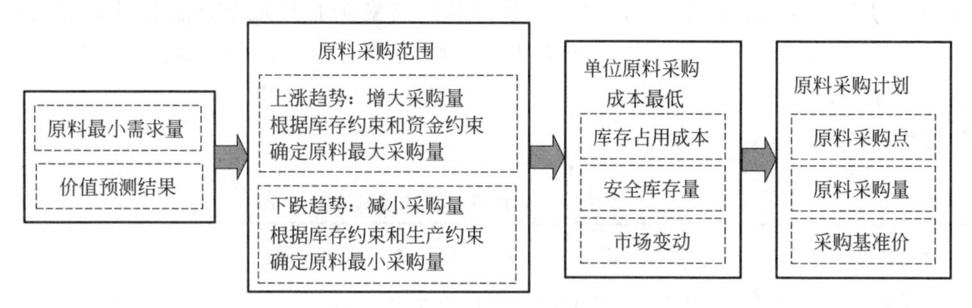

图 5.9 原料采购计划优化框架图

5.1.3 订单延迟预测模型

供应链的复杂性增加，使其容易受到环境、组织和网络等相关风险的影响。虽然供应链面临着各种来源的风险，但我们主要关注的是供应商订单延迟问题。在一个包含许多采购过程的多环节供应链中，即使是很小的延迟，随着时间的推移，也会构成大量需要处理的中断。所以有必要建立一种预测机制，对订单延迟进行预测，对供应中断进行预测。

基于企业的采购计划，综合考虑内外部因素，利用大数据及人工智能的方法进行订单延迟预测，不仅可以为库存和生产管理提供缺货问题的实时警报，订单延迟的预测情况还可以与人工经验相结合，修正预测结果，使供应决策部门掌握供应的主动权，便于主动地去制定应急计划和降低或规避供应中断的风险。

但是由于延迟订单的数量远远低于按时交货的订单数量，样本类别不平衡将导致样本量少的分类所包含的特征过少，并很难从中提取规律，即使得到最终模型，也容易产生过拟合问题，所以预测订单延迟是一项具有挑战性的任务。如何解决样本不平衡问题，如何准确地评价模型效果，更好地提高预测效果是当下需要研究的方向。

这里主要关注供应商订单延迟造成的供应中断的问题，提出一种基于 SMOTE-ENN 算法与集成 DNN 算法的订单延迟预测方法，用于预测制造行业供应中断问题。

（1）实现步骤

首先使用 SMOTE-ENN 算法来对延迟订单和按时交货订单的不平衡样本进行预处理，然后使用集成深度神经网络的订单预测模型对订单延迟进行预测。在解决不平衡样本时，可以应用许多不同的现有技术来平衡数据集。可以使用一些策略来减轻数据的不平衡程度。该策略便是采样，主要有两种采样方法来降低数据的不平衡性。对小类的数据样本进行采样来增加小类的数据样本个数，即过采样。但是，过采样合成的样本容易引起过拟合问题。SMOTE 过采样算法是系统地构造人工数据样本的方法，它基于最近邻生成新的人工数据，算法步骤如表 5.1 所示。由于 SMOTE 过采样算法不是简单地复制少数类样本，因此可以在一定程度上避免过拟合问题。

表 5.1　SMOTE 算法流程

SMOTE 算法流程：

输入：少数类样本 i，该样本的特征向量为 x_i，$i \in (1,2,\cdots,T)$

过程：

1：从少数类的 T 个样本中找到样本 x_i 的 k 个近邻，并且记为 $x_{i(near)}$，$near \in (1,2,\cdots,k)$

2：重复

3：从 k 个近邻中随机选择一个样本 $x_{i(nn)}$，再生成一个 0 ～ 1 之间的随机数 ξ_1，从而合成一个新的样本 x_{i1}：

$$x_{i1}=x_i+\xi_1(x_{i(nn)}-x_i)$$

4：将上述步骤重复 N 遍，可以合成 N 个新样本，表示为 $x_{i(new)}$，$new \in (1,2,\cdots,N)$

5：对全部 T 个少数类样本实现上述步骤，就可以为少数类样本合成 NT 个新样本

输出：x_{i1}，x_{i2}，…，x_{in} 个新的样本

对大类的数据样本还可以进行采样来减少该类数据样本的个数，即欠采样，原理图如图 5.10 所示。对大多数样本进行欠采样，可能会导致丢弃有用的样本。

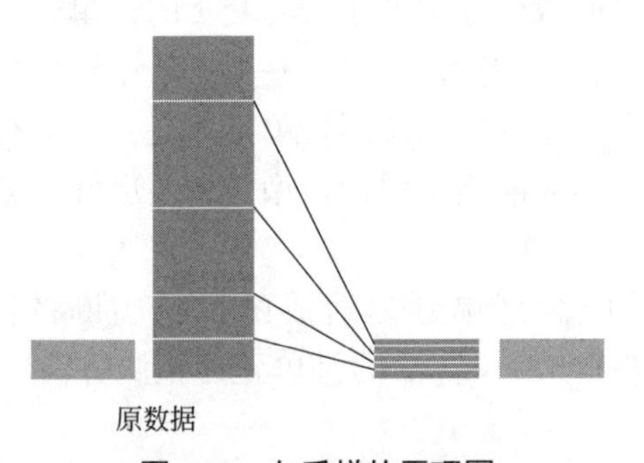

图 5.10　欠采样的原理图

为了充分利用这两种方法，可以将 SMOTE 过采样与多数类的随机欠采样相结合，主要的方法是“SMOTE + ENN”和“SMOTE + Tomek”，其中 SMOTE 与 ENN

结合通常能清除更多的重叠样本，所以采取 SMOTE-ENN 算法，其具体步骤如下：

① 利用 SMOTE 方法生成新的少数类样本，得到扩充后的数据集 T。

② 对 T 中的每一个样本使用 KNN 方法预测，若预测结果和实际类别标签不符，则剔除该样本。

（2）集成 DNN 模型

这里主要采用 Bagging 算法集成多个 DNN 分类器组成一个组合分类器，从而提升集成 DNN 的学习效果。Bagging 算法实现简单、泛化能力强，被广泛用于处理不平衡数据集问题。集成学习算法是通过集成多个基分类器组成一个组合分类器，从而提高集成分类器的学习效果。Bagging 算法实现过程如图 5.11 所示。首先，在所有的样本中通过有放回的随机抽样（bootstrapping）n 次，生成 n 个数据集，对这 n 组数据集分别进行训练，从而得到 n 个分类器。最后，对 n 个分类器模型采用投票的方式得到最终分类结果。

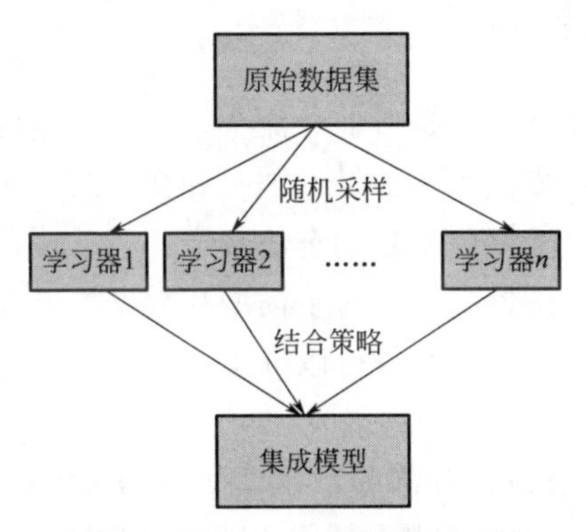

图 5.11　Bagging 算法实现过程

基分类器使用 DNN 模型。DNN 模型的总体结构如下所示：

$$f(x)=f\left[a^{(l+1)}\left(h^{(l)}\left(a^{(l)}\left(\ldots\left(h^{(2)}\left(a^{(2)}\left(h^{(1)}\left(a^{(1)}(x)\right)\right)\right)\right)\right)\right)\right)\right]$$

其中，x 输入向量代表 n 维产品属性的向量；$a^{(l)}$ 为第 l 层隐藏层 h 的激活函数。提出的 DNN 模型由四个神经元数量不同的全连接隐层和一个 Dropout 层组成，并将 ReLU 应用到隐藏层。ReLU 的定义如下：

$$f(x)=\max(0,x)\rightarrow\begin{cases}\dfrac{\mathrm{d}f}{\mathrm{d}x}=1,x\geqslant 0\\ \dfrac{\mathrm{d}f}{\mathrm{d}x}=0,x<0\end{cases}$$

基于 DNN 的订单延迟预测模型结构如表 5.2 所示。

表 5.2　基于 DNN 的订单延迟预测模型结构

编号	网络层	输入 / 输出维度	激活函数
1	输入层	22，22	ReLU
2	隐藏层 1	22，16	ReLU
3	隐藏层 2	16，32	ReLU
4	隐藏层 3	32，64	ReLU
5	隐藏层 4	64，128	ReLU
6	Dropout 层	128，128	—
7	输出层	128，1	Sigmoid

5.1.4　供应链仿真模型

数字孪生技术有助于巩固和提升业务流程，在供应链行业的应用已经取得了显著的成效。数字孪生技术提供了一种易于理解和交流的方式，有助于信任建立和决策支持。数字孪生的两个关键要素是动态仿真模型和反映系统实时状态的数据。数据可以来自用户输入或传感器测量。有了模型和数据就可以开发强大的数字孪生软件，进行试验、分析和交流，从而就可以提出假设问题，理解系统行为，在多个层次上进行验证。

AnyLogic 是一个能够设计和部署数字孪生的强大平台，以其独特的多方法仿真功能，将动态模型和操作数据相结合，提供更高级的分析和决策支持。数字孪生与 AnyLogic 的关系如图 5.12 所示。

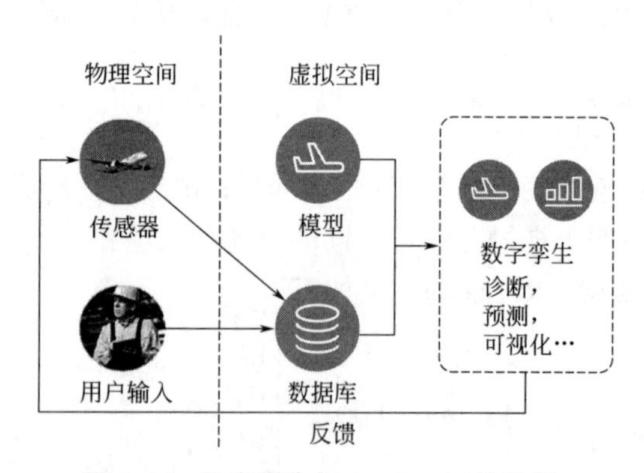

图 5. 12　数字孪生与 AnyLogic 的关系

为了让产供销一体化计划中供应链仿真部分能够更好地可视化，信息实时传入与调取更加便捷，可以选择 AnyLogic 软件对供应链进行仿真模拟。如图 5.13 所示。

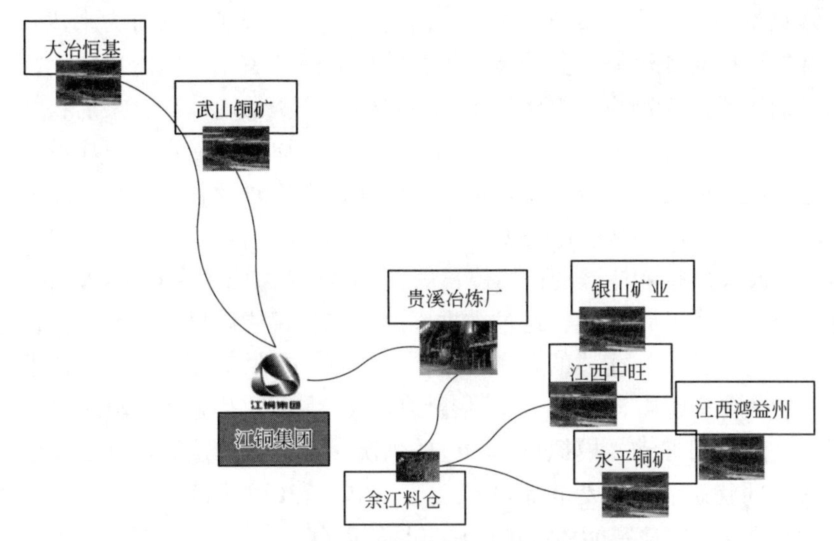

图 5.13　基于国内原料地的供应链配送模型

整个供应链配送端业务流程如图 5.14 所示，国内供应商将粗铜、铜精矿等原材料输送到江铜集团统一管理，江铜集团再将加工原材料输送到贵溪冶炼厂进行加工处理。客户下订单后，加工好的成品就会送到各个客户处。国外供应商的原材料运输需要通过船运，并且需要通过港口进行中转。

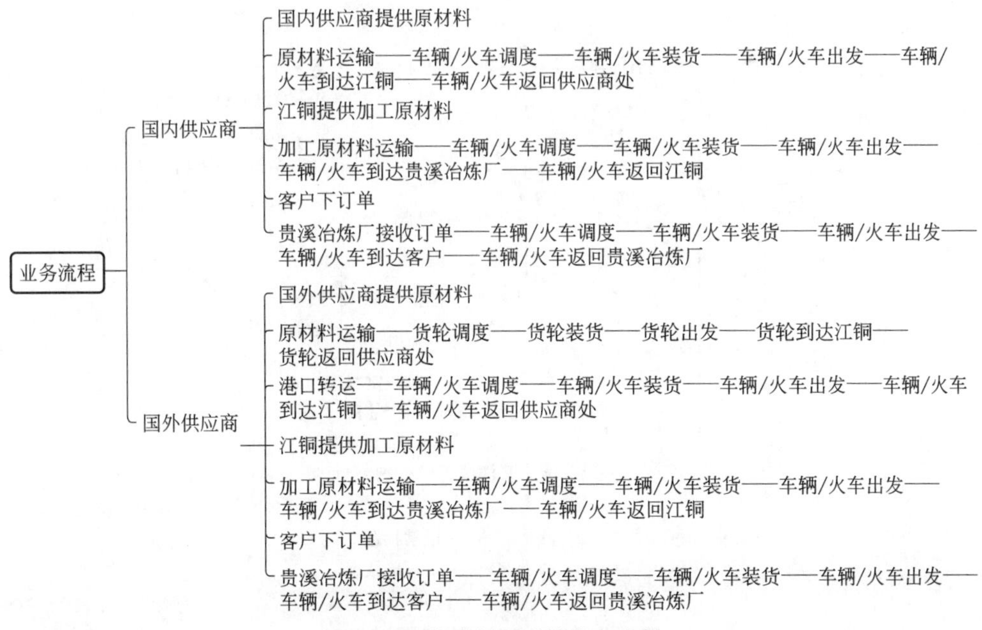

图 5.14　供应链配送端业务流程

整体建模思路如图 5.15 所示，智能体是软件系统仿真过程中的主体，不同的智能体对象具有不同的参数及类型，需要通过定义智能体的行为来达到仿真的目的。首先根据业务流程部分明确各个智能体之间的关系，国内供应商将原材料输送到江铜集团，江铜集团再将加工原材料输送到贵溪冶炼厂，最后将加工好的成品直接送到各个客户处。碰到国外供应商时需将原材料输送到对应港口进行中转。创建智能体的对象部分除了供应商、江铜、贵冶以及客户以外，还需要考虑运输工具以及订单两种智能体类型，通过 Excel 表格中读取供应商、港口、江铜、贵溪冶炼厂及客户智能体群的初始位置信息，GIS 搜索引擎会在地图上进行搜索，将智能体放到相应的位置上，通过数据库的方式以智能体群为对象创建，也方便随时添加和更改各个智能体的名字以及位置信息。在供应商、港口、江铜以及贵冶四个智能体群中需要添加运输工具智能体群，在不同状态下运输工具在目的地与归属地之间来回移动，模拟货物的运输情况。智能体的逻辑设计主要包括各智能体群的不同状态、分别为正常状态、下订单状态以及回到正常状态三个过程，不同过程的改变会驱使智能体群中运输工具的运动。

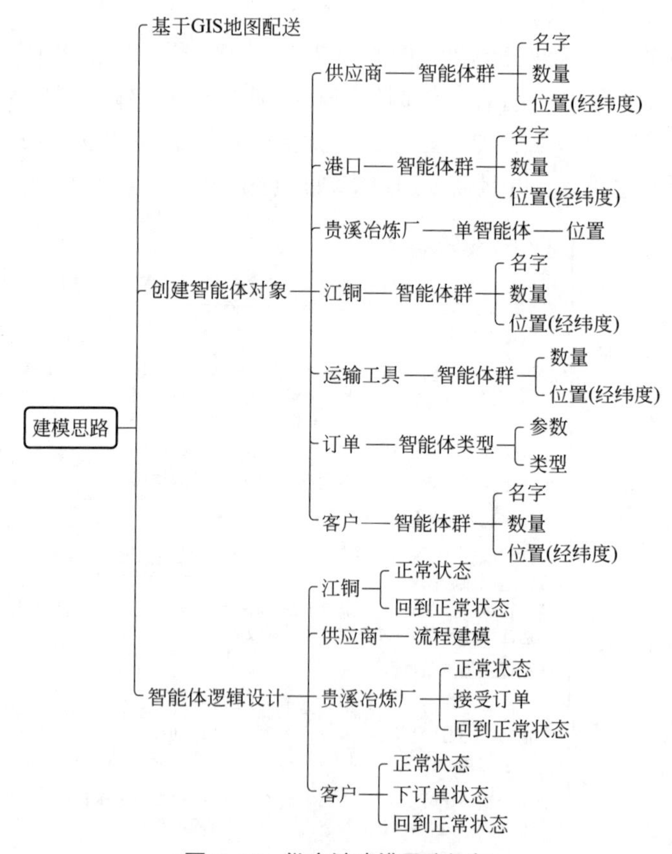

图 5.15　供应链建模思路框架

5.2 关键工序跨层域优化控制

关键工序跨层域优化与控制系统优化模型功能缺失或不够完善，无法满足产线精准控制要求，在支撑产品升级上差距表现突出；生产过程大量数据缺乏深入分析挖掘，造成产品设计、质量控制、设备维护等知识积累不足，不能对产品制造过程进行全流程闭环控制以持续改善；现有信息管控系统设计时没有考虑产品研制过程的信息化联系，使得研发和制造一直有所脱节。为此，在铜冶炼过程，围绕铜熔炼工艺构建跨层域优化与控制。

如图 5.16 所示，铜熔炼工艺是造渣脱硫脱杂富集铜元素的火法冶炼过程，主要包含了三个提升铜品位的工艺过程：干矿（Cu 含量为 20% ～ 28%）→闪速炉熔炼→冰铜（Cu 含量为 ±60%）→转炉吹炼→粗铜（Cu 含量＞98.5%）→阳极炉精炼→阳极铜（Cu 含量为 99.2% ～ 99.5%）。

图 5.16　主工艺跨层域优化与控制数字孪生模型

转炉送风机和制氧空压机等关键设备的运行状况影响闪速炉、转炉和阳极炉等主工艺的运行状态，通过采集转炉送风机进气口压力、进气口流量、齿轮箱振动信号数据和制氧空压机入口压力、出水、四级轴承 X/Y 向振动信号数据，基于 CNN 在线故障诊断、迁移学习在线故障诊断、小样本学习在线故障诊断、LSTM 网络寿命预测等方法，实现转炉送风机的在线故障诊断和剩余寿命预测。若设备有维护需求，则输出故障信息和寿命信息，进一步制定转炉送风机、制氧空压机维护策略，调整闪速炉的入料量、转炉和阳极炉的运转速率，若设备无维护需求，则正常运行。通过对关键设备的预测性维护和主工艺优化控制的联合决策，实现主工艺跨层域优化与控制。

5.2.1 铜熔炼工艺过程机理模型

铜熔炼是铜冶炼的主工艺，是一种多操作变量、多种过强耦合的炼铜工艺，一方面各种原料的物相成分、燃料的化学成分、操作参数都处于变动状态，另一方面，其他或熔体流动、发热和吸热、同相与异相之间的传热以及化学反应等过程都彼此互为条件，互相强烈影响。因此对闪速炉熔炼过程进行优化具有重要意义，能够提高产量、降低烟尘率与燃料消耗。

熔炼工艺流程为：将铜精矿在密闭鼓风炉、反射炉及闪速炉进行造锍熔炼，产出的冰铜放入冰铜包，由行车吊运倒入转炉进行吹炼，转炉吹炼好的粗铜再由行车吊运到阳极炉进行精炼，然后浇铸成阳极板。熔炼工艺流程如图 5.17 所示。

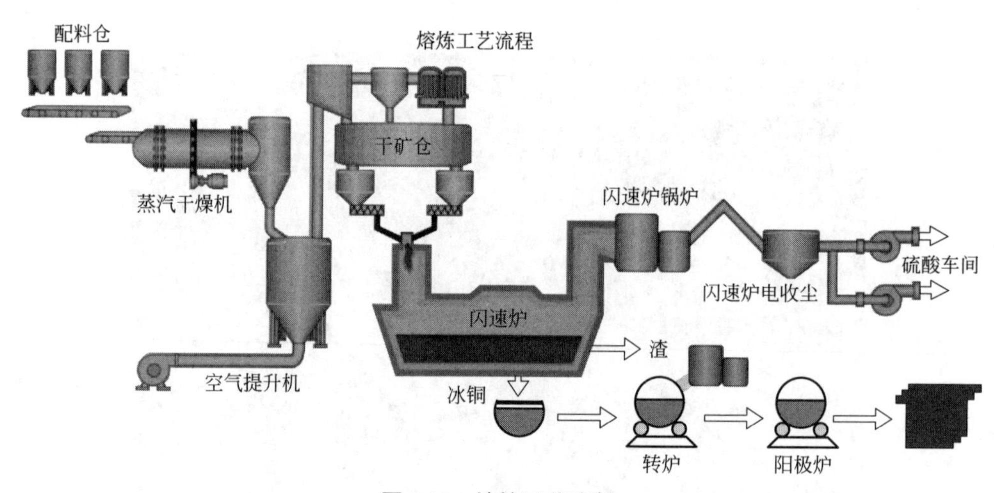

图 5.17 熔炼工艺流程

（1）失重给料系统工作原理

称量螺旋和搅拌器与称量仓安装在一道，形成料仓总成。该总成放置在三个负荷传感器上组成一个单独的秤，通过柔性连接，该料仓总成与结构分离。料仓的重量接受连续的监视和控制。

失重给料控制系统根据料仓总成重量的减少，连续计算投料量，并将该投料量与设定点进行比较，控制给料螺旋的速度，从而使投料量与设定值相符。投料控制器连续工作，直到称量仓总成的重量达到预设定的下限值。

达到下限设定值时，称量仓上面的球阀将自动打开，开始称量仓的加料。球面阀保持打开状态，直到称量仓的重量达到预设定的上限设定值。这时，球面阀再次关闭，开始新的失重控制周期。

在加料周期，无法测量从称量仓中排出的料量，只能靠估计，通过调节螺旋的转速可以准确地计量出该体积相，而且投料量保持恒定。

（2）闪速熔炼的基本化学反应机理

闪速熔炼的原料是干燥的铜精矿，为冶炼造渣需要，还需添加部分石英熔剂。

1）闪速炉的主要物理化学变化　闪速熔炼的原料是干燥的铜精矿，闪速炉内进行的主要物理化学变化包括燃料的燃烧、硫化物的离解、硫与铁的氧化、烟灰的熔化分解、造冰铜和造渣。

硫化铜精矿的主要矿物组成是 FeS_2、$CuFeS_2$、CuS、ZnS、PbS 等。

黄铁矿（FeS_2）在反应塔内首先离解，所得的硫蒸气及 FeS 进一步氧化为 SO_2 和 FeO，FeO 再与熔剂中的 SiO_2 发生造渣反应，其反应式为：

$$FeS_2 = FeS + S \tag{5.1}$$

$$S + O_2 = SO_2 \tag{5.2}$$

$$2FeS + 3O_2 = 2FeO + 2SO_2 \tag{5.3}$$

$$2FeO + SiO_2 = 2FeO \cdot SiO_2 \tag{5.4}$$

黄铁矿在反应塔内还依下列反应直接氧化：

$$2FeS_2 + 5.5O_2 = Fe_2O_3 + 4SO_2 \tag{5.5}$$

$$3FeS_2 + 8O_2 = Fe_3O_4 + 6SO_2 \tag{5.6}$$

生成的 Fe_2O_3 在有氧化性物质存在时容易转化为磁性氧化铁：

$$10Fe_2O_3 + FeS = 7Fe_3O_4 + SO_2 \tag{5.7}$$

$$16Fe_2O_3 + FeS_2 = 11Fe_3O_4 + 2SO_2 \tag{5.8}$$

Fe_3O_4 在温度低于 1000 ～ 1100℃时始终不变化，但在温度达 1300 ～ 1500℃的反应塔内，依下列反应很快被 SiO_2 和 FeS 所分解：

$$3Fe_3O_4 + FeS + 5SiO_2 = 5(2FeO \cdot SiO_2) + SO_2 \tag{5.9}$$

在反应塔内由于氧化反应强烈，炉料在炉内停留的时间很短，各组分之间接触不良，Fe_3O_4 不能完全被还原，而熔解于炉渣和冰铜中，一同进入沉淀池。

黄铜矿（$CuFeS_2$）在熔炼过程中发生离解反应：

$$2CuFeS_2 = Cu_2S + 2FeS + 1/2S_2 \tag{5.10}$$

还有部分 $CuFeS_2$ 依下列反应生成 SO_2 和 FeO：

$$2CuFeS_2 + 2.5O_2 = Cu_2S \cdot FeS + 2SO_2 + FeO \tag{5.11}$$

生成的 FeO 与 SiO_2 造渣，发生式（5.4）所示反应。

少量的硫化亚铜依下列反应氧化：

$$2Cu_2S+3O_2 = 2Cu_2O+2SO_2 \tag{5.12}$$

当有足量的 FeS 存在时，Cu_2O 会与 FeS 反应生成 Cu_2S 进入冰铜。

由以上反应可看出，炉料中 FeS 的存在能阻止铜进入炉渣。但正如上述 Fe_3O_4 一样，由于反应塔内氧化反应强烈，因此，仍有少量的 Cu_2O 熔于炉渣。由反应塔降落到沉淀池表面的产物是冰铜与炉渣的混合物，在沉淀池内进行澄清和分离，在分离过程中冰铜中的硫化物与炉渣中的金属氧化物还进行如下反应，从而完成造冰铜和造渣过程。

$$Cu_2O+FeS = Cu_2S+FeO \tag{5.13}$$

$$2FeO+SiO_2 = 2FeO \cdot SiO_2 \tag{5.14}$$

$$3Fe_3O_4+FeS+5SiO_2 = 5(2FeO \cdot SiO_2)+SO_2 \tag{5.15}$$

2）闪速炉熔炼的反应机理　日本学者 Kemoui 等人根据对闪速炉反应塔内熔融颗粒沿反应塔降落过程中的氧压变化和烟气成分的研究结果，推断出奥托昆普式闪速炉熔炼过程的反应机理如下：

① 反应空气中的绝大部分氧在反应塔的上部区域消耗于辅助燃烧的精矿颗粒的燃烧，并使这些精矿颗粒过氧化。

② 这些过氧化的精矿颗粒，其中可能含有金属铜，在通过反应塔降落过程中与残留的精矿颗粒相接触而被还原。

③ 在没有烟尘返回的闪速炉生产中，上述还原反应后紧接着是造渣反应，所以这些反应都在距反应塔顶 3m 左右的区域内完成。

④ 在有烟尘返回的闪速炉生产中，其还原反应延续至沉淀池内，致使造渣反应被延续的还原反应所掩盖。

3）闪速熔炼的产物　闪速熔炼的产物主要有冰铜、炉渣、烟气与烟尘。

通常，熔炼炉中熔体温度约 1250℃，这时冰铜的相平衡关系可用 Cu-Fe-S 系 1250℃的等温截面图表示，见图 5.18，图中的 * 号为一些工厂冰铜的组成点。

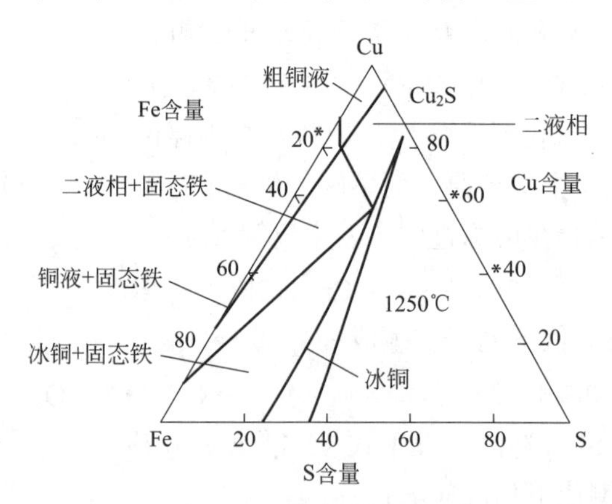

图 5.18　Cu-Fe-S 系相图截面（1250℃）

从图 5.18 可以看出，该体系有两个显著特点：冰铜中的硫含量变化范围很窄，仅在 Cu_2S-FeS 假二元系和两相共存区之间的范围内变化，当硫含量超过 Cu_2S-FeS 二元系对应量时，将挥发出去；工业冰铜中硫的含量常变动在 21% ～ 26% 之间。

冰铜主要化学成分是 Cu、Fe、S，通常三者之和占冰铜量的 85% ～ 94%，冰铜的性质有：

① 冰铜的熔点一般低于炉渣的熔点，并随冰铜品位不同而有所变化。冰铜的熔点一般在 950 ～ 1050℃。

② 熔体冰铜的密度为 $4.5g/cm^3$ 左右，并随冰铜品位提高而增加。冰铜密度比炉渣的密度（$3.5g/cm^3$ 左右）大，这个密度差有利于冰铜与炉渣澄清分离。

③ 冰铜的导电性能好，这在电炉熔炼中甚为重要，因为部分电流通过液态冰铜传导，这对保持电炉熔池底部温度起着重要作用。

④ 冰铜是贵金属良好的捕集剂。冰铜能富集贵金属的原因是冰铜中的 Cu_2S 和 FeS 都容易熔解 Au，Cu_2S 还易熔解 Ag_2S。

⑤ 冰铜对铁器具有迅速强烈的腐蚀能力。主要是因为冰铜中 FeS 具有熔解铁的能力。为此，冰铜包子在装冰铜前先挂上转炉渣是保护包子的一个重要措施。

⑥ 熔融冰铜遇水会爆炸，这是因为会发生下列反应：

$$Cu_2S+2H_2O=\!=\!=2Cu+2H_2+SO_2 \tag{5.16}$$

$$FeS+H_2O=\!=\!=FeO+H_2S \tag{5.17}$$

产出的气体与空气中的氧发生下列反应：

$$2H_2S+3O_2=\!=\!=2H_2O\text{（气）}+2SO_2 \tag{5.18}$$

这是一个放热反应，在高温下进行得异常剧烈，产出的气体迅速膨胀，对周围空气产生巨大压力，这种压力使气体以极大速度扩散，从而发生爆炸。

上述反应中产生的 H_2 又发生如下反应：

$$H_2 \longrightarrow 2H \tag{5.19}$$

$$H+O_2 \longrightarrow OH+O \tag{5.20}$$

$$O+H_2 \longrightarrow OH+H \tag{5.21}$$

$$OH+H_2 \longrightarrow H_2O+H \tag{5.22}$$

图 5.19（a）是 H_2 和 O_2 反应的爆炸界限图。当总压力在 AB 范围内时，反应很平稳。到 B 点后，反应速度骤然升高，并自动加快，最后发生爆炸或燃烧。压力在 p_1 和 p_2 之间时，反应速度极快，形成连锁爆炸，压力超过 p_2 后，反应速度反而又减慢。再继续加大压力超过 D 点，反应又迅速加快，最后发生热爆炸。

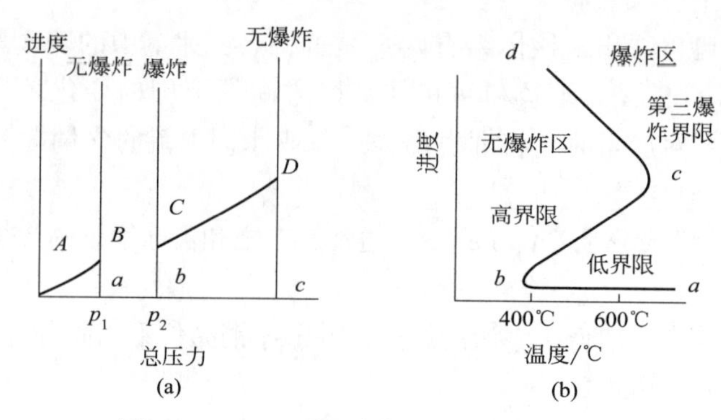

图 5.19　H_2-O_2 系爆炸界限与温度压力关系

氢氧反应中两个压力界限与温度的关系如图 5.19（b）所示。图中曲线 *ab* 表示低爆炸界限，*bc* 表示高爆炸界限。*abc* 所包括的区域表示连锁爆炸的范围，或称燃烧半岛。在 *abcd* 以左的区域，反应平稳进行，*cd* 为第三爆炸界限。由图可见，随着温度升高，爆炸范围扩大。在温度低于 400℃时不会爆炸；大于 600℃时，无论压力大小都可能发生爆炸；在 400 ～ 600℃之间一定有爆炸区。正因为这样，在生产操作中，冰铜流槽及冰铜接触的器件和工具一定要烘干，以免发生爆炸。

冰铜熔炼炉渣是以 FeO-SiO_2 系及 FeO-SiO_2-CaO 系、FeO-SiO_2-Al_2O_3 系等为主体的。图 5.20 为 FeO-SiO_2-CaO 三元系相图。利用此图，大体可以说明冰铜熔炼炉渣的相平衡关系。作图时，铁全部认为是 FeO，而 Al_2O_3、CaO 及 MgO 等均

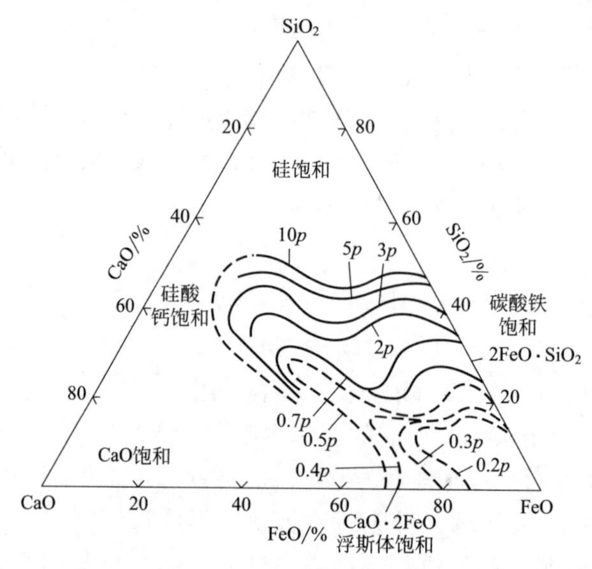

图 5.20　FeO-SiO_2-CaO 系相图

折合成 CaO。图中均相区内示出了国外一些工厂的炉渣成分（以 × 表示）。从图示炉渣成分可知，各厂炉渣中 SiO_2 含量均趋向饱和（含 $SiO_2$35% 或更多），仅个别工厂的炉渣含 $SiO_2$27%（反射炉）左右，但炉渣含 Al_2O_3 高达 11.9%。一般情况，工业冰铜熔炼炉渣含 SiO_2 为 35% ～ 42%（与理论含量相符合）时，即可保证炉渣与冰铜的良好分离。当渣中存在 CaO 或 Al_2O_3 时，将对 FeO-FeS-SiO_2 系的互熔区平衡组成产生很大影响，具体数据如表 5. 3 所示。

CaO 或 Al_2O_3 均降低 FeS（及其他硫化物）在渣中的溶解度，所以渣中含有一定量的 CaO 和 Al_2O_3 可改善炉渣与冰铜的分离。从表 5.3 所列的 Ca_2S-FeS-FeO-SiO_2 系平衡关系还可看出，当 SiO_2 饱和时，渣含 Cu_2S 为 0.85%（0.7%Cu），冰铜含 FeO 达 14.92%，FeS 在炉渣中的含量为 7.59%。炉渣与冰铜相之所以互不相熔，是因为炉渣主要是硅酸盐聚合阴离子，其键力很强，而冰铜呈共价键结合，两者结构差异大，为形成互不相熔的两层熔体创造了条件。小量的 CaO 和 Al_2O_3 几乎完全与渣相聚合，因此它们的存在使冰铜与炉渣的不熔性加强。

表 5.3　SiO_2 饱和的冰铜 - 炉渣系中互熔区两相的组成平衡

体系	相	组成 /%					
		FeO	FeS	SiO_2	CaO	Al_2O_3	Cu_2S
FeS-FeO-SiO_2	炉渣 冰铜	54.82 27.42	17.90 72.42	27.28 0.16			
FeS-FeO-SiO_2-CaO	炉渣 冰铜	46.72 28.46	8.84 69.39	37.80 2.15	6.64		
FeS-FeO-SiO_2-Al_2O_3	炉渣 冰铜	50.05 27.54	7.66 72.15	36.39 0.37		5.94	
Cu_2S-FeS-FeO-SiO_2	炉渣 冰铜	57.73 14.92	7.59 54.69	33.83 0.23			0.85 30.14

炉渣的物理性质对熔炼过程有重要影响，表 5.4 列出了冰铜熔炼炉渣的主要性质。炉渣成分变化对液态炉渣的性质有重要影响，但各成分对炉渣性质的影响非常复杂，至今某些成分对炉渣某些性质的影响仍未研究清楚，表 5.5 列出了几种主要成分及温度对液态炉渣性质的影响。在一定炉渣成分范围内表中箭头表示提高某组分含量时，性质会升高（↑）或降低（↓）。

表 5.4　冰铜熔炼液态炉渣的某些性质

渣型	密度 /(kg/m³)	黏度 /(Pa·s) 1200℃ 1250℃	热导率 /[W/(m·K)]	电导率 /(S/m)	比热容 /[J/(kg·K)]	熔化热 /(kJ/kg)	表面张力 /(N/m)
>33%SiO_2 <32%SiO_2	3.5±0.3 3.8±0.3	0.3　1.0 0.2　0.5	2.09	0.5 ～ 1.0 0.5 ～ 1.0	1172 1172	335 ～ 410	465×10^{-7} （$SiO_2$33%，1250℃）

表 5.5 炉渣成分对炉渣性质的影响

性质	SiO_2	FeO	Fe_3O_4	Fe_2O_3	CaO	Al_2O_3	MgO	温度
黏度	↑	↓	↓	↓	↓	↑	↓	↓
电导率	↓	↑	–	↓	↑	↑	↑	↑
密度	↓	↑	↑	↓	↓	↓	↓	↓
表面张力	↓	↓	↓	↓	↑	↓	–	↓

闪速炉炉渣是金属氧化物和硅酸盐的熔体，还含一部分硫化物、硫酸盐。主要成分有 Fe 和 SiO_2，Fe/SiO_2 一般为 1.15 ～ 1.25。渣中含 Cu 0.8% ～ 1.5%，须贫化处理后方可废弃。

闪速熔炼脱硫率高，产出的冰铜品位高。闪速熔炼原料多为高硫高铁精矿，而配加的石英熔剂少，渣中铁硅比高，这种炉渣密度较大且对硫化物有较大的熔解能力。反应塔内强烈的氧化气氛使原料中的铁不仅氧化成 Fe_2O_3，而且有一部分继续氧化成 Fe_3O_4，使炉渣的性质更加恶化，增加了冰铜在炉渣中的熔解。Fe_3O_4 形成的黏渣层不利于冰铜与炉渣的澄清分离。闪速炉烟尘率高，熔池表面难免有烟尘夹带，无疑会增加渣含铜。

闪速炉出烟烟气温度一般高达 1300℃。烟气含 SO_2 20% ～ 35%，含尘 50 ～ 150g/m^3，部分烟尘呈半熔融状态。烟气经余热锅炉回收余热，降低温度，并沉降一部分烟尘，再送电收尘将烟尘降至 0.5g/m^3 以下，然后经排烟风机送硫酸车间制酸。大部分烟尘返回闪速炉处理，小部分块状烟尘送转炉作冷料。

（3）转炉吹炼的化学反应

转炉吹炼是向转炉熔体内鼓入空气或富氧空气，脱除铁和硫并通过造渣和挥发，进一步降低冰铜中的其他有害杂质，同时使贵金属和镍等有价金属尽量富集于粗铜中。吹炼过程分造渣期和造铜期两个阶段。

① 造渣期　第一阶段造渣期的任务是使铁氧化造渣。根据金属与氧和硫的亲和力大小不同，铁和氧的亲和力大于铜和氧的亲和力，所以在吹炼过程中，铁优先氧化造渣。此阶段反应如下：

$$2FeS+3O_2 = 2FeO+2SO_2$$

$$\Delta G_0=303557+52.71T$$

$$2FeO+SiO_2 = 2FeO \cdot SiO_2$$

$$\Delta G_0=-99064-24.79T$$

在吹炼温度下，FeS 与 FeO 不可能相互作用生成金属铁。除 FeO 与 SiO 造渣外，还会发生下列反应：

$$6FeO+O_2 = 2Fe_3O_4$$

$$\Delta G_0=-80989+342.8T$$

$$3FeS+5O_2 = Fe_3O_4+3SO_2$$

$$\Delta G_0=-36251+86.07T$$

② 造铜期　造渣期结束后转入造铜期，使白冰铜氧化脱硫，产生粗铜，此阶段进行下述反应：

$$2Cu_2S+3O_2 = 2Cu_2O+2SO_2$$

$$2Cu_2O+Cu_2S = 6Cu+SO_2$$

吹炼过程中还会产生其他杂质。Ni_3S_2 在吹炼温度下，在 FeS 氧化之后，Cu_2S 氧化之前，Ni_3S_2 被氧化为 NiO。生成的 NiO 不能与 Ni_3S_2 进行反应生成金属镍，而进入转炉渣中。在粗铜中残镍一般为 0.5% ～ 0.7%。CoS 在 FeS 大量氧化造渣后，CoS 大量氧化入渣。ZnS 大部分是在造渣期末，FeS 大部分氧化后，被氧化成 ZnO，生成的 ZnO 除以硅酸盐或含铁锌橄榄石形态入渣外，也有 ZnS 挥发入气相。PbS 在吹炼过程中生成 PbO，容易与 SiO_2 结合生成易熔炉渣。冰铜中 PbS 约 40% ～ 50% 进入炉渣，其余以 PbS 和 Pb 的形式挥发入气相而被炉气氧化成 $PbSO_4$ 和 PbO，极少量进入粗铜中。As、Sb、Bi 在吹炼过程中，As 和 Sb 的硫化物大部分被氧化成 As_2O_3 和 Sb_2O_3 挥发除去，其余以 As_2O_5 和 Sb_2O_5 形式进入炉渣，少量的以铜的砷化物和锑化物形式留在粗铜中；Bi 显著挥发进入烟气，少量存在于粗铜中。

在吹炼过程中，Au 主要进入粗铜中，Ag 以 Ag_2S 的形态进入白冰铜，进而氧化成金属银进入粗铜中，有极少量的 Au、Ag 进入炉渣中。

（4）阳极精炼的化学反应

氧化精炼的实质是利用空气中的氧或富氧入粗铜金属熔体中，使其中所含杂质氧化除去。基本原理是基于杂质对氧亲和力的大小不同，排序为：铝、硅、锰、锌、锡、铁、镍、砷、锑、铅、硫、铋、铜、银、金。杂质的氧化顺序和除去程序与很多因素有关，包括：①杂质在铜中的浓度和对氧的亲和力；②杂质氧化后所产生的氧化物在铜中的溶解度；③杂质及其氧化物的挥发性，杂质氧化物的造渣性；④杂质及其氧化物与铜液的密度差。最重要的是杂质的浓度、对氧的亲和力和杂质氧化物在铜中的溶解度。杂质及其氧化物在铜中的溶解度愈大，该杂质愈难除去；杂质对氧的亲和力愈小，该杂质愈难氧化，愈难除去。

氧化精炼的过程，通常是将空气或富氧经风管鼓入熔融金属铜中，发生的反应是杂质金属 Me 的氧化，生成杂质金属的氧化物 MeO 从熔体中析出，或以金属氧化物或非金属氧化物挥发，而与铜分离。如果生成的 MeO 与金属铜的密度差很小，上浮困难，那么用氧化精炼方法除去杂质 Me 是不可能的。

当空气鼓入熔池中形成气泡时，在气泡与熔体接触面处发生如下反应：

$$4Cu+O_2 = Cu_2O \tag{5.23}$$

$$2Me+O_2 = 2MeO \tag{5.24}$$

由于杂质 Me 浓度小，直接与氧接触的机会极少，故杂质金属直接氧化的反应可以忽略。因此当金属熔体与空气中的氧接触时，熔体中的主体金属铜便首先按式（5.23）氧化成 Cu_2O，随即熔于金属铜中，并被气泡搅动向熔体中扩散，使其他金属元素 Me 氧化。实质上 Cu_2O 起了传递氧的作用。故氧化精炼的基本反应以下式表示：

$$Cu_2O+Me —— 2Cu+MeO \tag{5.25}$$

$$K_c = \frac{[Cu]^2[MeO]}{[Me][Cu_2O]}$$

对于反应式（5.25）来说，可以认为 [Cu] 近似等于 1，至于 $[Cu_2O]$ 由于熔融金属铜在氧化阶段始终为 Cu_2O 所饱和，故可以认为在此温度下的饱和浓度也是一个常数。因此反应式（5.25）的平衡常数 K_c 可以用 Cu_2O 和 MeO 的离解 - 生成反应平衡常数来表示。

为了进行定量计算，反应式（5.25）中可以根据氧化物离解压的概念及氧化精炼的特点来确定杂质金属 Me 被除去的程度。

反应式（5.25）的平衡常数：

$$a(MeO)=1, \quad K_c = \frac{1}{[a^2(Me)] \times P_{O_2(MeO)_{饱和}}}$$

同温度下生成饱和溶液时：

$$K_c = \frac{1}{[a^2(Me)_{饱和}] \times P_{O_2(MeO)_{饱和}}}$$

消去 K_c，则：

$$\frac{1}{[a^2(Me)] \times P_{O_2(MeO)饱和}} = \frac{1}{[a^2(Me)_{饱和}] \times P_{O_2(MeO)_{饱和}}}$$

当反应达到平衡时，$P_{O_2(MeO)} = P_{O_2(Cu_2O)饱和}$

$$\frac{1}{[a^2(Me)] \times P_{O_2(Cu_2O)饱和}} = \frac{1}{[a^2(Me)] \times P_{O_2(MeO)_{饱和}}}$$

$$a(MeO) = \sqrt{\frac{P_{O_2(MeO)_{饱和}}}{P_{O_2(Cu_2O)_{饱和}}}} \times (Me)_{饱和}$$

显然，当氧化精炼反应时 $P_{O_2(MeO)} = P_{O_2(Cu_2O)_{饱和}}$ 反应达到平衡，精炼过程终止。这时的 a(Me) 值便是氧化精炼以后残存在精炼金属中杂质浓度（摩尔分数）。

为了达到良好的精炼效果，常添加 SiO_2 除铅，添加苏打、石灰石除砷及锑等，其原因在于它们都可以降低 MeO 值，使 $x(\mathrm{Me})$ 最小化。

$$a(\mathrm{Me})=\frac{r(\mathrm{MrO})x(\mathrm{MeO})}{K_c a(\mathrm{Cu_2O})}$$

如熔融金属为氧所饱和，则在此情况上式可简化为：

$$x(\mathrm{Me})=\frac{r(\mathrm{MeO})x(\mathrm{MeO})}{K_c r(\mathrm{Me})}$$

铜氧化精炼时，杂质在熔融铜中的行为十分重要，研究下列平衡关系：

$$\mathrm{Cu_2O+Me}═\mathrm{2Cu+MeO},\quad K_c=\frac{[\mathrm{Cu}][\mathrm{MeO}]}{[\mathrm{Me}][\mathrm{Cu_2O}]}$$

1200℃时不同金属的 K 值示于表 5.6，表 5.6 为 1200℃（1473K）从熔铜中除去杂质的热力学数据表。

表 5.6　1473K 从熔铜中除去杂质的热力学数据

元素	粗铜中含量 /%	K	r	P
Au	0.003	1.2×10^{-7}	0.34	4.9×10^{-7}
Hg		2.5×10^{-5}		5.2×10^{2}
Ag	0.1	3.5×10^{-5}	4.8	2.2×10^{-4}
Pb		5.2×10^{-5}	0.03	6.4×10^{-12}
Pd		6.2×10^{-4}	0.06	8.5×10^{-2}
Se	0.04	5.6×10^{-4}	<<1	66
Te	0.01	7.7×10^{-2}	0.01	39
Bi	0.009	0. 64	2.7	4.2×10^{-2}
Cu	99		1	4.5×10^{-6}
Pb	0.2	3. 8	5.7	1.9×10^{-2}
Ni	0.2	25	2.8	2.8×10^{-3}
Cd		31	0.73	32
Sb	0.04	50	0.013	7.9×10^{-2}
As	0.04	50	0.005	5×10^{2}
Go	0.001	1.4×10^{2}		3.2×10^{-3}
Ge		3.2×10^{2}		4.2×10^{-7}

续表

元素	粗铜中含量 /%	K	r	P
Sn	0.005	4.4×10^{2}	0.11	6.5×10^{-6}
In		8.2×10^{2}	0.32	8.1×10^{-4}
Fe	0.01	4.5×10^{2}	15	7.8×10^{-3}
Zn	0.007	4.7×10^{4}	0.11	10
Si	0.002	5.6×10^{3}	0.1	1×10^{-6}
Al	0.005	8.8×10^{11}	0.008	1.3×10^{-3}

表中数据是按 K 值增加而排列的，即根据 ΔG 值把金属分为三类。第一类金属从金（Au）到碲（Te），具有小的 K 值，意味着用氧化除去它们是困难的；第三类金属是由铁（Fe）到铝（Al），具有大的 K 值，意味着易被氧化除去；第二类金属由铋（Bi）到铟（In），简单的常规操作是较难除去的。

氧化结束后熔体中含氧达 0.5% ～ 0.8%。要得到表面平整的阳极板，则必须用 CO 和 H_2 气体或重油等一类的还原剂去还原。氧化亚铜（Cu_2O）用 CO 还原反应可由两个离解反应组成：

$$\Delta G_1: \ CO+1/2O_2 = CO_2 \tag{5.26}$$

$$\Delta G_2: \ 2Cu+1/2O_2 = Cu_2O \tag{5.27}$$

得到， $CO+Cu_2O = 2Cu+CO_2$，$\Delta G=\Delta G_1-\Delta G_2$，当 $\Delta G<0$ 时，反应可以进行。

5.2.2 闪速炉熔炼过程机理和预测模型

闪速炉顶吹工艺示意图如图 5.21 所示。在铜闪速熔炼过程中，当闪速炉处理料量不变时，闪速炉产出的铜锍（即冰铜）温度、铜锍品位及渣中铁硅比是闪速熔炼过程的综合判断指标，也是对闪速炉的操作参数（即热风、氧气量）进行调控的重要依据。

目前，由于对这三大参数的检测只能在放出铜锍时进行人工测量，而铜锍每隔一段时间才从铜锍口放出，这样测得的数据滞后熔炼过程 1h 以上，再加上人为因素的影响，使得测量得到的三大参数更加难以起到及时修正操作参数的作用。此外，由于对铜锍温度的检测是使用消耗式热电偶在炉前铜锍口处测量铜锍温度，这种一次性热电偶测温存在不可重复性，测量成本较高。因此研究开发闪速熔炼过程模型，用三大参数的预测性值代替实测值来指导闪速炉的反馈控制，将极大提高对熔炼过程操作参数调控的实时性，从而可以优化操作参数，进而提高生产过程的稳定性。

图 5.21　闪速炉顶吹工艺示意图

机理模型的建立通常是基于一定的假设条件，而这些假设条件与实际情况存在一定的差距，难以保证模型的精确性；而基于数据驱动的建模方法，其性能要受到训练样本的空间分布、样本的质量和训练算法的影响，且其外推性能差，模型具有不可解释性。通过建立机理模型和数据模型实现对三大参数的预测，可以充分发挥二者的优点，弥补各自的缺点。

（1）闪速炉熔炼过程机理模型

闪速炉熔炼过程的机理模型是在对工艺机理深刻认识的基础上，通过物料平衡与热平衡方程来确定三大参数与其他输入变量之间的数学关系。

1）闪速炉物料平衡模型　闪速熔炼过程的炉料包括：精矿、渣精矿、不定物料、硅酸矿、转炉烟灰、转炉锅炉烟灰、干燥烟灰、锅炉烟灰、电收尘烟灰以及鼓风。鼓风（即富氧）通常是空气和工业氧气（主要是 N_2 和 O_2）的混合气体，而其他装入物料主要包含 Fe、Cu、S、SiO_2 这四种成分。闪速熔炼过程的产物包括：铜锍、炉渣、烟气与烟尘。在闪速炉反应塔空间内，铁的硫化物氧化占主要地位。氧化形成的 FeO 与炉料中其他组分一起造渣，形成的 Fe_3O_4 进入熔体内。未氧化的 FeS 与 Cu_2S 构成铜锍。

在建立物料平衡模型时，做出以下假设：

① 当鼓入的富氧、重油、炉料之间的反应达到平衡时，平衡体系含有 Fe、Cu、S、O、N、SiO_2 这六种成分，其他成分含量较少，可不参与计算。

② 铜锍仅由 FeS 与 Cu_2S 组成。

根据质量守恒定律，可以得到：装入物料量 = 产出物料量，装入物料中某元素的含量 = 产出物料中某元素的含量。

2）闪速炉热平衡模型　在建立热平衡模型时，做出以下几点假设：

① 当鼓入的富氧、重油、炉料之间的反应达到平衡时，平衡体系含有 Fe、Cu、S、O、N、SiO_2 这六种成分，其他成分含量较少，可不参与计算。

② 铜锍仅由 FeS 与 Cu_2S 组成。

③ 闪速炉反应塔热损失（即反应塔散热）视为常数。

④ 忽略反应塔内温度的不均匀分布。

根据热收入项之和等于热支出项之和的原理，建立闪速炉的热平衡模型。热传递关系如图 5.22 所示。

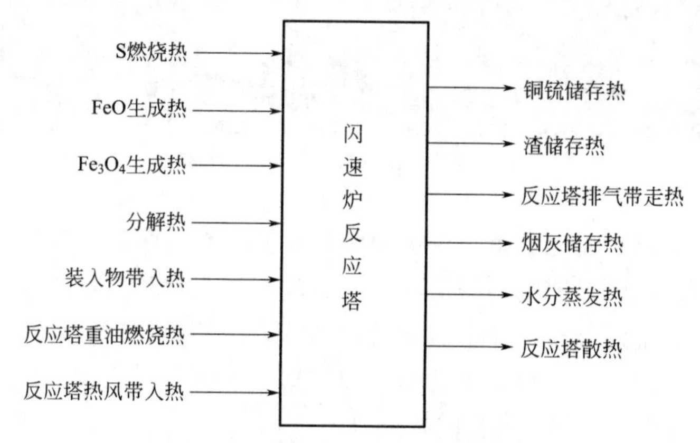

图 5.22　闪速炉反应塔热传递示意图

基于以上机理模型，可以通过建模计算出三大参数的值。

（2）数据驱动的预测模型

数据驱动的模型根据历史数据来训练预测模型，训练好预测模型后，再进一步预测三大参数。根据机理分析，确定三大参数神经网络的 8 个输入变量为：反应塔热风量 x_1、反应塔富氧浓度 x_2、装入干矿总量 x_3、装入物含 Cu 率 x_4、装入物含 Fe 率 x_5、装入物含 S 率 x_6、装入物含 SiO_2 率 x_7、空气水分率 x_8。分别建立三个参数的神经网络模型。

铜锍温度神经网络模型为：

$$T_m=f_1(x_1, x_2, x_3, x_4, x_5, x_6, x_7, x_8)$$

铜锍品位神经网络模型为：

$$P_m=f_2(x_1, x_2, x_3, x_4, x_5, x_6, x_7, x_8)$$

渣中铁硅比神经网络模型为：

$$C_m=f_3(x_1, x_2, x_3, x_4, x_5, x_6, x_7, x_8)$$

其中，T_m、P_m、C_m 分别为铜锍温度、铜锍品位、渣中铁硅比的预测结果。

基于数据驱动的神经网络模型可以预测三大参数的值。

5.2.3 各装备及关键设备状态监测模型

依次建立闪速炉、转炉、阳极炉、送风机、制氧机等铜熔炼工艺中各装备及关键设备的状态监测模型（图 5.23 ～图 5.27），并根据状态监测建立相应的复杂事件触发模型。

（1）各设备状态监测模型

在铜熔炼跨层域优化与控制的数字孪生模型中，涉及基于工艺和设备状态监测模型的仿真、预测、评估、优化与控制执行，生产过程需要根据设备健康状态、主工艺仿真结果或预测结果进行实时调整和优化，这是一个复杂事件处理过程，需要采用非确定性有限自动机（non-deterministic finite automata，NFA）变体模型来处理事件，典型的复杂事件处理系统有 SASE、Cayuga 以及 Esper 等。

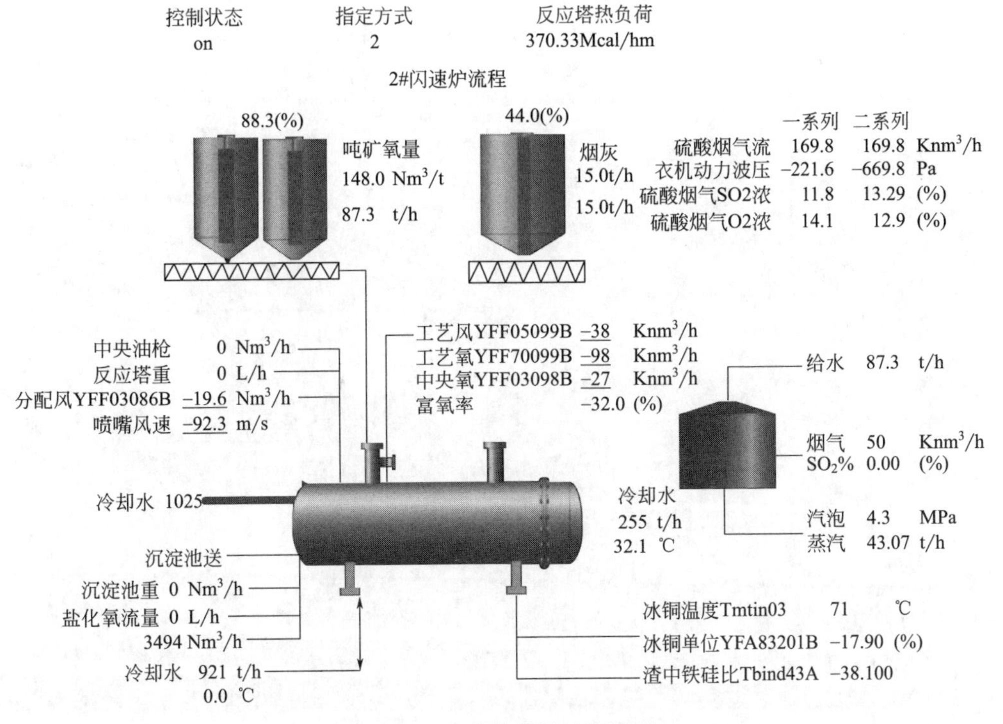

图 5.23 闪速炉熔炼过程模型

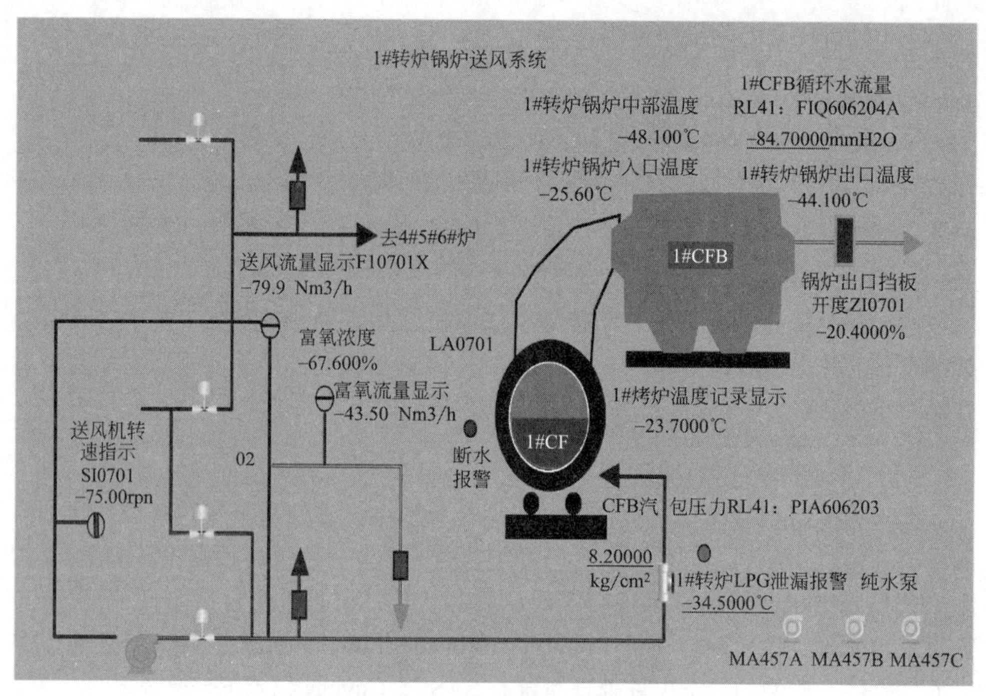

图 5.24 转炉熔炼过程模型

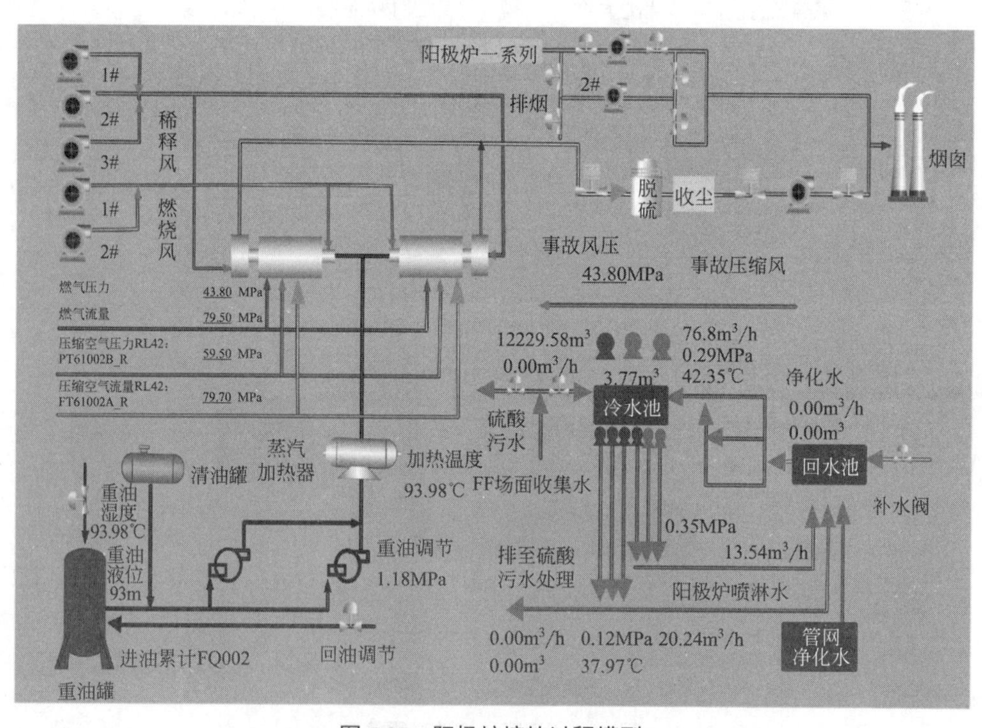

图 5.25 阳极炉熔炼过程模型

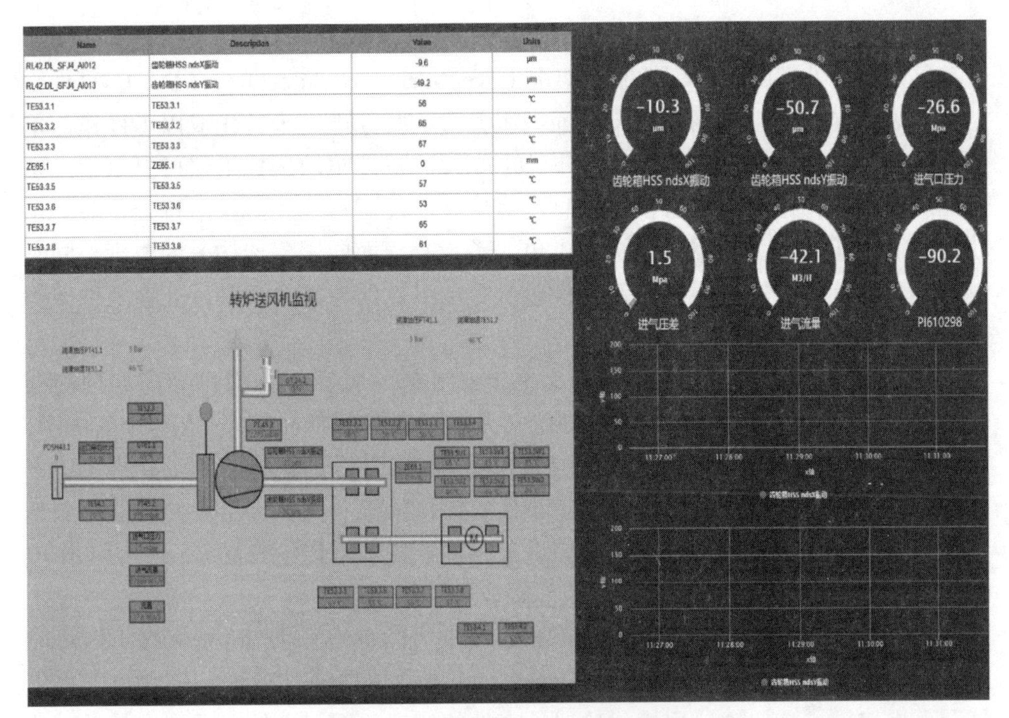

图 5.26　送风机设备状态监测模型

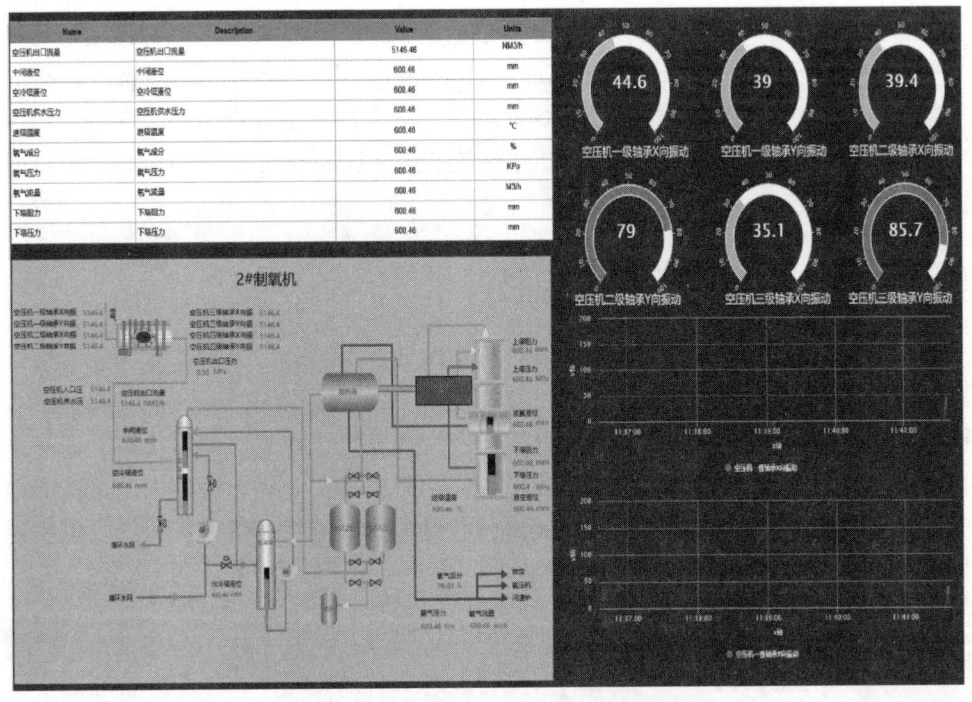

图 5.27　制氧空压机设备状态监测模型

（2）复杂事件触发模型

复杂事件处理起源于事件驱动架构（event-driven architecture，EDA）。事件驱动架构以面向服务架构为基础，将面向服务中的服务进一步转化成以事件作为单位来处理，某一个事件产生即触发下一个事件。事件驱动架构不仅可以依信息发送端决定目的，还可以动态依据信息内容决定后续流程，更能灵活符合日益复杂的商业逻辑架构。事件驱动架构中也包含了 SOA（面向服务架构）的概念，同时也是异步的软件架构。事件驱动架构包含简单事件处理和复杂事件处理两种架构方法。

简单事件处理（simple event processing，SEP）可看作是消息导向处理的架构，主要处理单一事件，其中事件则定义为可直接观察到的改变。在这个架构中，简单事件处理只做两件事情，过滤（filtering）和路由（routing）。过滤功能决定事件是否应该被传送出去，路由则决定事件应该传给谁。例如，温度传感器感测到了某个事件变化，就把事件发生直接透过事件处理引擎传给订阅者，一切工作流程都是实时的，使用者将大大减少时间跟成本。

复杂事件处理（complex event processing，CEP）由斯坦福大学的 David Luckham 与 Brian Fraseca 所提出，David Luckham 与 Brian Fraseca 于 1990 年提出复合事件架构。该架构使用模式比对、事件的相互关系、事件间的聚合关系，从事件云 (event cloud) 中找出有意义的事件，使得 IT 架构能更弹性使用事件驱动架构，并且能使企业更快速地开发出更复杂的逻辑架构。事件驱动架构包括了简单事件、事件串流处理 (event streaming processing) 以及复杂事件 (complex event)。相较于简单事件，复杂事件处理不仅处理单一的事件，也处理由多个事件所组成的复合事件。复杂事件处理监测分析事件流 (event streaming)，当特定事件发生时去触发某些动作。

5.2.4 熔炼过程的优化控制模型

熔炼过程的优化控制以闪速熔炼过程工况稳定为目标，采用优化控制方法寻找最优的操作参数，即热风、氧气、重油的最优加入量。由于富氧工艺的采用，闪速炉已经能够实现自热熔炼，因此仅需考虑加入热风与氧气的最优值，即建立以各工艺指标为约束条件的闪速熔炼过程优化模型，按此优化模型求出最优的操作参数（即热风、氧气的需求量），将此优化结果指导闪速熔炼过程生产，以实现闪速熔炼过程的优化控制。

（1）优化控制方案

铜闪速熔炼过程是一个典型的大滞后、时变、强非线性、强耦合特性的多输入多输出复杂工业过程，采用集成建模方法和智能优化算法，实现了铜闪速熔炼过程的智能优化控制，其结构如图 5.28 所示。

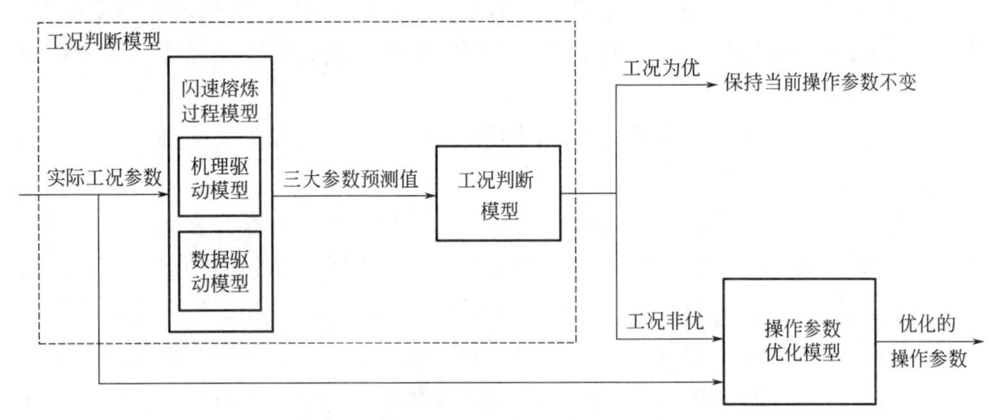

图 5.28　铜闪速熔炼过程优化控制方案结构图

铜闪速熔炼过程的工况主要通过铜锍温度、铜锍品位、渣中铁硅比反映出来，而三大参数的测量有较大的滞后，无法实时获得。利用机理模型和数据驱动的模型得到三大参数的预测值，然后根据工况判断模型判断当前的综合工况（优、良、中、差），如果非优，则进行操作参数的优化；如果为优，则继续保持当前操作参数不变。

（2）工况判断模型

从三大参数不能直观地反映闪速熔炼过程的综合工况，引入综合工况指数，可以直观地反映出闪速熔炼过程整体工况的好坏。闪速熔炼过程综合工况指数为 S，它反映出整个闪速熔炼过程的综合工况：

$$S=\alpha_1\left(\frac{T_m-a}{a}\right)^2+\alpha_2\left(\frac{P_m-b}{b}\right)^2+\alpha_3\left(\frac{C_{\text{铁硅}}-c}{c}\right)^2$$

其中，T_m、P_m、$C_{\text{铁硅}}$分别表示铜锍温度、铜锍品位、渣中铁硅比的预测值；a、b、c 分别为铜锍温度、铜锍品位、渣中铁硅比的目标值；α_1、α_2 和 α_3 分别为铜锍温度、铜锍品位、渣中铁硅比对综合工况指数的影响因子，三者之和为 1。

根据计算获得的 S 值，可将综合工况指数分为优、良、中、差四个区间。如果当前的综合工况指数落在“优”区间，则保持当前的操作参数；如果当前的综合工况指数落在“非优”区间，则调用操作参数优化模型，给出操作优化指导。

（3）操作参数优化模型

操作参数优化模型是以闪速炉熔炼综合工况的稳定为控制目标，其目标函数为：

$$\min[f(X)]=\min(S)$$

约束条件包括闪速炉工艺的三大参数和操作参数。

为了得到综合工况稳定时的最优操作参数，可以建立基于机理的决策模型，求出所需的氧气量与热风量。但是基于机理的决策模型的建立是基于一定的假设条件的，而这些假设条件与实际情况存在一定差距，导致基于机理的决策模型与实际系统有偏差；此外，基于机理的决策模型中许多参数取为常数或经验值，更加难以保证该决策模型的精确性。

此外，也可以从历史工况数据中找出工况较为稳定时的操作参数，建立操作优化样本库，将实际工况参数与操作参数存入样本库中。当进行操作参数优化时，可通过智能优化算法从操作优化样本库中搜索与当前工况最相似的样本，将其操作参数作为优化的操作参数输出。但是，工况越不稳定时，其操作优化的样本数就会越少，因此智能优化算法搜索到的数据可能会与当前工况有较大的出入，无法保证得到的操作参数是最优的。

采用集成策略，将基于机理的决策模型与智能优化模型相结合，可结合两个模型的优点。

5.3 调度生产预测性运营与优化

熔炼是铜冶炼的主要生产工序，整个熔炼系统由多个熔炉串并联组成，物质在各个熔炉之间运转依赖于人工调度的行车系统。熔炼过程如图 5.29 所示，涉及闪速炉、转炉、阳极炉和卡尔多炉等多个炉子同时作业，入口的铜精矿和杂铜在多个炉子之间发生物质流动和转换，每道工序产物通过行车调度运送至下一工序的多个装备中继续作业，最终获得熔炼产物阳极铜。

然而，以往熔炼系统仅在转炉部分由人工采集数据进行手工绘制转炉吹炼周期时序图供现场管理使用，这样的调度优化模式存在许多问题。

① 反应炉时长未知。人工难以准确合理判断反应终点，过反应和反应不足都会影响产品质量，同时，反应终点也将影响到上下工序与转炉的配合，可以为上下工序提前发出作业提醒，预先进行调度决策。

② 缺乏有效实用的调度计划模型。当前多炉协同作业的调度决策由人工完成，难以对可加载作业时间、作业量、工作温度、关键工艺参数、关键产出等生产作业信息进行综合考虑，导致多炉作业时序安排不合理。这一方面会导致某些反应炉等待时间过长，从而减少了有效生产时间，带来经济上的损失；另

一方面，在等待过程中反应炉会发生热量的散失，从而影响到产品的品质和反应炉寿命。

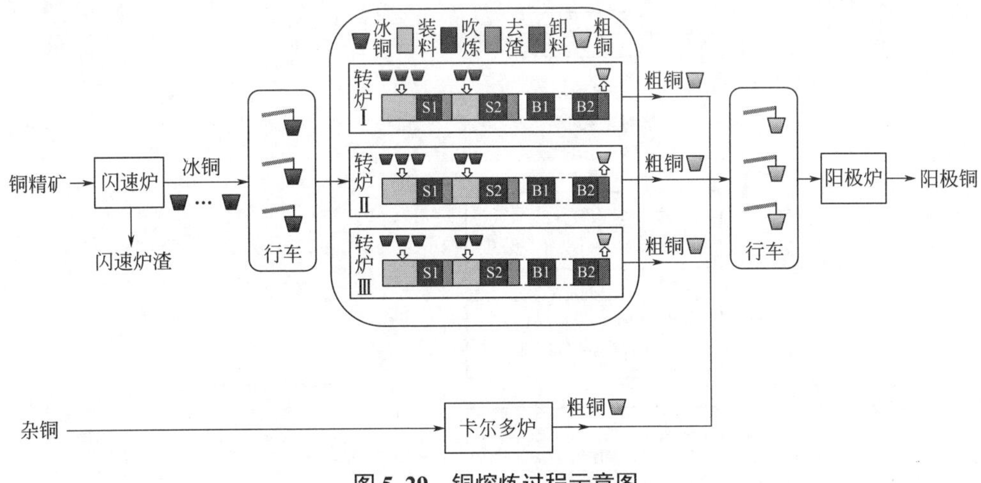

图 5.29　铜熔炼过程示意图

因此，如何对铜熔炼过程的多炉进行有效决策，实现多炉协同作业，强化整体协调性和展示过程可视性，从而稳定生产质量，提高生产效率，是一个极具挑战性的优化难题。针对上述问题，项目围绕多炉协同作业优化展开研究，提出基于烟气成分与炉况测量数据的终点预报模型，实现转炉吹炼终点的精准预报。针对铜熔炼车间生产调度问题，建立基于混合整数规划的铜熔炼车间调度模型，并提出基于遗传算法的调度模型求解策略，实现多炉协同。

5.3.1　多炉协同作业优化模型

(1) 基于烟气成分与炉况测量数据的终点预报

为了建立能精准预报的模型，首先探讨了 SO_2、O_2 浓度与造铜终点数模机理，通过试验数据可以证明 SO_2 浓度和 O_2 浓度趋势确实可以反映造铜趋势。然后，利用 SO_2 浓度与烟气温度、送风量、送风压力、富氧量、内在因素（原料含硫比、原料重量、原料质量等）的关系实现动态补偿。最后，引入 Elman 递归神经网络模型，采用遗传算法搜索神经网络的连接权值、网络结构或学习规则。利用基于数据采集的计算机学习模型，结合实际生产过程，最终实现造铜期终点判断的自调整和自学习。终点判断函数调整定值流程图如图 5.30 所示。

为了形成工艺的前馈，根据输入的铜锍量、铜锍品位、造渣期氧量等参数预先判断终点来临前所需要的能耗、时间等，因此在上述基础上，增加了人工智能预测单元，该单元包括神经网络智能模块，其采用 Elman 递归神经网络中的 BP

神经网络模型，用于预测造铜期终点B。该BP神经网络模型由一个输入层、一个隐含层和一个输出层组成，各层之间实现全连接，如图5.31所示。

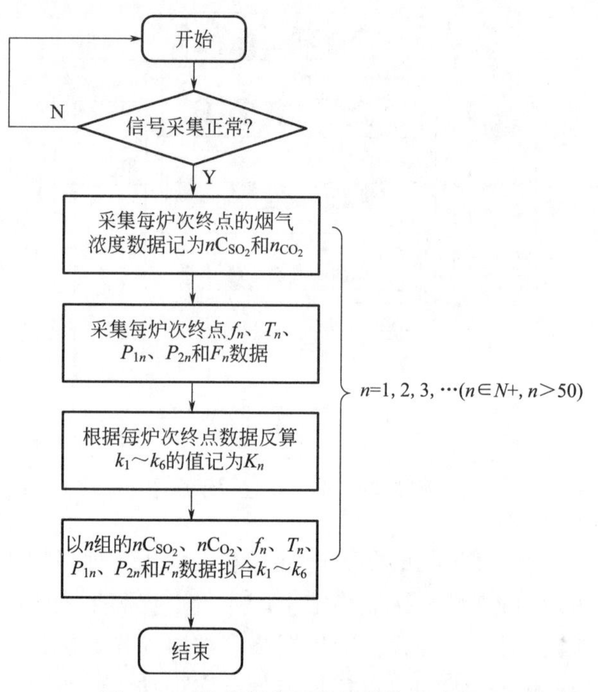

图5.30　终点判断函数调整定值流程

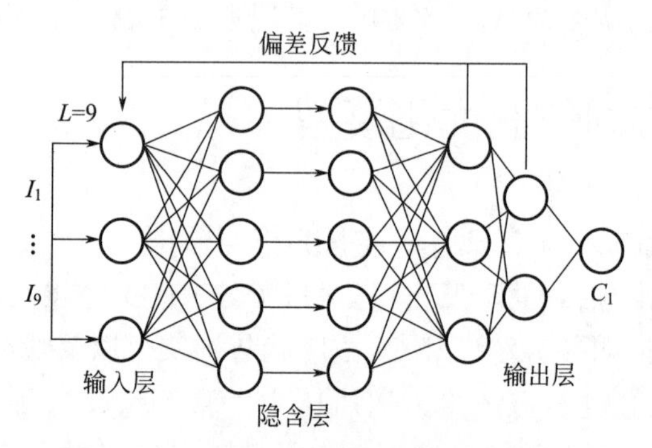

图5.31　Elman中BP神经网络结构图

(2) 多炉时序优化方法

多炉作业时序优化是实现多炉协同的关键，为了保障多炉之间配合得当，本项目针对铜熔炼车间生产调度问题建模并求解，从现实问题出发提取模型优化目标及生产约束，建立基于混合整数规划的铜熔炼车间调度模型，从模型求解角度，提出基于遗传算法的调度模型求解策略，从而实现多炉作业时序优化。

从实际的生产角度出发，铜熔炼车间调度模型既要反映出生产特性，又不允许太复杂而造成计算时间过长。调度模型涉及对象有：一个闪速炉、三个并行转炉、一个阳极炉。

同时，该模型只能捕获基本要素，即影响生产时间的主要问题，如闪速炉、转炉、阳极炉各生产周期的开始与结束时间，物料量（冰铜量、炉渣量）等，保留足够的时间进行必要的物流。闪速炉出料和转炉装料的关系如图 5.32 所示。

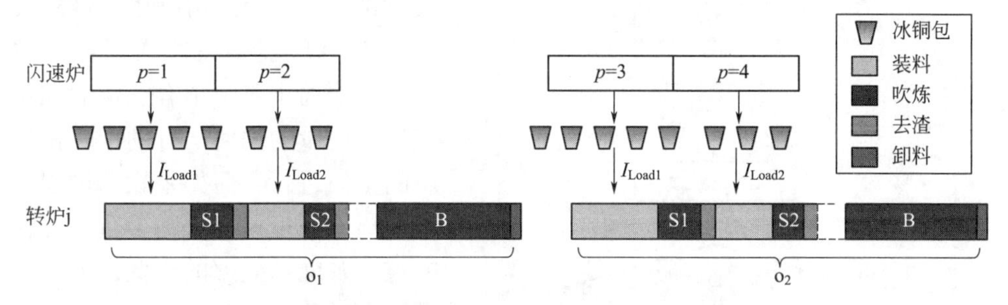

图 5.32　闪速炉出料和转炉装料关系示意图

（3）基于遗传算法的调度模型求解策略

针对铜熔炼车间生产调度计划模型的求解难题，探索将遗传算法应用于提高铜熔炼车间生产调度计划模型求解质量和效率的新方法。首先采用最小位置值规则（SPV）以实现工序炉次加工顺序问题的连续实数编码，以等料时间最小化为优化目标来确定算法的适应度函数。然后对传统遗传算法采用基于 POX 法的动态交叉概率的算子，该算子能够很好地继承父代优良特征并适用于子代，并且采用基于互换法的动态变异概率，可以提高遗传算法的局部搜索能力，同时增加群体的多样性，从而避免遗传算法陷入局部最优的情况。基于遗传算法的调度模型优化求解流程图如图 5.33 所示。

装置多任务优化与多工序智能联动技术的研究。工业过程一般都由多个连续进行的反应组成，各个工序之间需要相互协调配合，共同达成生产目标。由于各个工序之间并非相互独立的关系，前后工序之间存在一定程度的关联耦合，前一个工序的产品如果未能达到工艺要求，那么就会对后续工序产生巨大的影响，甚至危害生产安全。除了安全问题，根据工艺特点的不同，每个装置需承担的任务或许不止一种，如何安排各种任务合理进行对于保证整个生产过程的稳定最优运行十分重要，同时在对整个生产过程进行控制时，如果只关注某一个工序的生产状态，只是将某一个工序的生产状态调至最优，是无法保证整个环节的生产状态达到最优的。

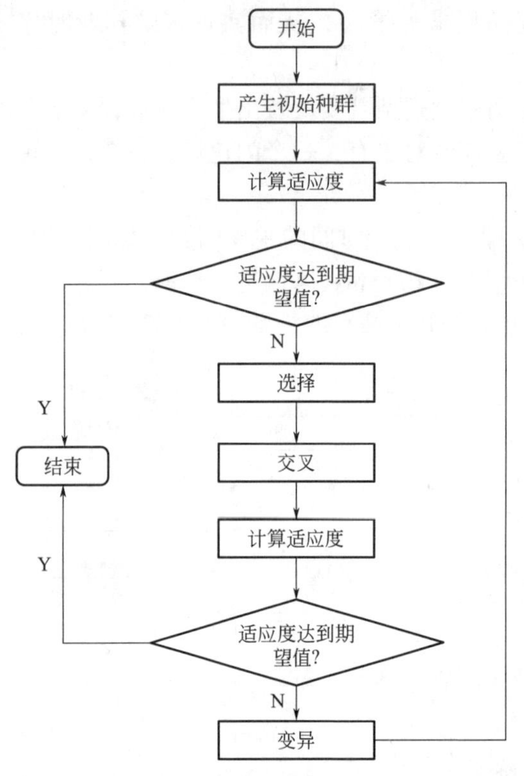

图 5.33　基于遗传算法的调度模型求解策略流程图

净化过程是湿法炼锌的关键步骤。净化效果的好坏直接影响后续电解工序能否稳定、安全、高效运行，也决定着整个工厂的产品数量和产品质量，因此如何实现净化过程的高效稳定运行便成为了一个迫切需要解决的问题。净化过程中最关键的就是除铜环节和除钴环节，由于两个环节存在关联和耦合关系，且铜离子对除钴有一定的催化作用，适量的铜离子有助于除钴反应的正向进行，而如果除钴过程入口铜离子浓度过高，则会造成锌粉的浪费及除钴效率的降低，由此可见除铜过程出口的杂质离子浓度会对后续除钴环节的质量产生极大的影响，因此我们应该使除铜过程出口的铜离子浓度在合理的范围内。同时要考虑如何合理分配每个反应槽杂质离子的去除程度，使最终出口杂质离子浓度在满足工艺要求的前提下，尽可能减少锌粉的消耗量，最大可能地降低成本。因此仅仅对其中一个环节进行优化难以实现整个过程的最优，需要建立除铜、除钴过程协同优化控制系统。

净化过程主要包括除铜和除钴两个环节，由于两个环节之间并非完全独立，其存在关联和耦合关系，拟采用工业过程串级控制思想建立净化过程除铜、除钴环节的协同优化控制方案。首先由协同层根据各反应槽的入口条件优化设定各反应槽出口杂质离子浓度的值，使得杂质去除程度最大的同时锌粉的消耗量最少。考虑到净化过程工况的复杂，先对其进行工况划分，进一步建立浓度与电位间的关系模型，得到相应的优化电位设定值，并根据出口杂质离子浓度的设定值与估计值间的差值对电位优化值进行修正。然后，根据机理模型得到各反应器锌粉下料量的基准值，再根据电位的优化设定值与实际电位值的差值对锌粉下料量进行补偿，从而实现对各反应槽的优化控制。建立净化过程除铜、除钴协同优化控制系统，不仅能够满足净化过程的各种工艺指标要求，同时还能最大程度地降低成本、提升产品质量，产生较好的技术经济效益。整体的优化框图如图 5.34 所示。

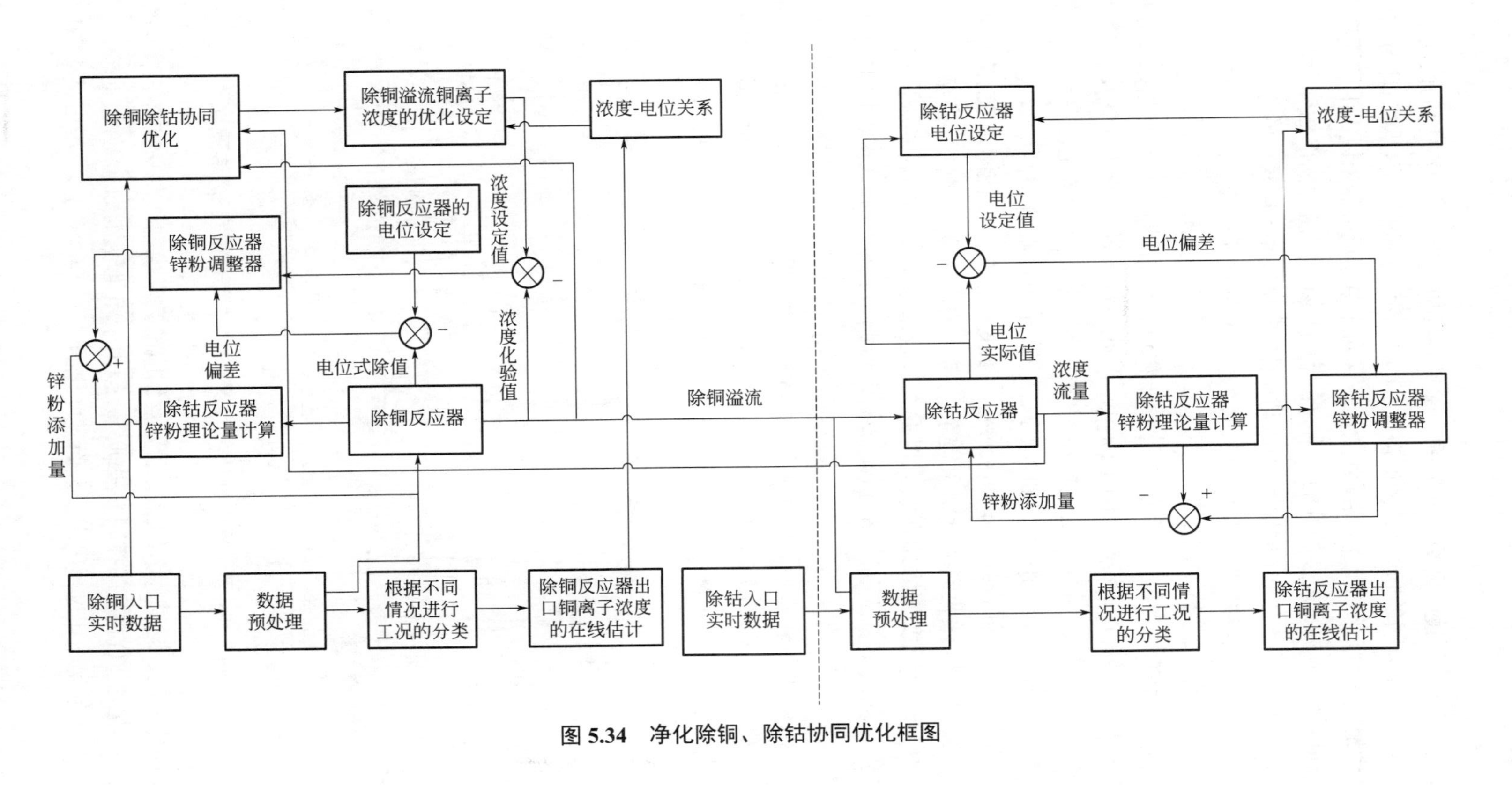

图 5.34 净化除铜、除钴协同优化框图

① 基于连续梯度下降方法对除铜、除钴各反应器出口离子浓度的设定　考虑除铜环节与除钴环节间的联系和协同作用，考虑一定量的铜离子对除钴环节的促进作用，合理地优化设定每个反应器的除杂任务。对于单个反应器来说，由于受到入口条件的波动以及反应本身复杂特性的影响，在不同时刻，反应器内部的反应状态和反应条件不同，如果在每个优化周期给锌粉利用率高的反应器分配较多的除杂任务，给锌粉利用率较低的反应器分配较少的除杂任务，则总体锌粉消耗量可以得到优化，因此我们首先针对该问题拟采用连续梯度下降方法对各反应器出口离子浓度进行设定。

② 关键杂质离子浓度的在线估计　净化过程的目的就是将中性浸出液中杂质离子浓度的含量降至工艺要求的范围内，因此关键杂质离子浓度就是评价净化环节效果的关键参数，同时也是现场控制的主要依据。由于净化过程机理复杂、反应条件多变且反应环境恶劣，同时缺乏杂质离子浓度在线检测的装置，现场只能通过每 2h 化验一次的方式获知相应的离子浓度，这给现场控制带来了较大的盲目性和不确定性。因此我们应针对关键杂质离子浓度建立在线估计模型。以净化除钴过程中钴离子浓度的估计为例：根据电极反应动力学和物料平衡原理，构建了除钴过程机理模型。选取除钴过程 1# 反应器典型数据样本，每组样本包括 2h 的 120 组入口流量、120 组 ORP 值、起始时刻的入口钴和出口钴以及结束时刻的出口钴，并根据数据特征对数据样本进行工况筛分，对不同工况，优化辨识得到机理模型参数。基于机理模型的反应器出口钴离子浓度预测结果如图 5.35 所示。82 个测试样本的平均误差在 20% 以内的样本占 80% 以上，满足现场应用需求。

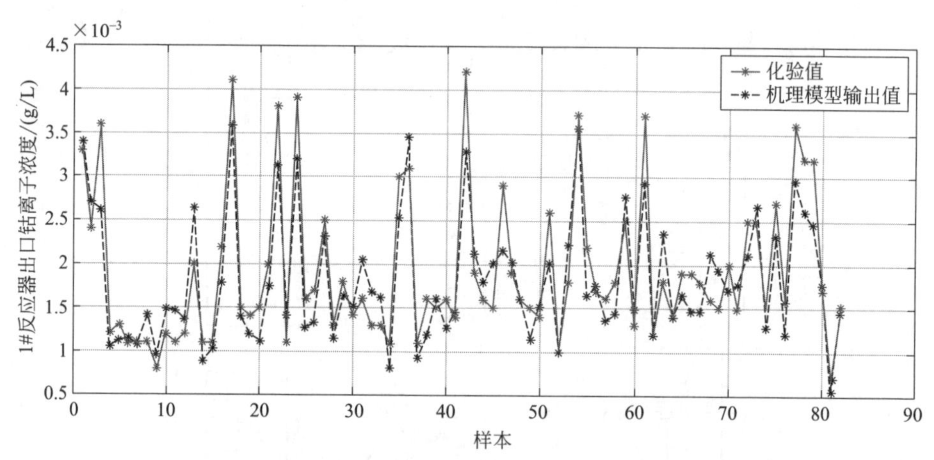

图 5.35　基于机理模型的反应器出口钴离子浓度预测结果

③ 净化除铜、除钴环节的工况划分及相应的数学模型　在完成离子浓度的设定后，下一步应该进行相应的控制方法研究。但由于净化环节入口条件波动较大、反应机理复杂，会使得净化过程出现复杂而多样化的工况，在不同的工况下采取同样的控

制方式显然是不合理的。针对该问题，拟通过聚类和深度特征提取的方式，根据历史数据对净化除铜、除钴环节进行工况的划分；在此基础上，针对每个不同的工况建立该工况下相应的数学模型。

④ 电位的优化设定及锌粉添加量的控制　进一步建立浓度与电位间的关系模型，得到相应的优化电位设定值，并根据出口杂质离子浓度的设定值与估计值间的差值对电位优化值进行修正。然后，根据机理模型得到各反应器锌粉下料量的基准值，再根据电位的优化设定值与实际电位值的差值对锌粉下料量进行补偿，从而实现对各反应槽的优化控制。

⑤ 理论验证和工程实际验证　以实际净化过程为对象，对净化过程除铜、除钴智能优化控制方法进行验证。一方面采集大量的现场工业数据，通过仿真模拟的方法验证其理论效果，另一方面结合工程项目进行工程应用验证。

通过对净化过程特点的研究，建立净化除铜、除钴环节的协同优化控制，从全局最优的高度实现对净化环节的高效控制，可以解决传统控制方式中波动大、调节不及时以及无法考虑前后环节之间的关联性等问题，极大地提高了生产效率，降低企业成本。

系统在现场投入运行，选择测试期间 1# 反应器钴离子的去除效果（除钴 1# 反应器出口钴离子浓度）作为评价指标，和测试期间前一周的人工控制结果进行对比。通过对比可以看出，在自动控制投运期间，1# 反应器出口钴离子浓度最高值和均值均低于人工控制期间，在一定程度上证明了该控制系统的有效性。控制效果对比如图 5.36 所示。

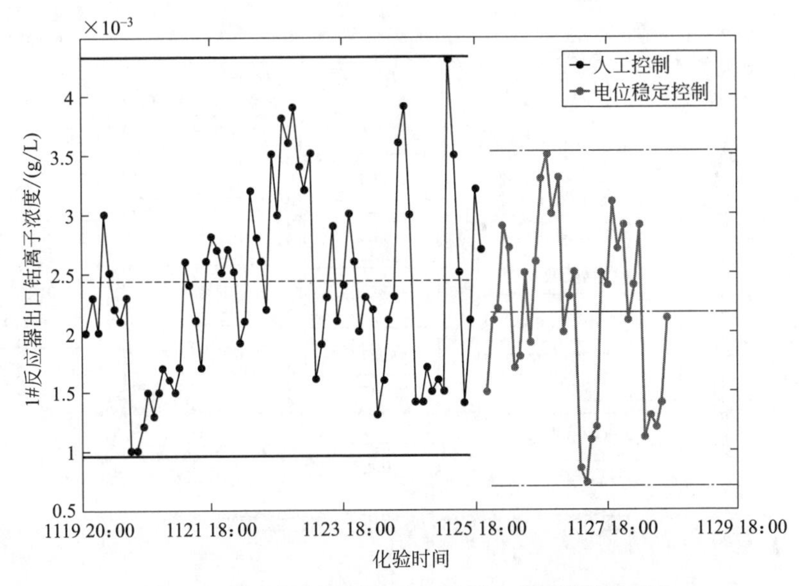

图 5.36　自动控制系统与人工控制方式除钴效果对比

5.3.2 关键设备预测性维护模型

在设备运维领域，通过人工智能技术将原来由人工监控分析承担的工作通过数据模型自动实现。比如，自动化生产线上的工业机器人运行出现故障，可实现自动报警，指出故障设备，提供故障的位置、原因、维护方式、需要的配件材料等，并直接通知维修人员。这样，原来的“现场工人发现问题，通过管理人员传递信息，再安排维修人员”的维护方式就转变成预测性维护和自主维护，不再需要有人现场监控或在中控室远程监控。

在工业 4.0 的模块化和结构化智能工厂中，CPS 监测物理对象和运营过程，创建物理世界的虚拟副本，并实现离散化过程控制和决策：信息物理系统通过物联网能够实时地与其他 CPS 系统和人类进行交流和合作；通过数据挖掘和服务互联网，价值链参与者可以在内部和跨组织提供和利用服务。挪威 Wang 等人给出一个工业 4.0 的定义，确定了一些实现的主要原则，并基于数字孪生的优化决策过程，给出一种图 5.37 所示的实现零缺陷制造（zero-defect manufacturing，ZDM）的智能预测维护（intelligent predictive maintenance，IPdM）框架。

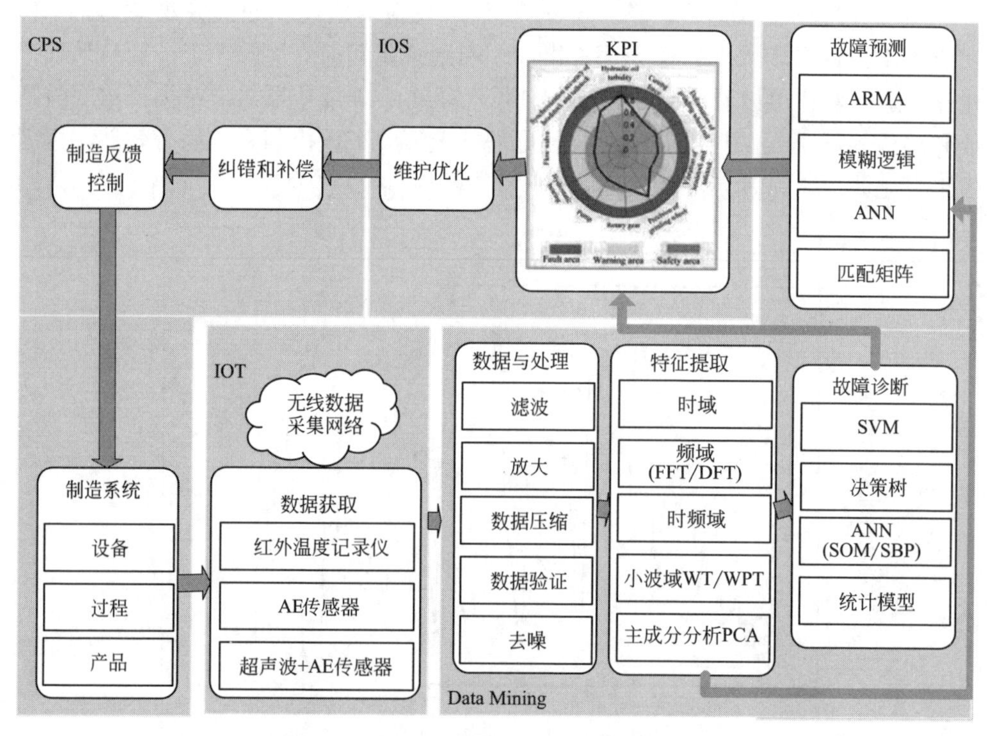

图 5.37 基于 CPS 的智能预测性维护框架

IPdM 系统基于 CPS、IoT、IoS、计算智能（computational intelligence，CI）、

数据挖掘（data mining，DM）、群体智能（swarm intelligence，SI）等许多关键技术，需要被研究和开发以适应行业需求。IPdM 中有 6 个主要模块：①传感器和数据采集模块；②信号预处理和特征提取模块；③故障诊断与预测等维护决策模块；④关键性能指标（key performance indicators，KPI）模块；⑤维护调度优化模块；⑥反馈控制与补偿模块。

① 传感器和数据采集模块　这是实施设备诊断和预测 IPdM 维护策略的第一步。该模块的任务是选择合适的传感器和最佳的传感器安装策略。数据采集过程将传感器信号变成设备的状态信息，不同的传感器用来收集不同的数据，如温度传感器、超声波传感器、振动传感器、声发射（acoustic emission，AE）传感器等。

② 信号预处理和特征提取模块　通常来说，传感器信号的处理有两个步骤。一个是信号处理，可以提高信号的特性和质量，相关的信号处理技术包括滤波、放大、数据压缩、数据验证和去噪等，这些技术可以提高信噪比。另一种是特征提取，提取能够表征偶然的失效或错误的信号特征。一般而言，特征可以从时域、频域（快速傅里叶变换 fast fourier transform、离散傅里叶变换 discrete fourier transform）和时频域（小波变换 wavelet transform、小波包变换 wavelet packet transform 或者经验模态分解 empirical mode decomposition）等三个域进行提取。主成分分析（principal component analysis，PCA）是通过正交变换将一组可能存在相关性的变量转换为一组尽可能多的反映原来变量信息的统计方法，实现特征的降维。

③ 维护决策模块　维护决策（maintenance decision-making）模块提供充足、高效的信息，辅助维护人员采取维护措施的决策。维护决策模块分为故障诊断（fault diagnostics）和故障预测（fault prognostics）两类，故障诊断 [包括支持向量机 support vector machine、人工神经网络 artificial neural network（如自组织映射 self-organizing maps、综合反向传播 synthetical back propagation 等算法）] 的重点是检测、隔离和识别故障发生，故障预测（如自回归滑动平均模型 auto-regressive and moving average model、ANN 等）试图在发生错误或失效之前预测设备的剩余使用寿命 RUL（remain useful life）。决策支持（decision-support）模型可分为四类：物理模型、统计模型、数据驱动模型和混合模型。由于 IPdM 策略主要依赖于反映设备状况的信号和数据，数据驱动模型和混合模型将处于主导地位。

④ 关键性能指标模块　关键性能指标 KPI（key performance indicators）图也叫蜘蛛网图或健康雷达图，用于显示部件的退化程度。每条雷达线显示部件从 0（完美）到 1（损坏）的状况。颜色显示了组件的级别，如安全、警告、报警、故障和缺陷。KPI 图将帮助操作人员或管理人员可视化地评估设备性能。

⑤ 维护调度优化模块　维护规划和调度优化是一种 NP 问题，群体智能 SI 算法

是一个很好的解决这类问题的方法。IPdM 可以应用遗传算法（genetic algorithm，GA）、粒子群优化（particle swarm optimization，PSO）、蚁群算法和蜜蜂群算法（bee-ant colony algorithm，BCA）动态寻找最优的预测维护调度方案。

⑥ 反馈控制与补偿模块　将利用维护决策支持模块的结果进行误差校正、补偿和反馈控制。

（1）基于特征迁移的设备故障诊断模型

CNN 卷积层的作用是检测上一层的局部特征，而池化层的作用是在语义上把相似的特征合并起来。池化层对卷积得到的特征映射的局部空间区域进行统计计算，计算特征映射局部空间区域的平均值或最大值。相邻池化单元通过移动几行或几列来局部读取区域数据，减少特征维度，从而减少网络过拟合的可能性及实现对输入图的平移不变性。

标准 CNN 模型最后一层特征比起前面各层要更加不可变和强健，且包含全局信息，但却会丢失前面各层的细节信息，限制了网络信息的传递，而前面各层则包含了更加准确的细节信息，将两者结合到一起，将能够进行更加准确的分类。因此，可以将多层卷积层和最大池化层的输出作为全连接层的输入，构建一个基于多层多尺度特征最优配置的 CNN 模型用于故障特征学习和图像分类。训练数据集通过反向传播错误来更新网络参数，训练完成后可以自动提取具有代表性的特征，训练后的 CNN 模型可对图像分类，并应用于故障诊断，图 5.38 给出了一个包含 6 层的基于 LeNet-5 的深度 CNN 学习模型。

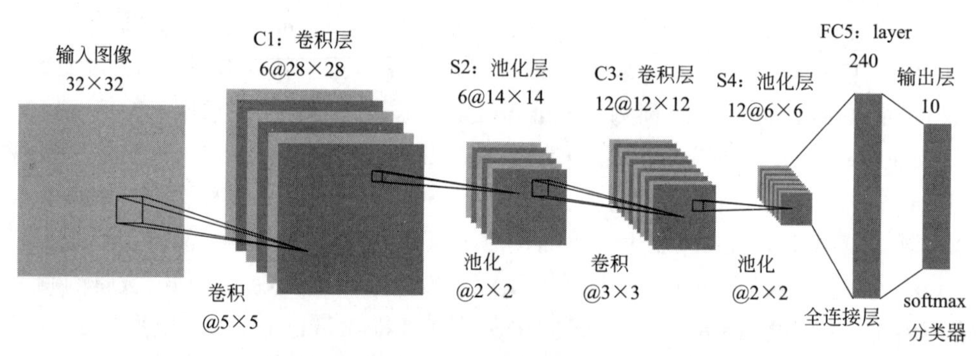

图 5.38　基于 LeNet-5 的深度 CNN 学习模型

为了降低计算复杂度，在保证图像包含足够故障信息的条件下，输入图像的大小应尽可能小，比如图 5.38 所示的 32×32 像素的图像，通过 6 个 5×5 的卷积核（又称滤波器或特征探测器）和输入图像之间的卷积，应用 ReLU 激活函数得到 C1 卷积层 6 个 28×28 的特征映射。S2 层是一个池化层，包含了 6 个 14×14 的特征映射。C1 的每个特征映射都被采样到 S2 层对应的特征映射中。层 C3 和

S4 以相似的方式形成。层 FC5 是一个全连接层，有 240 个特征映射，每个特征映射的大小为 1×1，每个像素都连接到 S4 中特征映射的 6×6 相邻区域。最后通过 softmax 分类器输出分类结果。

FC5 层特征映射 $\{x^{(i)}\}_{i=1}^{m}$ 输入到 softmax 分类器，每个输入样本属于每个类的概率分布：

$$p(y^{(i)}=j\,|\,x^{(i)};\boldsymbol{\theta})=\frac{\exp\left(\boldsymbol{\theta}_j^{\mathrm{T}}x^{(i)}\right)}{\sum_{l=1}^{k}\exp\left(\boldsymbol{\theta}_l^{\mathrm{T}}x^{(i)}\right)},\quad y=\operatorname{argmax}p\left(y^{(i)}=j\,|\,x^{(i)};\boldsymbol{\theta}\right)$$

式中，j=1，2，…，k。k 是输出层的维数。此外，$\boldsymbol{\theta}$ 表示 softmax 分类器的参数（权重矩阵和偏见向量），成本函数定义为：

$$J(\boldsymbol{\theta})=-\frac{1}{m}\left[\sum_{i=1}^{m}\sum_{j=1}^{k}1\left\{y^{(i)}=j\right\}\right]\log p\left(y^{(i)}=j|x^{(i)};\boldsymbol{\theta}\right)$$

式中，1{} 为指标函数。可以应用优化算法求解 $J(\boldsymbol{\theta})$ 的最小值，来优化 CNN 参数。

标准 CNN 模型只有 FC5 全连接层中提取的特征被用于故障分类，提取的其他底层特征（如 S2、S4）更易于准确地描述局部特征，可能包含一些在 FC5 层中不存在的重要敏感信息，可以被利用提高分类精度。因此，可以通过多随机森林分类器将 CNN 模型的多层多尺度特征整合起来，构建一个具有最优配置特征的集成学习模型进行诊断。如图 5.39 所示，S2、S4 和 FC5 的提取特征分别输入给 3 个随机森林分类器（RF*s*）。训练后的 CNN 作为可训练的特征提取器，RF 作为基本分类器。每个 RF 分类器都是在 CNN 中使用不同层次的特征映射进行并行训练。一旦训练完成，可以将多个随机森林分类器的输出通过一些决策策略，如 winner-take-all 策略等，将分类结果整合起来实现集成学习。

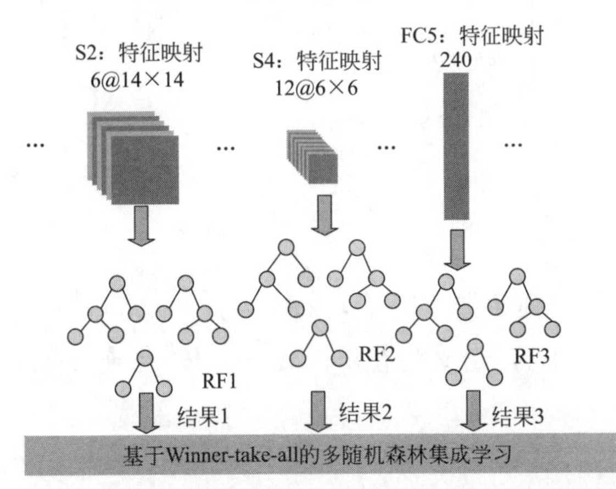

图 5.39　基于多层多尺度特征 CNN 和多随机森林分类器的集成学习模型

(2)设备故障预测模型

① 面向 RUL 预测的一维 CNN 架构模型　为了更好地提取 CNN 特征，采用时间窗方法进行采样准备。标准化的原始传感器测量数据可以直接作为模型输入到 CNN 网络，不需要事先具备预测和信号处理方面的专业知识，可以促进所提方法的工业应用范围。深度 CNN 框架可以成功提取信号的高级抽象特征，并根据学习到的知识表达（representations）估计相关的 RUL 值。与传统机器学习方法相比，该方法利用时间窗、数据归一化和深度 CNN 架构可以获得更高的预测精度。近年来，现代航空技术的发展导致了飞机系统的复杂性，在恶劣环境中要求高可靠性、高质量和高安全性。发动机是飞机的关键部件，迫切需要开发新的方法来更好地评估发动机性能下降程度，并估计剩余的使用寿命。

在原始的采集数据中，输入数据采用二维格式：一维为特征数，另外一维为每个特征的时间序列。然而，在故障预测问题中，考虑到采集的机械特征来自不同的传感器，由于数据样本中空间相邻特征之间的关系并不显著，虽然输入和对应的特征映射都是二维的，在实际应用中 CNN 仍然可以采用图 5.40 所示的一维 CNN 模型，并包含一维卷积核（滤波器）。

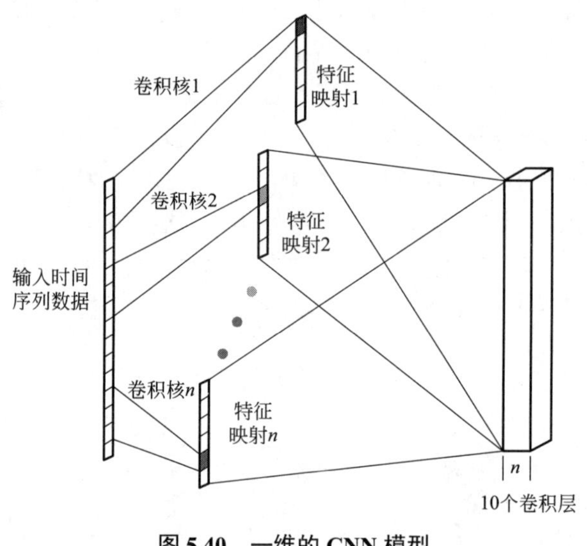

图 5.40　一维的 CNN 模型

输入一维的时间序列数据假定是 $x=\{x_1, x_2, \cdots, x_N\}$，$N$ 表示序列数据的长度，卷积层的卷积运算可以定义为卷积核 $\boldsymbol{w}, \boldsymbol{w} \in \mathbf{R}^{F_L}$ 与连接向量 $\boldsymbol{x}_{i:i+F_L-1}$ 的乘法运算，$\boldsymbol{x}_{i:i+F_L-1}$ 表示为：

$$\boldsymbol{x}_{i:i+F_L-1} = \boldsymbol{x}_i \oplus \boldsymbol{x}_{i+1} \oplus \cdots \oplus \boldsymbol{x}_{i:i+F_L-1}$$

式中，$\boldsymbol{x}_{i:i+F_L-1}$ 表示一个从第 i 个点 $\boldsymbol{x}_i$ 开始的长度为 F_L 的时间序列信号（时间

尺度)；⊕表示将每个数据样本连接进更长的嵌套，最后的卷积运算定义为：

$$z_i = \varphi\left(\boldsymbol{w}^{\mathrm{T}} \boldsymbol{x}_{i:i+F_L-1} + b\right)$$

式中，$\boldsymbol{w}^{\mathrm{T}}$ 表示权重矩阵 $\boldsymbol{w}$ 的转置，b 和 φ 分别代表偏差项和非线性激活函数。输出 z_i 可以被视为卷积核 $\boldsymbol{w}$ 在相应的子序列 $\boldsymbol{x}_{i:i+F_L-1}$ 上的学习特征。通过从样本数据的第一点到最后一点移动滤波窗口，可以得到第 j 个滤波器的特征映射，记为：

$$z_j = \left\{z_j^1, z_j^2, \cdots, z_j^{N-F_L+1}\right\}$$

其中，z_j 是第 j 个滤波器的卷积核。CNNs 中，在不同滤波长度 F_L 的卷积层中可以应用多个卷积核，滤波器数 F_N（位移因子）和长度对网络性能有影响。

在实际应用中，F_N 和 F_L 取决于具体的任务。根据文献 [13] 的理解，较大的滤波尺寸和数字通常会导致较高的预测精度。然而，计算量也越来越大。在实际的案例研究中必须做出权衡。在故障诊断的研究中两个参数的中值是较好的，默认 F_N=10 和 F_L=10。

池化层应用于卷积层生成的特征映射。一方面，池化能够提取每个特征映射中最重要的本地信息。另一方面，该操作可以显著降低特征维数，即模型参数个数。因此，池化非常适合于像图像处理这样的高维问题。这种操作虽然可以提高计算效率，但也会在一定程度上过滤掉大量有用的信息。因此，尽管在卷积神经网络中普遍使用池化，但在这个原始特征维数相对较低的预测问题中不建议采用池化操作。

丢包（dropout）是一种在训练神经网络时能够帮助减少数据过拟合的技术，特别是在小训练数据集中。训练数据过度拟合通常会导致训练数据集的网络性能很好，而测试数据集的网络性能很差。丢包为解决这一问题提供了一种简单有效的途径，防止训练数据的复杂协同适应，避免重复提取相同的特征。在实践中，可以通过将一些隐藏神经元的激活输出设置为零，使神经元不包含在正向传播训练过程，实现 dropout。然而，在测试过程中，关闭 dropout 开关则表明所有隐藏的神经元都参与了测试。通过这种方式，可以增强网络的鲁棒性。丢包也是网络内模型集成的一种简单方法，有助于提高网络的特征提取能力。

深度神经网络能够通过多次非线性变换和近似复杂非线性函数自适应地捕获原始输入信号的表示信息，图 5.41 给出了面向 RUL 估计的多层卷积网络和全连通层 CNN 模型的体系架构，由五层卷积神经网络和一层全连通层等两个子结构构成，实现回归预测。

首先，输入数据样本采用二维格式。输入的维数是 $N_{tw}\times N_{ft}$（N_{tw} 表示时间序列，N_{ft} 是选定的特征数量)，原始特征通常是通过多个传感器测量得到的。接下来，在网络中堆叠 4 个卷积层进行特征提取，4 层具有相同的配置：使用 F_N 个滤波器和滤

波器的大小是 $F_L \times 1$。零填充操作保持特征映射维度不变。到目前为止，获得输出是 F_N 个特征映射的尺寸是 $N_{tw} \times N_{ft}$，与原来的输入样本相同。使用另一个带有一个滤波器的卷积层将之前的特征映射组合成唯一的一个特征映射，卷积核（滤波器）尺寸是 3×1。这样，就得到了每个原始特征的高层表示。然后，将二维特征映射进行扁平化处理，并与全连通层连接。在最后一个特征映射上使用 dropout 技术来缓解过拟合问题。最后，在网络末端附加一个神经元进行 RUL 估计。

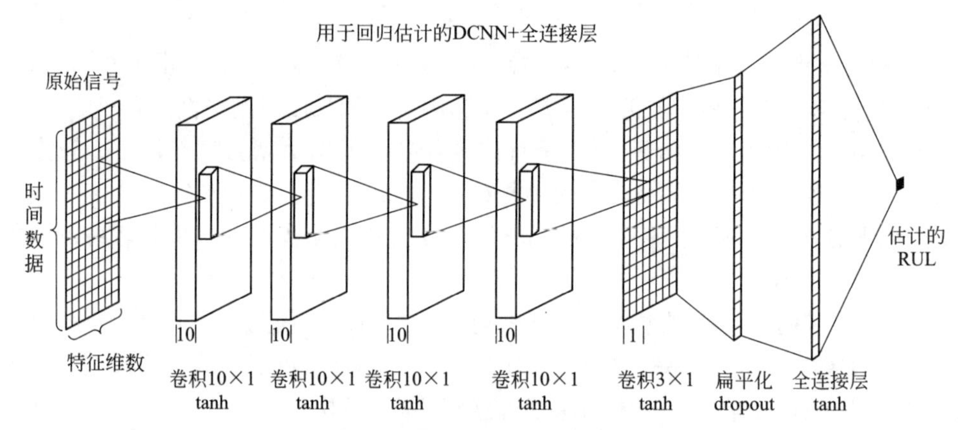

图 5.41　基于多层卷积网络和全连通层的 CNN 模型

所有层都使用 tanh 作为激活函数，使用 Xavier 初始化器进行权值初始化。为了进一步提高预测性能，采用了后向误差传播算法进行微调，对模型的参数进行了更新，使训练误差最小化，并采用 Adam 算法进行优化。

当使用二维卷积神经网络进行特征提取时，卷积运算实际上是在一维中进行的，即每个特征的时间序列维数。多重叠加卷积层的目标是分别学习每个原始特征的高级表示，而全连通层使用所有学习到的特征表示进行最终回归预测。与现有深度 CNN 预测方法相比，该方法更适合于从不同的传感器测量数据中提取特征，其目的是在一开始就了解不同特征的空间关系，并进一步从多层抽象表示中提取信息。

② 面向 RUL 预测的二维 CNN 架构模型　如图 5.42 所示的二维 CNN 架构对传统的CNN进行了修改，并将其应用于多元（多变量）时间序列信号的回归预测：在每个分段的多元时间序列上进行特征学习，在特征学习之后，连接一个普通的多层感知器（multi-layer perceptron，MLP）进行 RUL 估计。

采用滑动窗口策略将时间序列信号分割成一组短信号。具体地说，CNN 所使用的实例是一个含有 r 个采样的数据样本，每个样本包含 D 个属性（在单个运营状态子数据集的情况下 D 属性作为 d 个原始传感器信号，在多个运营状态子数据集的情况下，D 属性包括 d 个原始传感器信号以及与运营状态历史数据相关的提取特征）。在这里，选择 r 作为采样率（实验中使用 15 是因为一个测试的发动机轨迹只有 15 个时间周期的数据样本），选择滑动窗口的步长为 1，可以选择较大的步长来减少实例数量，从而减少计算成本。对于训练数据，矩阵实例的真实 RUL 由上次记录的真实 RUL 决定。

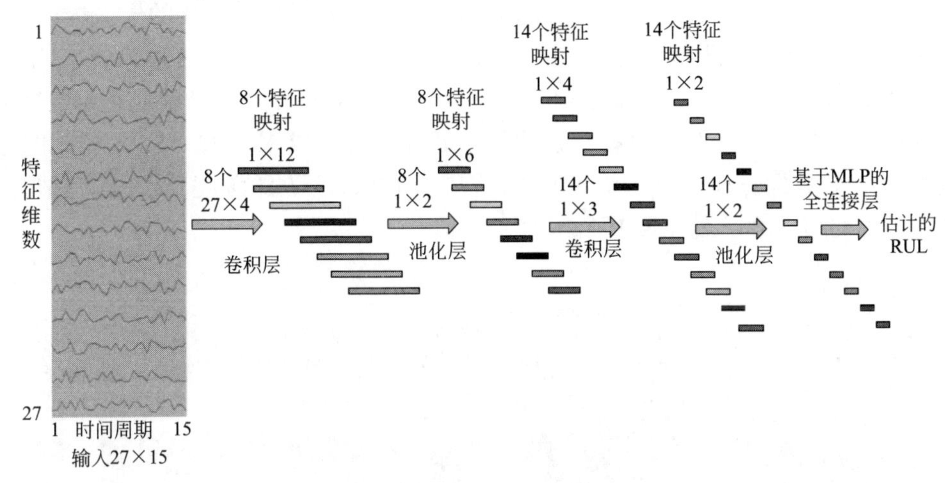

图 5.42　二维的 CNN 模型

具体地说，在这项工作中使用了两对卷积层和池化层，以及一个普通的全连通层。模型包括 D 个通道输入（图中 D=27，来自 C-MAPSS 数据集中的 21 个传感器数据以及 PHM 2008 数据挑战赛数据集的 6 个传感器数据），每个输入的长度为 15。这个分段多元时间序列（D×15）输入到两个阶段的卷积层和池化层。然后，将所有最终层的特征映射连接到一个向量中，作为 RUL 估计的 MLP 输入。训练阶段采用标准反向传播算法对 CNN 参数进行估计，采用随机梯度下降法对目标函数进行优化，即 CNN 模型的累积平方误差。

在卷积层中，前一层的特征映射与几个卷积核进行卷积，通过激活函数计算增加了偏置的卷积算子输出和下一层的特征映射，卷积层的输出特征映射计算如下：

$$x_j^l = \mathrm{sigm}\left(z_j^l\right),\ z_j^l = \sum_i x_j^{l-1} * k_{ij}^l + b_j^l$$

式中，*表示卷积算子；x_j^{l-1} 和 x_j^l 是卷积滤波器的输入输出；sigm() 为 sigmoid 函数；z_j^l 为非线性 sigmoid 函数的输入。使用 sigmoid 函数是因为它的简单性。第一层卷积层应用 8 个尺寸为 27×4 的卷积核（滤波器），在第二个卷积层使用了 14 个大小为 1×3 的卷积核。

在池化层中，输入特征通过合适的因子子采样，从而降低特征映射的分辨率，增加了特征对输入失真的不变性。在各阶段使用 average 池化，没有重叠。输入特征映射通过平均池化和结果划分为一组非重叠区域，每个子区域的输出是均值。池化层输出特征映射计算如下：

$$x_j^{l+1}=\text{down}(x_j^l)$$

式中，x_j^l 是输入；x_j^{l+1} 是池化层的输出；down() 表示平均池化的子采样函数。池化层采用的池滤波器大小是 1×2。

③ 面向 RUL 预测的三维 CNN 架构模型　如果 14 个传感器信号分别经过小波变换或经验模态分解等时频分析的信号处理方式生成 32×32×14 的三维图像数据（32×32 是图像压缩的结果），然后与基于 LeNet-5 的深度 CNN 模型结合，形成图 5.43 所示的三维 CNN 预测模型。

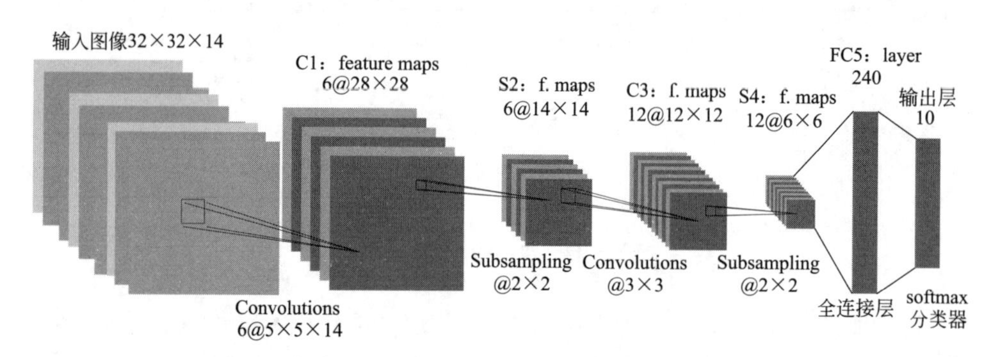

图 5.43　基于 LeNet-5 的三维 CNN 学习模型

5.3.3　维护调度优化模型

结合故障维护、预防性维护、预测性维护等维护策略所产生的不确定性、确定性以及预测性等维护需求，研究基于故障预测模型的设备维护优化调度与决策模型，给出预测性维护与备件库存的联合优化与决策策略。

① 故障维护（corrective maintenance）：由于随机性 / 突发类故障的产生，通过故障诊断确定不确定性的维护需求。

② 预防性维护（preventive maintenance）：结合单部件（single-unit）系统基于设备年龄的预防性维护（age-based PM）、Block-based/ 周期预防性维护（periodic PM）、顺序预防性维护（sequential PM）、失效极限维护（failure limit maintenance）、维修极限维护（repair limit maintenance）等维护策略，以及多部件（multi-unit）系统成组维护（group maintenance）、机会维护（opportunistic maintenance）等预防性维护策略，估计设备及核心部件的寿命分布（lifetime distribution），给出确定性的维护需求及相应的预防性维护计划。

③ 预测性维护（predictive maintenance）：根据设备的状态数据（来自设备实时监测的数据）、环境运行数据（来自点检、状态检测的数据），在故障特征提取的基础上，构建 MRO 大数据驱动故障预测模型，实时预测设备及核心部件的可用寿命 RUL 及其功能损失率（loss of functionality），给出预测性的维护需求及计划。

根据需求响应时间，将上述预测性需求、确定性需求和不确定性需求划分为快速响应需求和普通需求（图 5.44）。然后，结合备件的连续性（continuous）、周期性（periodic）或准时制（JIT）等库存检查（review）策略，在考虑生产计划产出率、订单延误成本和状态监测成本的条件下，给出生产、维护与备件库存的联合优化与决策策略。

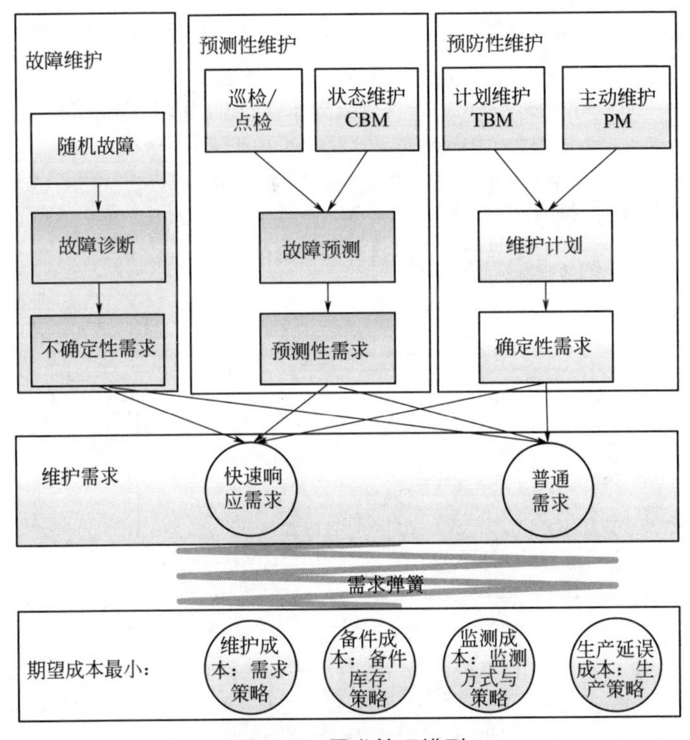

图 5.44　需求管理模型

（1）维护与备件库存的联合优化策略

维护与备件库存管理的相互联系经常困扰着管理人员和研究人员，维护特征和备件库存控制策略等两个方面的标准决定了联合优化问题（joint maintenance inventory optimization systems，maintenance-replacement /inventory-order/joint）。

备件库存是为了满足维护和更换零件的需要，备件库存的管理不同于其他在制品或完工成品的库存管理，备件库存水平在很大程度上取决于设备如何使用和如何维护。零件的失效过程遵循两阶段失效（failure）过程，第一个阶段是新零件和早期识别缺陷（defect/minor failure-item malfunctions—State M）之间的时间间隔（time interval），第二个阶段是从这个缺陷识别点（defect/minor failure）“○”到最终失效（failure/major failure，物品完全故障—State F）“●”，这一区间又称为故障延迟时间（failure delay-time）[66]。在维护过程中，零件虽然没有失效，但经过审查后，在图 5.45 所示预防性维护 PM 的 t、$2t$、$3t$ 等时刻有缺陷的零件被替换（preventive replacement），备件库存水平就随着预防性替换而减少。备件库存水平的决策方法见图 5.46。

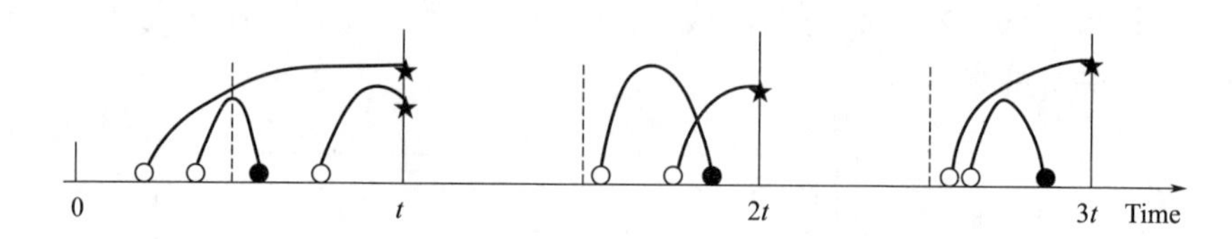

缺陷点(defective item' s arrival) ○；失效点(failure) ●；预防性维护周期t缺陷零件的替换点(replacement of defective parts at PM times t)★；
○与●间的链接弧表示延迟时间(delay-time)；○与★间的链接弧表示由于预防性替换而被审查的延迟时间(the censored delay-time due to preventive replacement)

图 5.45　维护过程中备件的替换策略

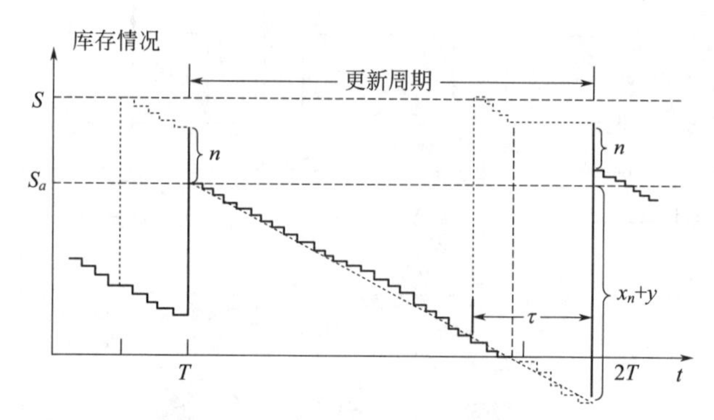

图 5.46　备件库存水平的决策方法

备件需求通常是由预测性、预防性或故障的维护需求产生的，这些需求很难根据过去备件使用的历史数据进行预测，因此，最优的备件库存控制策略也很难获得。然而，众所周知，维护费用与备件的可用性和不可用备件的惩罚费用有关，例如，为等待备件而延长的停机成本和为购买备件而产生的紧急考察成本等。而且，适当的计划维护干预可以减少零件失效的数量和相关的成本，但其绩效取决于备件的可用性。Wang 提出了备件库存控制和预防性维护（PM）检查间隔的联合优化方法[66]，决策变量是订货间隔、PM 间隔和订货数量。由于工厂故障的随机性，推导了备件库存和维护的随机成本模型，利用随机动态规划方法求解有限时间内的联合最优解，并利用为检验建模开发的延迟时间（delay-time）概念来构造故障数量和在一个 PM 周期内所确定次品数量的概率。

因此，根据维护特征（例如，基于块的、基于年龄的和基于状态维护的策略）和库存控制策略（定期检查和连续检查库存策略），维护与备件库存的联合优化策略细分为基于块的维护策略 / 定期检查库存策略、基于块的维护策略 / 连续检查库存策略、基于年龄的维护策略 / 定期检查库存策略、基于年龄的维护策略 / 连续检查库存策略、状态维护策略 / 定期与连续库存检查策略等不同的模型与策略。

（2）预测性维护 PdM 与备件库存联合优化模型

在单部件系统的联合 CBM 和库存策略中，Kawai[67-68] 证明了一个称为单调策略结构（so-called monotonic policy structure）的策略是最优的。在这样一个策略中，退化阈值用于决定何时订购一个备件、备件的到达时间以及何时替换构件。一些学者已经研究了单部件系统 CBM 与备件库存的顺序（sequential）或联合（joint）优化问题，如 Kawai[67-68]，Elwany 和 Gebraeel[69]，Wang、Chu 和 Mao[70]，Rausch 和 Liao[71]， Zhao 和 Xu[72]。

实践中，系统经常包含多部件，将单部件系统策略应用到一个多部件系统通常不能实现优化[73]：①多部件系统存在经济、结构或失效相关等多种不同类型的相关性，维护与库存优化决策依靠完整系统的状态而不是单一构件；②多部件系统可以共享一组相同的备件，不同子系统中相同的备件在不同的状态下运营，可以具有不同的失效率（failure rates）。很明显，共享备件（shared/pooled spares）的数量应该在系统层（system level）确定，构件层（component level）的分解方案将会导致更高的库存水平（much higher inventory levels）和成本[74]。

多部件系统的 CBM 和库存集成方法的研究可参考以下文献。文献 [75] 和 [76] 研究了备件共享池（shared pool of spares）。文献 [77] 考虑了构件的经济和结构相关性以及维护和库存的顺序优化。然而，分开或顺序维护和库存优化不一定能够产生全局的最优策略[75]，需要研究它们的联合优化策略。上述文献考虑了（s，S）库存策略，如前所述，该策略已应用在多数库存控制的软件包中。然而，在维护过程，只有备件接近失效时才需要被替换，何时采购备件是由用于调度维护活动的构件状态信息决定的，还没有关于多部件系统状态采购问题（just-in-time/condition-based ordering）的研究，该问题具有明显的成本节约潜力。文献 [78] 研究了具有共享备件池的多部件系统的状态维护与库存决策联合优化问题，并将之形式化为一个马尔科夫决策过程（markov decision process，MDP），文献 [75] 和 [76] 则将之形式化为基于仿真的方法（simulation-based approach）。一些马尔科夫维护过程模型已应用于单部件退化过程，如文献 [79] 和文献 [80] 中所述。

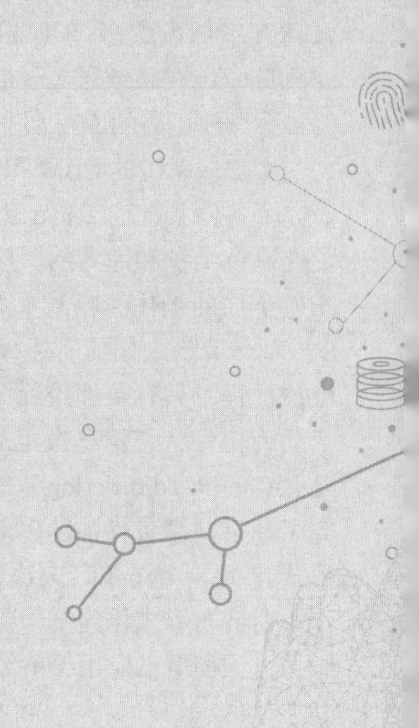

The Road of
Industrial
Intelligent
Innovation

第 6 章

智能网络协同制造系统应用

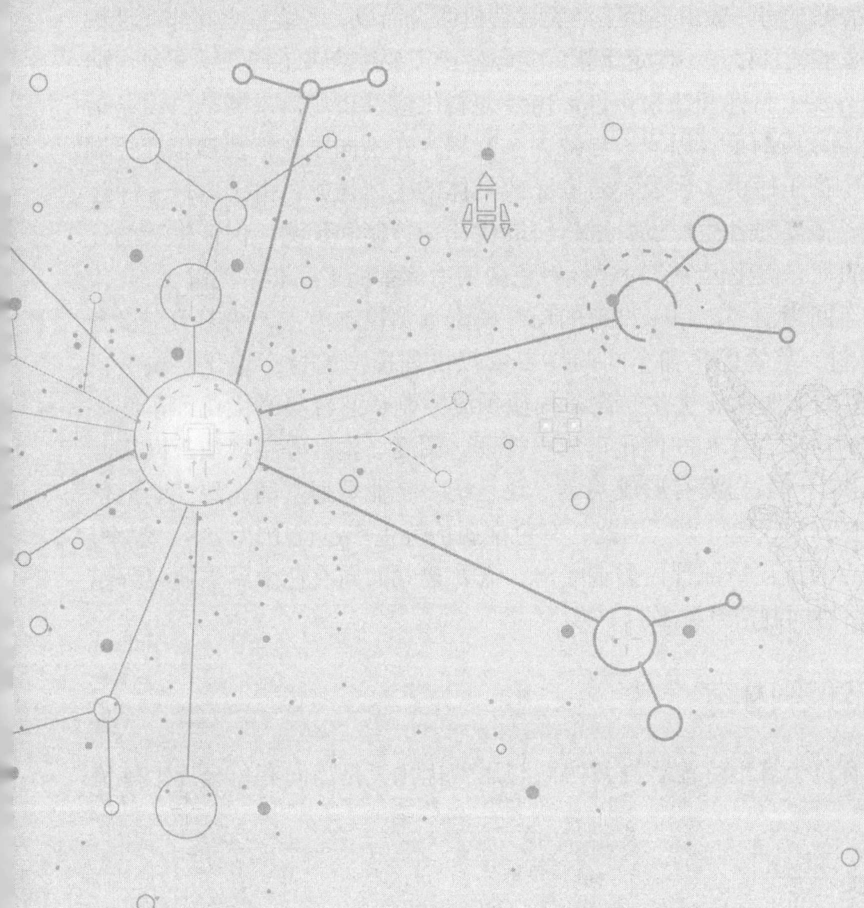

本章结合有色金属工业智能网络协同制造的需求，基于人机物共融的智能制造系统架构，设计智能网络协同制造系统平台的建设内容、功能和建设路线，给出有色金属工业人机物共融的智能网络协同制造系统平台体系架构，构建设备、工序、工艺和工厂等层级的数字孪生模型，建立支持数据互联、服务共享、流程管理的跨域集成框架，实现产供销一体化计划、主工艺跨层域优化控制与预测运行、设备智能维护等业务的协同决策功能，以及平台支持技术。

6.1 智能网络协同制造系统建设背景

6.1.1 有色金属工业智能网络协同制造系统平台的建设需求

以铜、锌、稀土为代表的有色金属冶炼涵盖火法和湿法冶炼工艺，是典型的长流程生产行业。冶炼车间一般由多套生产装置有机联合而成，各装置之间非线性耦合、运行工况动态多变且存在不确定干扰，实际生产需要综合考虑产量、质量、能效、安全和环保等多个目标和约束条件。由于原料供应及市场需求波动、设备运行特性时变、能源介质约束等因素，导致同一流程存在不同原料特性和生产控制方案。而且，各生产工序由多台设备协同完成具体的生产任务，由于生产工序运行状态的时变性，需要对各生产设备进行协同优化、控制和预测，保证生产的连续性和生产工序的动态优化运行，对建设有色金属冶炼智能工厂非常关键。

然而，生产车间当前多以单个设备的局部模型预测控制为主，缺乏多个设备的协同优化和控制，装置优化和车间调控多依赖机理模型的稳态优化，缺乏机理 / 数据混合模型的实时动态优化，设备模型预测控制、装置实时优化和车间实时调控缺乏有效的协同合作和一体化集成。管理、调度、生产等层域缺乏网络互联，管理、产品和生产数据没有形成共享，缺乏统一企业数据空间，致使制造信息分立、产供销脱节、管控分离。因此，有色金属冶炼生产过程中以成本、效率、质量和安全为核心的流程精细管控需求突出，需要建立面向有色金属工业流程精细管控的智能网络协同制造系统平台。

6.1.2 系统建设内容

本系统聚焦有色金属冶炼流程高效协同与运营优化，是面向有色金属冶炼流程精细管控的智能网络协同制造技术与平台，旨在解决 a. 人信息物理系统驱动的流程工业智能网络协同制造模式（有色金属工业人机物共融制造模式），b. 有色金属工业多主题跨域数据融合、服务共享与安全集成，c. 面向有色金属工业精细管控的跨层域协同优化与运营预测 3 个科学问题（图 6.1），突破实时数据跨域互联、服务跨域共享和安全集成等关键技术瓶颈。

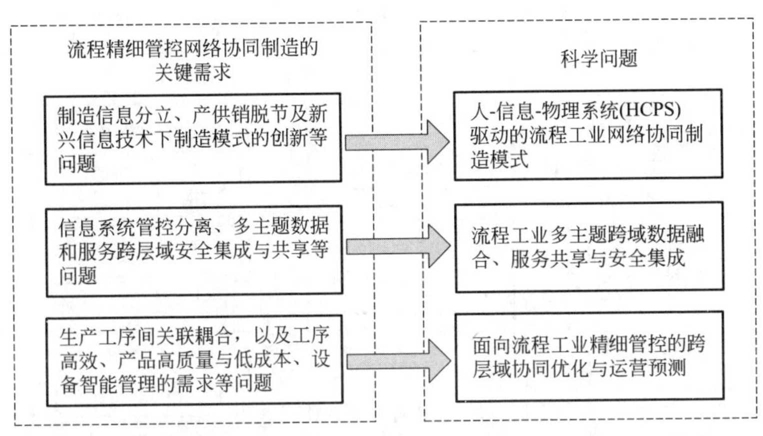

图 6.1 有色金属冶炼精细管控网络协同制造的关键需求与科学问题

本系统围绕有色金属冶炼领域的关键需求、关键科学问题及实施领域（图 6.1），研究有色金属行业网络协同制造模式及开放式架构、有色金属行业数据互联 / 服务共享 / 流程管理的跨域集成技术、有色金属冶炼过程智能监控 / 协同优化与决策技术、有色金属冶炼流程精细管控网络协同制造平台构建方法与技术、有色金属火法 / 湿法冶炼流程的网络协同制造平台集成与应用示范等五项核心共性技术，突破实时数据跨域互联、服务跨域共享、流程跨域管理、设备智能监控、优化控制以及工序间衔接的能源物流等关键技术。

（1）有色金属行业网络协同制造模式及开放式架构研究

首先，分析新兴信息技术和市场需求等对制造模式的影响，研究人机深度融合的智能感知、分析决策与控制机理，提出 HCPS 驱动的流程工业网络协同制造模式。其次，针对流程工业生产过程复杂、制造信息分立、产供销脱节、管控分离等问题，研究新一代信息技术环境中流程工业智能制造技术构成及智能工厂架构。最后，构建企业研发 / 生产 / 物流供应链 / 服务系统协作机制，建立一套智慧企业网络协同制造开放式架构，支持有色金属冶炼网络协同制造平台的实时数据跨域互联、服务跨域共享、流程跨域管理等功能。平台建设内容的整体框架如图 6.2 所示。

通过上述研究，主要解决面向有色金属冶炼流程管控过程中制造信息分立、产供销脱节的制造资源集成与模式创新等问题。

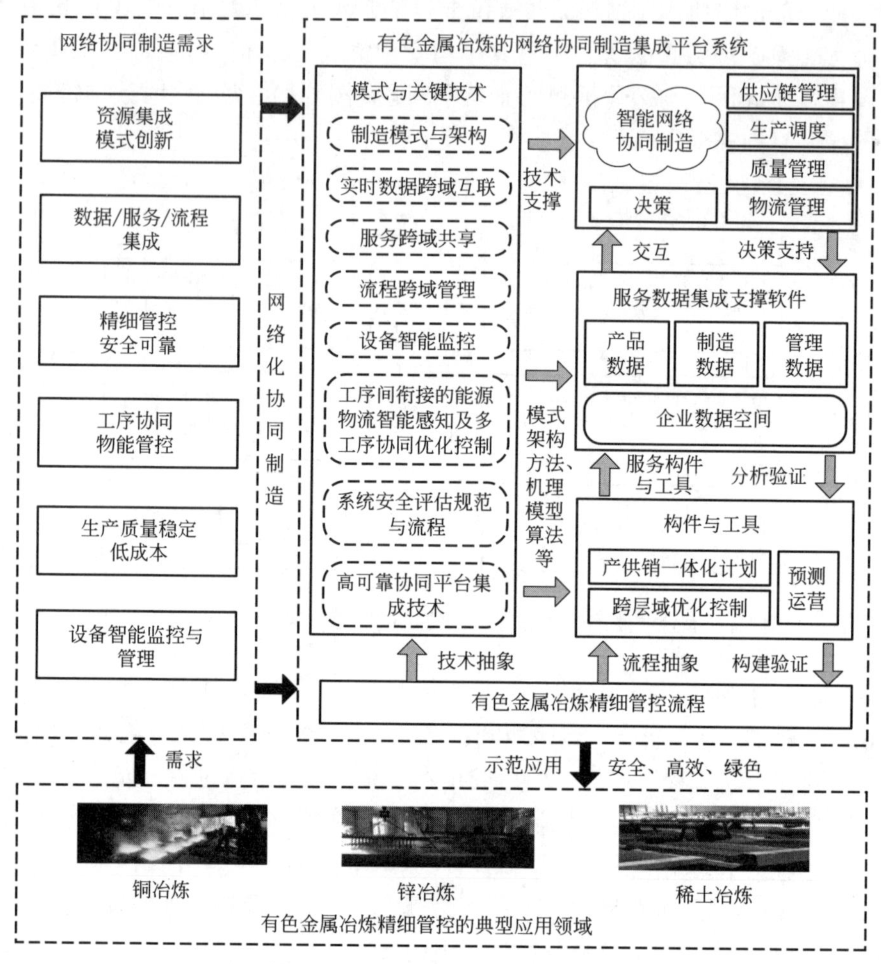

图 6.2　平台建设内容的整体框架

（2）有色金属行业数据互联 / 服务共享 / 流程管理的跨域集成技术

首先，建立有色金属冶炼多源数据采集和抽象模型、服务元数据模型和数据规范、通信协议逻辑抽象，结合跨平台适配桥接、面向流程的数据管控技术，提出基于 SOA 的服务数据跨域集成架构。其次，基于 SOA 的服务数据跨域集成架构，研究跨域分布式服务总线，建立服务数据跨层域共享模型、流程跨域集成模型，开发实时数据跨域互联、服务跨域共享、流程跨域管理等工具，实现服务数据的跨域互联、共享和工作流程集成。最后，在传统工业数据分析方法的基础上，通过建立数据与控制平面分离策略，结合特征工艺工序过程与关键参数规律，提出多源异构数据标注、配准与标定方法，建立企业数据空间。

通过上述研究，主要解决有色金属冶炼流程精细管控过程中实时数据互联、服务共享与流程管理的跨域集成问题。

（3）有色金属冶炼过程智能监控、协同优化与决策技术

首先，研究有色金属冶炼过程的反应机理和物理拓扑结构，建立多工序、多设备间的跨层域关联耦合模型，搭建复杂有色金属冶炼流程仿真系统，模拟稳态与动态生产过程。其次，研究基于机理和数据的有色金属冶炼流程能源物质流向智能感知方法和设备预测性维护方法，实现多工序间能源物质流向的智能感知及关键设备故障诊断、预测和健康管理。最后，建立基于多层贝叶斯方法的显性化和结构化智能知识库，研究多尺度、非线性、强耦合多工序的协同调度机制，提出基于设备间动态解耦模型的多任务与多工序跨层域智能联动方法，实现人机一体化协同决策。

通过上述研究，主要解决有色金属冶炼流程精细管控过程中设备智能监控、全流程协同优化、预测运营与供应链控制等问题。

（4）有色金属冶炼流程精细管控网络协同制造平台构建方法与技术

首先，针对有色金属冶炼流程精细管控协同制造需求，按照 HCPS 驱动的流程工业网络协同制造模式、智能工厂架构和开放式协作架构，以信息、网络和制造技术为基础，面向有色金属冶炼流程的多样性和复杂性，研究和开发有色金属冶炼生产资源定义与层次化建模系统。其次，集成多源数据接口和数据空间组件，研制开放、灵活的有色金属冶炼物理生产过程的信息化表达功能构件和工具，基于 SOA 架构和企业服务总线开发协同平台系统通用组件和业务数据链组件。最后，依据 SIL2 等级要求，集成有色金属冶炼工序间协同优化与调度组件，研究生产过程状态分析、数据驱动的知识发现和迭代优化决策方法与技术，开发供应链 / 运维服务 / 预测运营等功能构件，构建有色金属冶炼流程精细管控网络协同制造平台。

通过上述研究，主要解决有色金属冶炼流程精细管控网络协同制造平台的构建问题。

（5）有色金属火法 / 湿法冶炼流程的网络协同制造平台集成与应用示范

首先，在上述理论方法、核心技术研究的基础上，面向有色金属冶炼过程火法和湿法两类典型流程，在江西铜业股份有限公司、深圳市中金岭南有色金属股份有限公司、江西离子型稀土工程技术研究有限公司开展网络协同制造平台的集成和部署工作，建立企业数据空间集成跨域的数据和服务。其次，结合多工序协同优化控制、管理及决策等功能构件，实现生产过程工序间的协同与优化和生产管理一体化、产供销一体化计划。然后，现场验证智能网络协同制造平台的使用

效果，验证数据跨域互联、服务跨域共享、流程跨域管理、设备智能监控等关键技术，供应链管理 / 调度生产 / 质量管控 / 物流 / 决策等核心功能，以及对企业生产成本、效率、质量和安全的促进作用。最后，结合平台的应用过程，制定平台的关键度风险评估办法和验证办法，并针对铜、锌和稀土企业应用情况开展安全评估，形成有色金属流程行业安全标准。

6.1.3 系统建设路线

围绕流程工业网络协同制造模式和开放式架构、有色金属行业数据互联 / 服务共享 / 流程管理的跨域集成、有色金属冶炼过程智能监控 / 协同优化与决策等共性技术，突破实时数据跨域互联、服务跨域共享、流程跨域管理等关键技术，研制具备企业数据空间的有色金属冶炼网络协同制造平台，并在有色金属冶炼标杆企业验证应用，总体技术路线如图 6.3 所示。

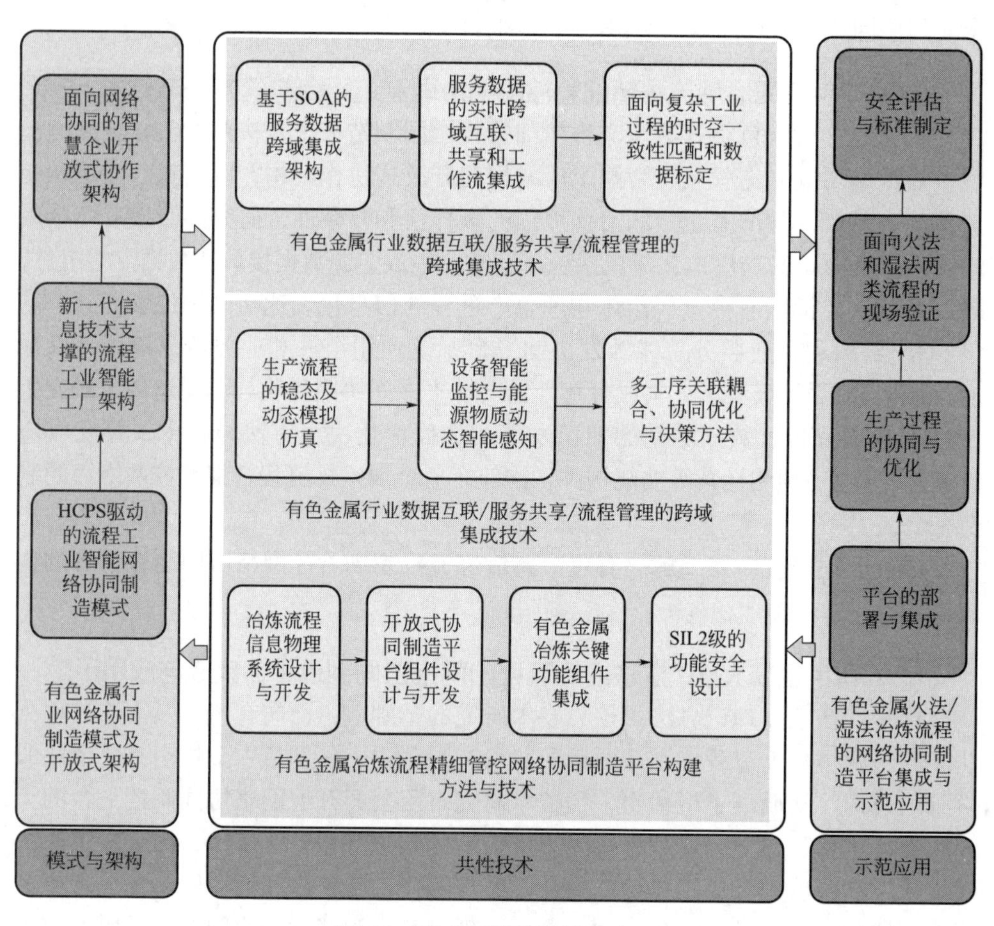

图 **6.3** 本项目的总体技术路线

（1）有色金属行业网络协同制造模式及开放式架构

本系统分析新兴信息技术和市场需求等对制造模式的影响，研究人机深度融合的智能感知、控制与决策，提出 HCPS 驱动的流程工业智能网络协同制造模式。根据智能网络协同制造模式，从商业模式、生产模式、运营模式和科学决策等层次揭示流程工业智能制造的关键技术构成，提出流程工业智能制造技术体系以及支持智能自主控制系统、智能调度优化系统、智能计划决策系统等功能的智能工厂架构。研究支持研发 / 生产 / 物流供应链 / 服务的系统协作机制和框架，将产品研发设计流程、企业管理流程和生产产业链流程有机地结合起来，形成面向流程企业网络协同的智慧企业开放式架构。研究方案如图 6.4 所示。

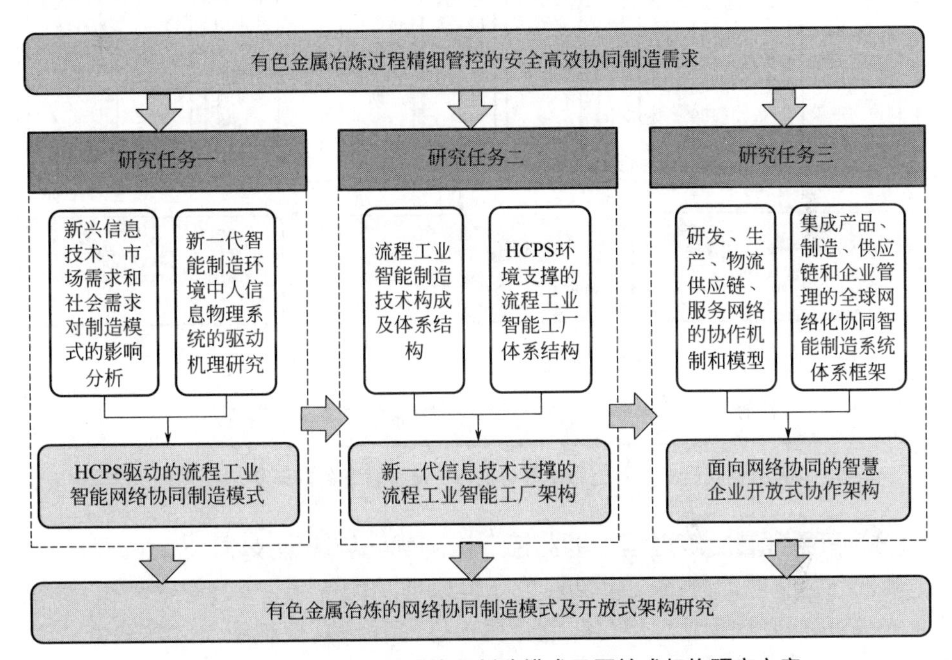

图 6.4　有色金属行业网络协同制造模式及开放式架构研究方案

（2）有色金属行业数据互联 / 服务共享 / 流程管理的跨域集成技术

本系统研究有色金属冶炼多源数据采集和抽象、服务元数据模型、数据规范与通信协议逻辑抽象，结合跨平台适配桥接、面向流程的数据管控技术，提出基于 SOA 的服务数据跨域集成架构，构建企业数据空间。基于跨域集成架构和分布式服务总线，构建供应链系统、生产系统和决策系统的应用与数据共享通道，建立基于区块链的服务数据跨层域共享模型以及基于服务工作流的流程跨域集成模型，开发产品 / 制造 / 管理多主题数据跨域互联工具、服务跨域共享工具、流程跨域管理工具，实现服务数据的跨域互联、共享和工作流集成。融合特征工艺工序过程与关键参数规律，建立基于软件定义的数据注入控制器并提出多源复杂数据标注、配准与标定方法，实现多源数据全生命周期内时空数据的一致性匹配及融合。研究方案如图 6.5 所示。

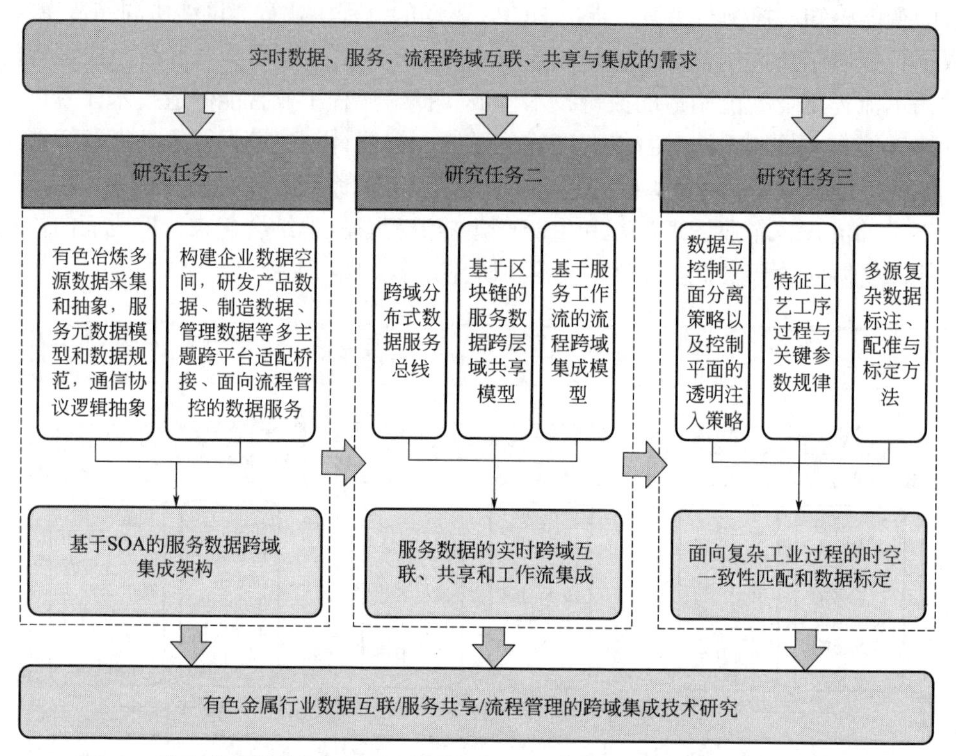

图 6.5　有色金属行业数据互联 / 服务共享 / 流程管理的跨域集成技术研究方案

（3）有色金属冶炼过程智能监控、协同优化与决策技术

分析有色金属冶炼的反应机理、守恒原理及设备 / 工序间的物理拓扑关系，建立流程级联耦合模型，开发有色金属冶炼流程仿真模拟系统，实现生产过程的稳态与动态模拟。应用时效关联分析方法协调多时空尺度的流程数据，研究数据驱动的有色金属冶炼流程能源 / 物质流智能感知方法，实现生产流程中能源 / 物质流在线监测。构建关键设备故障特征数据库，基于机理模型和流程数据进行设备故障诊断、预测性维护与健康管理，实现有色金属冶炼过程的智能监控。结合数据驱动与启发式策略，提出人机一体化决策方法，实现生产计划的优化制定。综合考虑产量、质量、能耗等生产指标，分析多工序之间的耦合关系，提出多工序高效协同调度方法。研究基于模型预测控制和自适应动态规划的控制策略，实现多工序、多设备跨层域的实时优化控制。研究方案如图 6.6 所示。

（4）有色金属冶炼流程精细管控网络协同制造平台构建方法与技术

基于本体方法，对有色金属冶炼生产资源所涉及的基本单元进行建模，表达单元的物理特征、输入输出端口、连接关系以及工艺过程的状态、步骤和属性等信息。通过本体模型的关联和映射，实现企业层次化建模，设计和描述有色金属冶炼信息物理系统。开发数据字典、服务配置、可视化、权限管理、日志管理等智能网络协同制造平台通用组件，集成有色金属冶炼数据空间、服务总线和业务数据链。开发供应链管理 / 调度生产 / 质量管控 / 物流 / 决策等功能组件，应用深度学习方法构建知识集合，基于有色金属冶炼生产数据识别运行状态特征，进行语义关联、知识检索与推理，实现数据驱动的知识发现和迭代优化决策，驱动协同调度和优化。从功能模块、系统架构和数据交互角度，研究适用于平台模块特性的危害辨识、数据分析、场景描述和回路辨识等风险评估方法，形成平台功能安全设计方法。研究方案如图 6.7 所示。

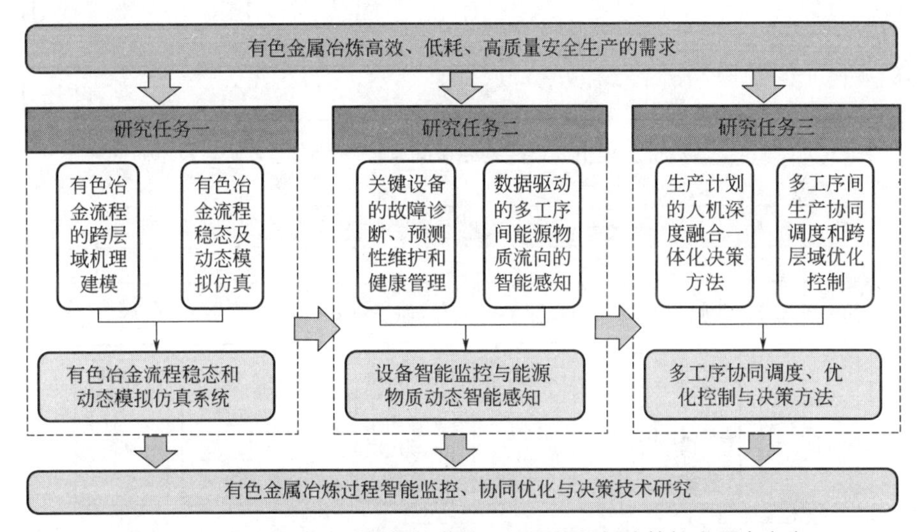

图 6.6　有色金属冶炼过程智能监控、协同优化与决策技术研究方案

（5）有色金属火法 / 湿法冶炼流程的网络协同制造平台集成与应用示范

面向有色金属冶炼的火法 / 湿法两类典型流程，在江西铜业股份有限公司、深圳市中金岭南有色金属股份有限公司、江西离子型稀土工程技术研究有限公司部署网络协同制造平台，建立企业数据空间集成跨域数据、跨域服务和跨域流程。结合生产流程机理模型和车间智能模型，应用生产流程的多工序协同调度与优化控制、供应链管理及预测运营等功能构件，实现管理层、车间层和装置的协同优化和控制。依据智能网络协同制造平台的现场使用情况，分析平台关键技术、核心功能与性能指标，以及其对企业生产成本、效率、质量和安全的促进作用，形成技术解决方案。基于改进的安全风险评估方法，对网络协同制造平台开展节点、层次分解，风险场景解耦，建立“平台 - 控制系统 - 现场设备 - 生产过程”的完整功能回路链路，实现网络协同制造平台安全等级验证，形成相应标准。研究方案如图 6.8 所示。

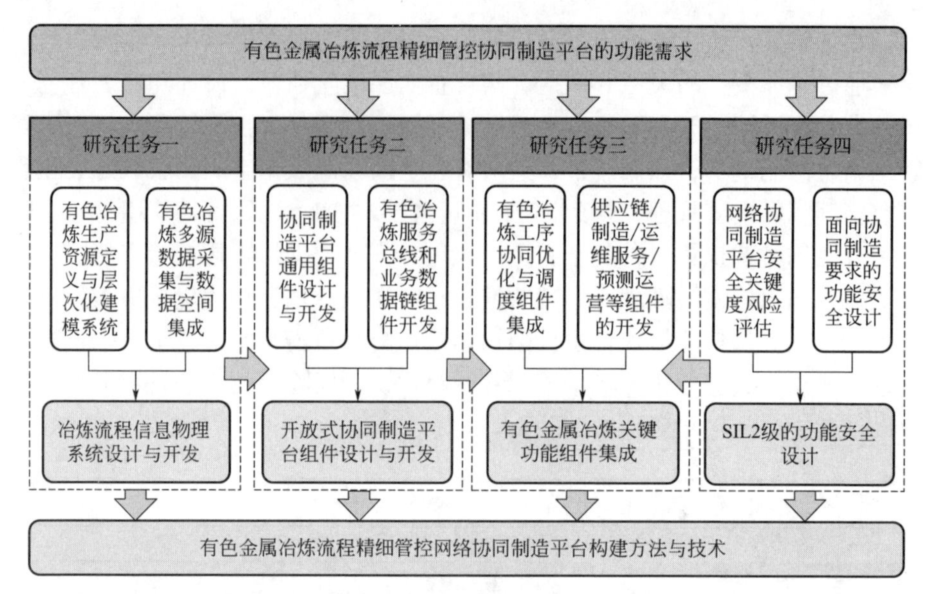

图 6.7　有色金属冶炼流程精细管控网络协同制造平台构建方法与技术研究方案

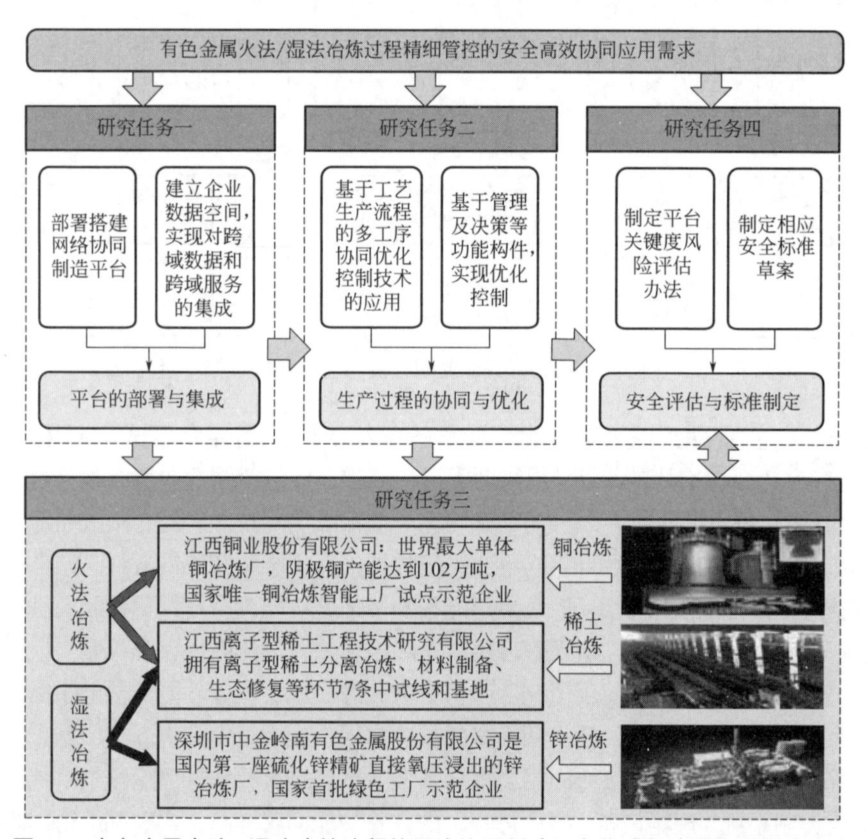

图 6.8　有色金属火法 / 湿法冶炼流程的网络协同制造平台集成与应用示范研究方案

6.2 人机物共融的智能网络协同制造平台体系架构

结合有色金属行业呈现出的生产过程复杂、制造信息分立、产供销脱节、管控分离等特征，研究新一代信息技术环境中有色金属行业智能制造技术，提出人机物共融的智能制造平台体系结构，将供应链管理、调度生产、质量管控、物流及决策融合到智能网络协同制造平台，支持产供销一体化计划、主工艺跨层域优化控制、关键装备预测性维护与调度生产联合优化的人机协同决策，实现供应链管理、调度生产、质量管理、物流与决策等网络协同。

6.2.1 智能网络协同平台体系架构

（1）体系架构

面向多基地多产线多工艺流程的有色金属冶炼精细管控流程，构建如图 6.9 所示的有色金属工业人机物共融的智能网络化协同制造系统架构。在有色金属工业流程装置系统层，主要包括设备本体、传感系统、伺服执行系统和基于 VUI/GUI 的人机接口等物理对象。装置系统层往上是设备自主控制系统，具有智能感知、智能分析决策和智能自主控制功能。

远程管理分析决策系统具有泛在感知、实时分析、自主决策与精准执行和学习提升功能，包括跨层域优化控制、预测运行和一体化计划。跨层域优化控制包括：①产品数据 / 制造数据 / 管理数据等多主题数据跨域集成；②服务跨域共享工具；③流程跨域管理工具；④关键工序跨层域优化分析、仿真、决策与控制。预测运营包括：①设备预测性维护和健康管理；②关键工序运营状态预测分析；③基于运营状态的产品品质预测；④产品及附属品产量预测。一体化计划包括：①生产计划管理构件；②采购计划管理构件；③销售计划管理构件；④产供销一体化计划管理。在这个架构下，人机物共融网络协同制造平台具有供应链管理、调度生产、质量管控、物流以及决策等功能。

人信息系统接口包括语音用户界面（voice user interface， VUI）、图形用户界面（graphical user interface， GUI）、对话用户界面（dialogue user interface，DUI）、触摸交互界面（touch user interface，TUI）和三维交互界面（3D user interface，3DUI），实现人机物交互。

企业产品、制造和管理等多主题数据独立存储，存在信息孤岛现象，这些多源异构数据没有统一集中管理与共享，导致制造信息分立，难以支持制造系统跨层域的优化与控制。基于知识图谱，构建企业数据空间，实现人机物多源异构数据的共享、融合与智能分析，极大提高了数据的融合和利用效率，支持管理系统的智能分析、优化与决策。

面向火法/湿法2类流程的铜、锌、稀土冶炼3家企业的人机物共融网络化协同制造系统应用

主工艺跨层域优化控制
1.能源、物质流向智能感知
2.跨层域预测、仿真系统
3.跨层域优化与控制系统

预测性维护与调度联合优化
1.设备智能预测与计划管理
2.生产计划调度与配置
3.联合调度优化

产供销一体化计划
1.生产/采购/销售计划
2.一体化计划仿真系统
3.一体化计划决策系统

人信息系统接口(接口构件与工具)
基于VUI/GUI/DUI的HCI接口

人机物共融网络协同制造平台
(具有供应链管理、调度生产、质量管控、物流以及决策等功能)
1.平台功能；2.标准规范体系；3.信息安全防护；4.运行保障机制

数据空间：产品/制造/管理

基于新一代AI的远程管理分析决策系统(管理/分析/决策构件与工具)
1.泛在感知；2.实时分析；3.自主决策、精准执行；4.学习提升

跨层域优化控制
1) 产品数据/制造数据/管理数据等多主题数据跨域集成支撑软件
2) 服务跨域共享工具
3) 流程跨域管理工具
4) 关键工序跨层域优化分析、仿真、决策与控制

预测运营
5) 设备预测性维护和健康管理
6) 关键工序运营状态预测分析
7) 基于运营状态的产品品质预测
8) 产品及附属品产量预测

一体化计划
9) 生产计划管理构件
10) 采购计划管理构件
11) 销售计划管理构件
12) 产供销一体化计划管理

信息物理系统CPS接口(接口构件与工具)
接口：1.数据传输、存储、显示和控制；2.便携式维修辅助；3.备件库存、生产离线优化
功能：1.信息物理系统DT建模；2.基于DT的调节与控制

设备自主控制系统(自主优化控制构件与工具)
1.智能感知；2.智能分析决策；3.智能自主控制

流程装置系统
1.设备本体(工作装置与动力装置)；2.传感系统(传感装置)；3.伺服执行系统(执行机构)；4.基于VUI/GUI的人机接口HMI等

数字孪生(digital twin)：设备/工序/车间/流程

有色金属冶炼精细管控流程(工艺)
多基地多产线多工艺流程

图 6.9　人机物共融的智能网络化协同制造系统架构

信息物理系统中数字孪生是制造系统物理实体的映射，能够实时动态反映物理实体的运行情况，并预测未来的运行趋势，构建有色金属工业设备、工序、工艺和车间等物理对象的几何模型、过程状态模型、工艺模型以及反映物理对象行

为模式的数据模型等数字孪生模型，实现基于信息物理系统的人机物协同与迭代优化，极大提高制造系统的效率。

在应用层，面向火法 / 湿法 2 类流程的有色金属工业人机物共融网络化协同制造系统应用案例，提供支持产供销一体化计划、主工艺跨层域优化控制、关键装备预测性维护与调度生产联合优化的人机物协同决策支持系统，支持有色金属工业智能网络协同制造。

（2）功能构件

面向有色金属冶炼流程精细管控的智能网络协同制造平台包含跨层域优化控制、预测运营和一体化计划 3 类共计 12 个平台功能构件，具体包括数据跨域互联构件、服务跨域共享构件、流程跨域管理构件、关键工序跨层域优化分析仿真决策与控制构件、设备预测性维护和健康管理构件、关键工序运营状态预测分析构件、基于运营状态的产品品质预测构件、产品及附属品产量预测构件、生产计划管理构件、采购计划管理构件、销售计划管理构件和产供销一体化计划管理构件。

① 数据跨域互联构件　如图 6.10 所示，主要包括了数据字典、有色金属冶炼过程 - 领域数据空间、有色金属冶炼过程 - 领域知识图谱。数据字典中提供了有色金属冶炼过程 - 产品域、有色金属冶炼过程 - 制造域、有色金属冶炼过程 - 管理域和有色金属冶炼过程 - 运营保障域等服务。有色金属冶炼过程 - 领域数据空间中提供了领域知识图谱的数据存储、数据可视化、图数据库和 MySQL 数据库等服务。有色金属冶炼过程 - 领域知识图谱中提供了实体查询、关系查询、命名实体识别、知识推理和知识库等服务；其中知识库服务中又提供了铜冶炼工艺、实体识别、文本分类等子服务。

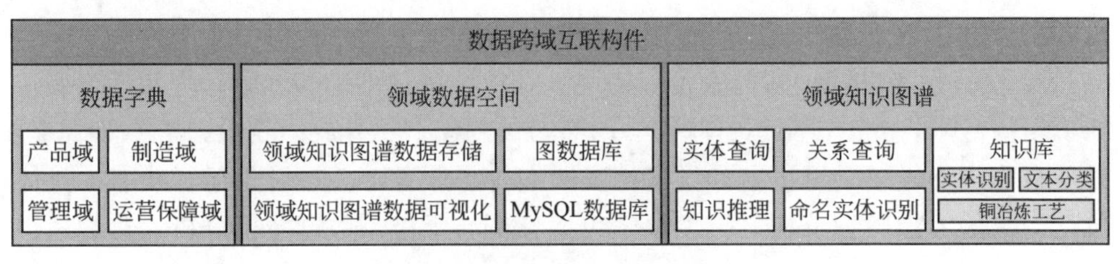

图 6.10　数据跨域互联构件

② 服务跨域共享构件　服务跨域共享构件主要包括了服务管理、服务详情和服务编辑（图 6.11）。其中服务管理中又提供了服务查询、服务新增、服务删除等子服务。服务详情中提供了服务名称、服务调度类型、负责人等子服务。服务编辑中又提供了算法参数新增、算法参数删除、运行脚本、服务描述等子服务。

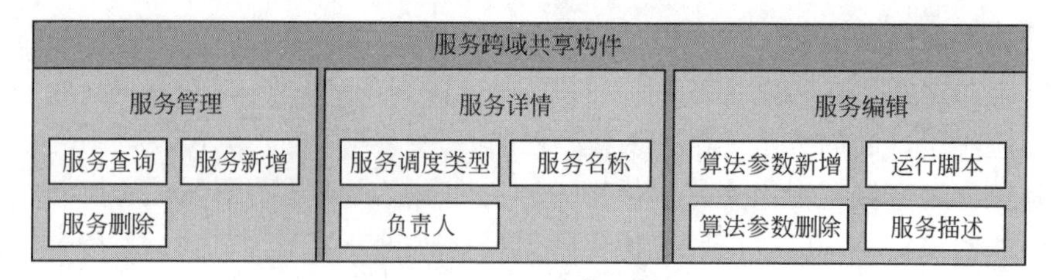

图 6.11　服务跨域共享构件

③ 流程跨域管理构件　流程跨域管理构件主要包括了流程管理、流程定义、待办任务（图 6.12），其中流程管理中具体包括了闪速炉工序流程、转炉工序流程、阳极炉工序流程、制氧空压机设备及转炉送风机设备流程。流程定义中提供了流程设计、流程修改和流程删除等子服务。待办任务中提供了任务审核、任务查询等子服务。

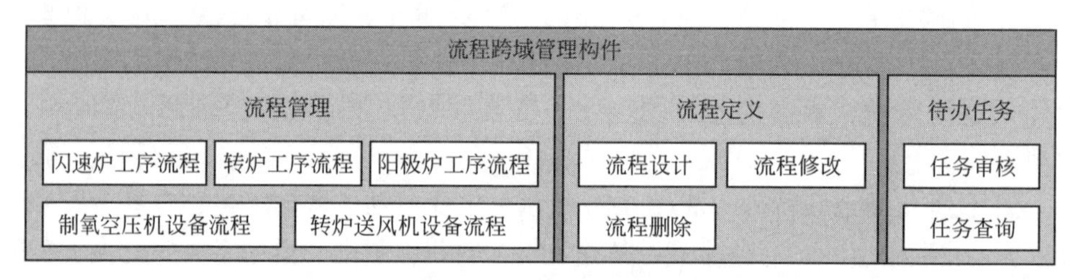

图 6.12　流程跨域管理构件

④ 关键工序跨层域优化分析、仿真、决策与控制构件　跨层域优化控制构件主要包括了铜熔炼孪生模型、鱼眼全景图、主工艺流程模型、闪速炉物料平衡模型（图 6.13）。铜熔炼孪生模型中具体提供了主工艺动画展示、流程监测、数据分析、手动漫游和自动漫游等子服务。鱼眼全景图中提供了主工艺设备的鱼眼全景实况监测服务。主工艺流程模型中提供了闪速炉、转炉、阳极炉、转炉送风机和制氧空压机的流程监测以及数据分析、仿真、决策与控制等子服务。

⑤ 设备预测性维护和健康管理构件　设备预测性维护和健康管理构件主要包括了设备台账、关键设备运行状态、诊断与预测模型、开放诊断数据集（图 6.14）。设备台账中提供了关键设备和设备档案明细等子服务。关键设备运行状态中具体包括闪速炉关键数据分析、转炉关键数据分析、阳极炉关键数据分析、转炉送风机关键数据分析、制氧空压机关键数据分析等子服务。诊断与预测模型中具体提供了小样本故障诊断方法 3 种、大样本故障诊断方法 4 种、故障预测方法 1 种。

⑥ 关键工序运营状态预测分析构件　关键工序运营状态预测分析构件主要包括工序运营状态监测、产品指标预测、物料平衡分析（图 6.15）。其中工序运营状态监测具体包括了铜精矿入料工序分析、出口冰铜工序分析、炉渣流程分析、烟气出口温度分析 4 项子服务。产品指标预测又提供了物耗能耗预测和产量质量预测等子服务。

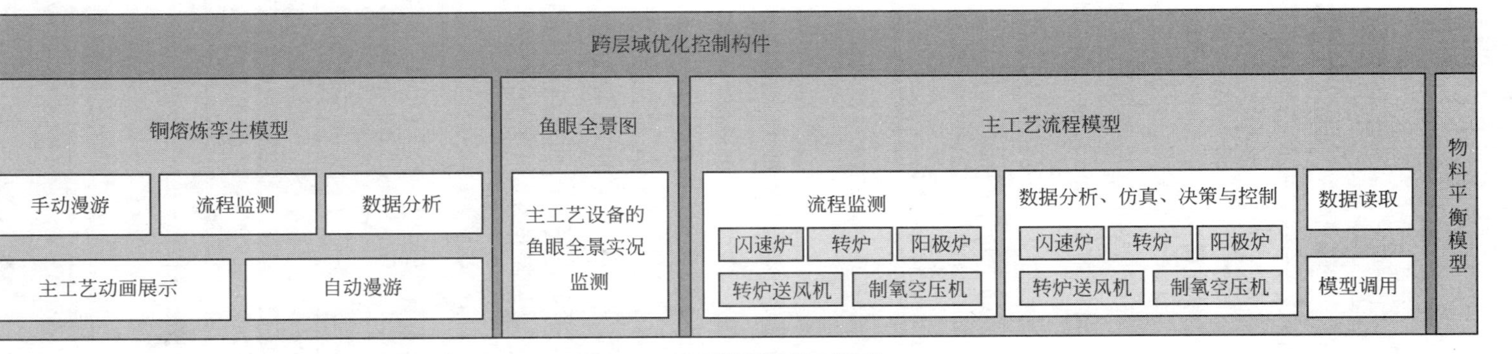

图 6.13 跨层域优化控制构件

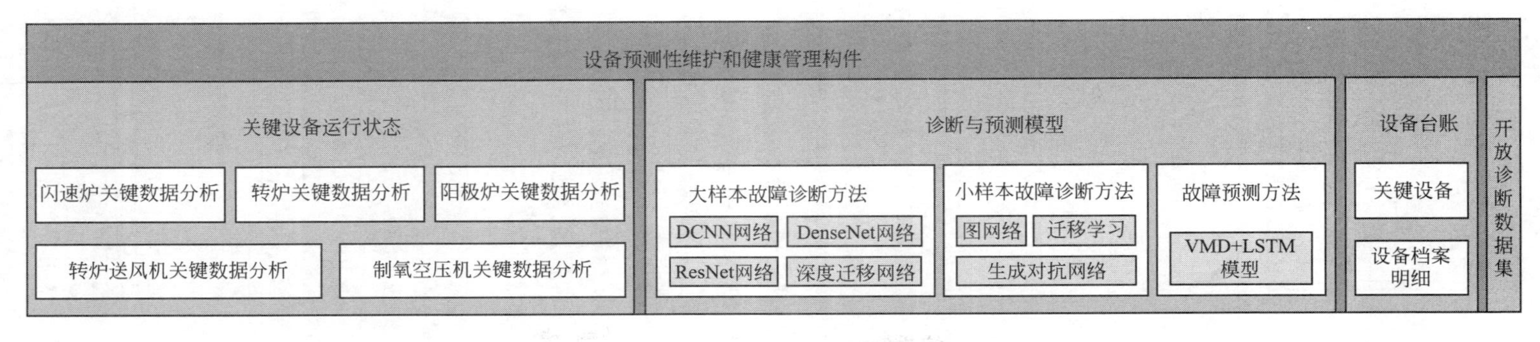

图 6.14 设备预测性维护和健康管理构件

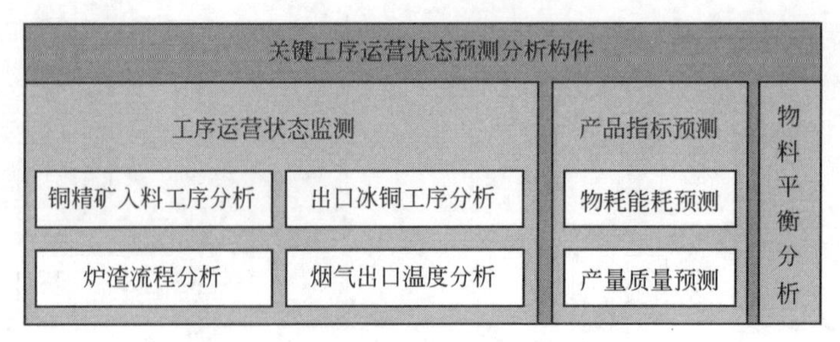

图 6.15　关键工序运营状态预测分析构件

⑦ 基于运营状态的产品品质预测构件　基于运营状态的产品品质预测构件主要提供了冰铜温度预测、冰铜品位预测、渣中铁硅比预测、烟气含尘量预测、炉渣中含铜量预测等服务。

⑧ 产品及附属品产量预测构件　产品及附属品产量预测构件主要提供了冰铜、炉渣产量预测等服务。

⑨ 生产计划管理构件　生产计划管理构件主要包括了生产运营预测、生产计划管理、生产运营优化。其中生产计划管理又提供了计划分解、计划排产、产品维护、月度计划分解和年度计划分解等子服务。

⑩ 采购计划管理构件　采购计划管理构件主要提供了供应商管理、采购订单、在途管理三项服务。

⑪ 销售计划管理构件　销售计划管理构件主要提供了销售订单管理、销售计划管理、销售订单跟踪三项服务。

⑫ 产供销一体化计划管理构件　产供销一体化计划管理构件主要包括了产品价格预测、原料价格预测、库存管理（图 6.16）。产品价格预测和原料价格预测中均提供了 4 种价格预测方法，库存管理提供了原材料库存查询、仓库管理、产品库存查询等子服务。

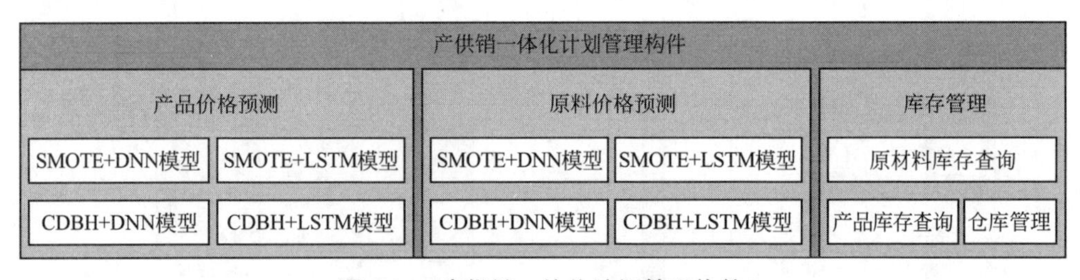

图 6.16　产供销一体化计划管理构件

6.2.2　设备 / 工序 / 车间数字孪生模型

从设备、工序、车间等层面构建物理对象对应的数字孪生模型，包括设备 /

工序的几何模型、位置模型、机理模型、工况（状态监测）和行为模型，以及在设备/工序之上的车间和智能工厂孪生模型，实现制造系统中基于信息物理系统的人机物协同与迭代优化。

（1）2D 工艺流程图编辑器

针对工艺流程图的物理模型数字化工作，智能系统开发了 2D 工艺流程图编辑器（图 6.17），内置 3000 多种行业设备图形组件、28 种动画连接极简配置和 16 种基本图素，能够实现自主绘制工艺流程，支持导入 SVG 矢量图 /CAD 图及其无级缩放。

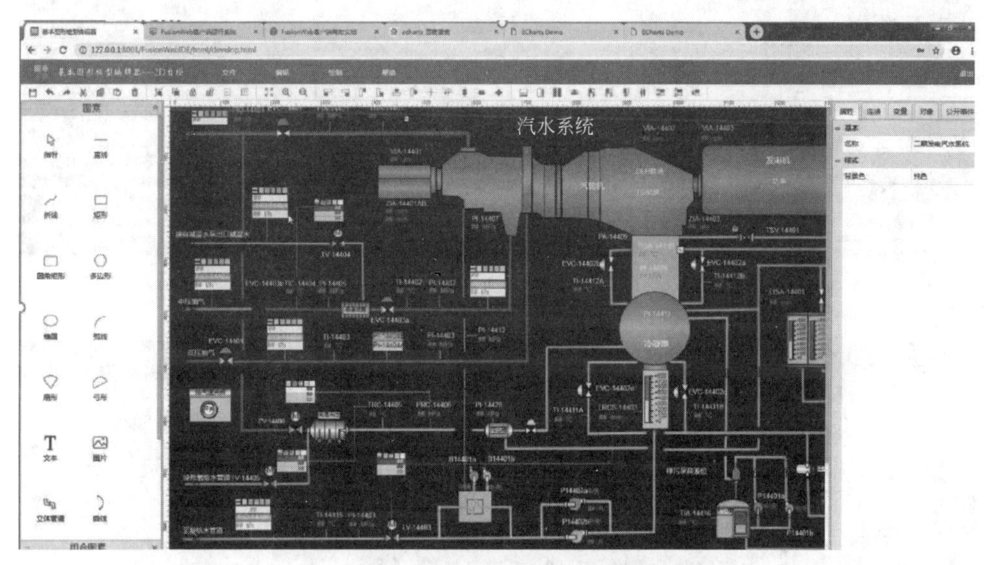

图 6.17　2D 工艺流程图编辑器

（2）3D 数字孪生模型编辑器

针对工艺流程的数字孪生模型如图 6.18 所示。编辑器既可以通过 obj 格式导入，又支持 3D 模型构建再编辑和动画连接极简配置，以及接入现场数据，实现各种模型的数据融合，方便实施阶段与工厂进行数据对接和数据的 3D 可视化。此外，3D 模型编辑器可以实现工艺数据驱动动画、报警自动定位设备、设备仿真、数字孪生、BIM 等拓展功能。

（3）净化工艺孪生模型

针对净化工艺及其物理对象，构建对应的数字孪生模型，实现关键工序优化控制。

图 6.19 为净化车间。部分物理对象采用 BIM 设计技术对各车间结构、设备、

管道、仪表、阀门等进行 1 ：1 建模，例如综合管网、渣过滤及预干燥等，如图 6.20 所示。模型本身携带基础信息，例如柱子尺寸和平台高度、设备名称和型号、管道名称 / 管径 / 壁厚、仪表名称和型号、阀门名称和型号等信息。

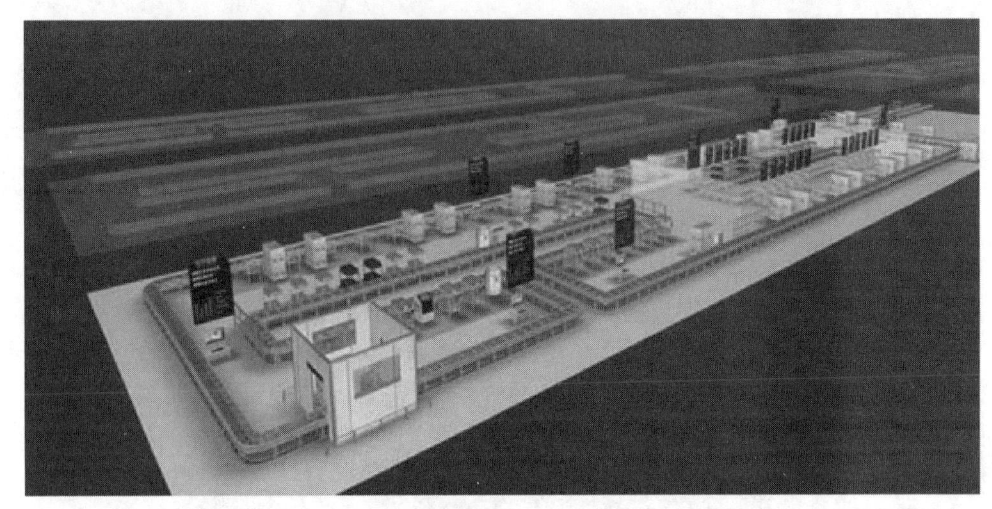

图 **6.18** 数字孪生模型展示

图 **6.19** 净化车间

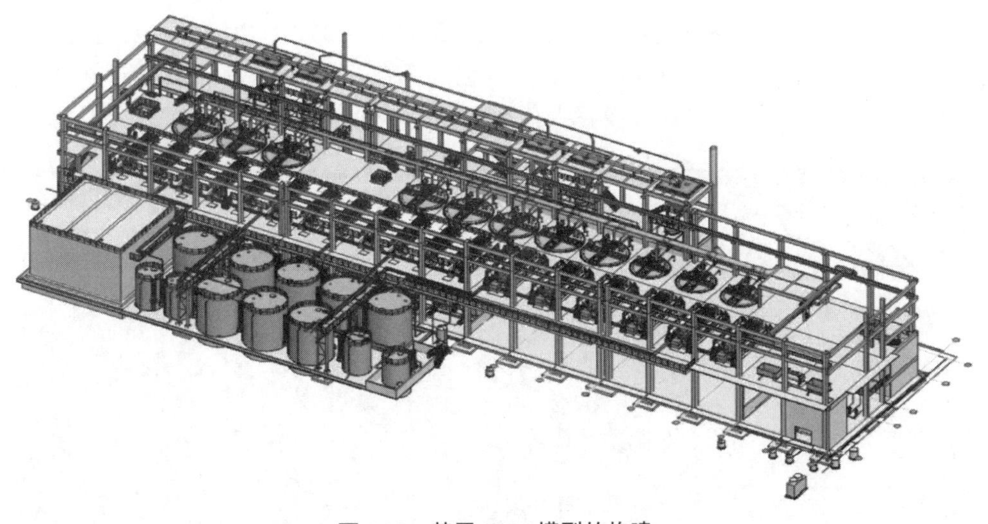

图 6.20　基于 BIM 模型的构建

采用3Ds Max建模技术，对未采用BIM设计的物理结构、设备、管道、仪表、阀门等进行 1 ∶ 1 的建模，此类模型不携带基础信息。为保证虚拟工厂流畅的浏览速度和良好的用户体验，需对已有工程实景和车间模型轻量化渲染，减少冗余面的同时增强场景效果。将采用轻量化渲染技术优化后的工程实景模型和车间模型上线到开发平台，搭建 1 ∶ 1 的虚拟场景，并对场景进行绿化、自然环境、灯光、声音等调节，更加生动形象。图 6.21 所示为搭建的数字孪生车间模型。

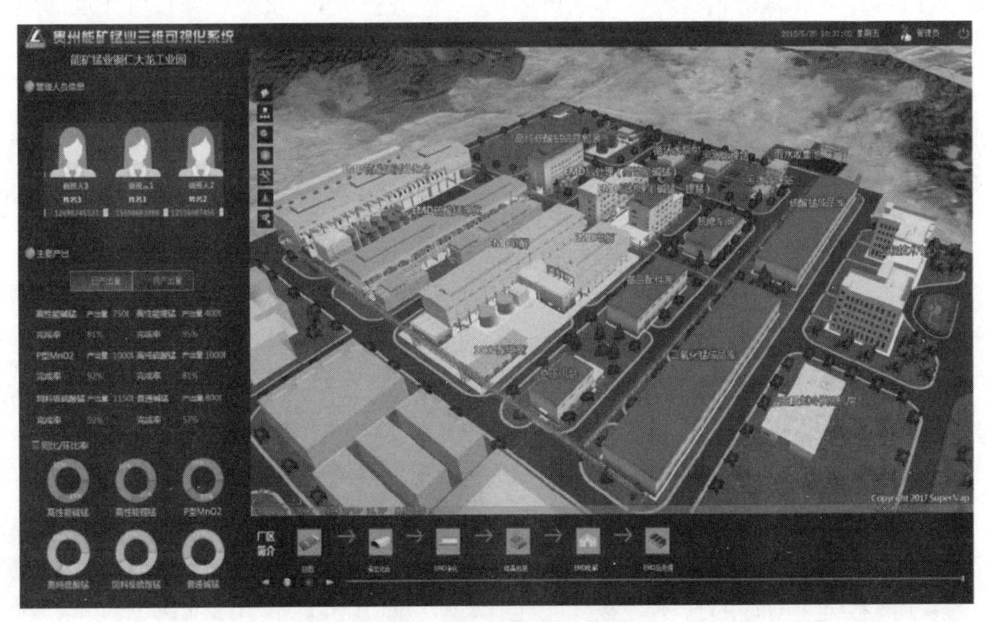

图 6.21　数字孪生车间模型

可视化平台可以实现自由漫游和路径漫游（图 6.22）。自由漫游主要是对场景的基本操作，包括上升、下降、前进、后退、俯视、仰视等。路径漫游支持自定义路径，用户可沿自定义路径设置人行和飞行等不同模式浏览场景。

图 6.22　数字孪生模型的漫游

场景导航按照建模的层级，对场景进行分车间、分生产单元、分重点设备等方式命名，并设置视角跳转，实现快速定位，一键到达。模型和场景可按层级进行隐藏和显示。

如图 6.23 所示，测量功能在可视化平台中可进行距离、高度、面积等测量，进一步明确各设备或构筑物之间的位置关系，为人员行走、车辆运输等提供参考数据。

物理对象按照工艺流程进行可视化展示，根据需求可以分为工厂级、区域级、车间级、生产单元级、设备级等不同的层次。在项目全生命周期中，包含设计基础数据、设备运行数据、DCS 数据、安全及环保数据等多种数据，多种数据可在三维场景中直接展示，也可以进行综合统计后集成为侧边栏进行展示。

工况预警、报警可视化包括生产单元和环保系统的监测、预警和报警等功能。

生产单元实时监测、预警和报警通过生产管理系统获取的生产实时告警信息，在可视化平台采用三维模型高亮、闪烁、色彩变化等方式，结合系统告警列表展示处理（图 6.24）。

环保系统实时监测环保参数，告警信息在可视化平台采用三维模型高亮、闪烁、色彩变化等方式，结合告警列表展示处理（图 6.25）。

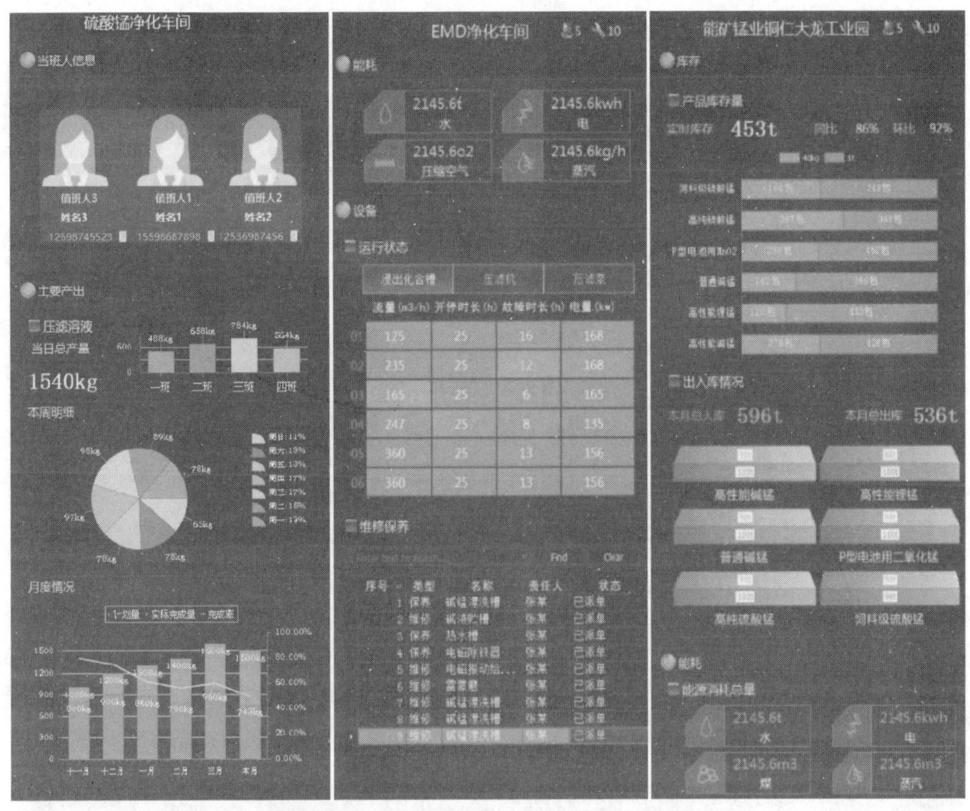

图 6.23　数字孪生车间的参数可视化

图 6.24　预警模型

图 6.25　环境参数模型

生产单元关键设备的预测性维护和健康管理：构建生产单元关键设备（点检、状态检测、运行管理）工序节点的状态管理、监控及故障诊断等远程监控与健康管理模型。设备参数模型见图 6.26。

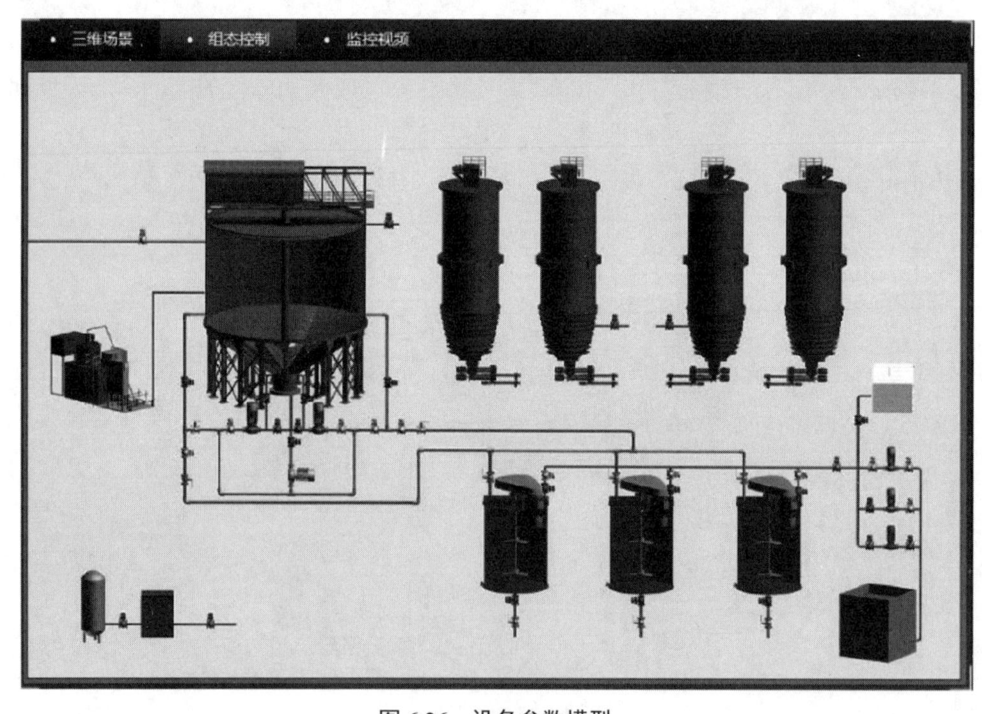

图 6.26　设备参数模型

在设备、工序数字孪生模型的基础上，构建净化工艺（车间）的 3D 数字模型、仿真模型、数据模型、状态控制模型和附属品预测模型，完成净化生产的联合优化和前馈控制，实现基于数字孪生的智能净化控制和优化（图 6.27）。

图 6.27　净化熔炼车间孪生模型

（4）熔炼车间孪生模型

熔炼车间的闪速炉、阳极炉和转炉等物理对象，以及车间的数字孪生模型见图 6.28 和图 6.29。

图 6.28　铜熔炼车间

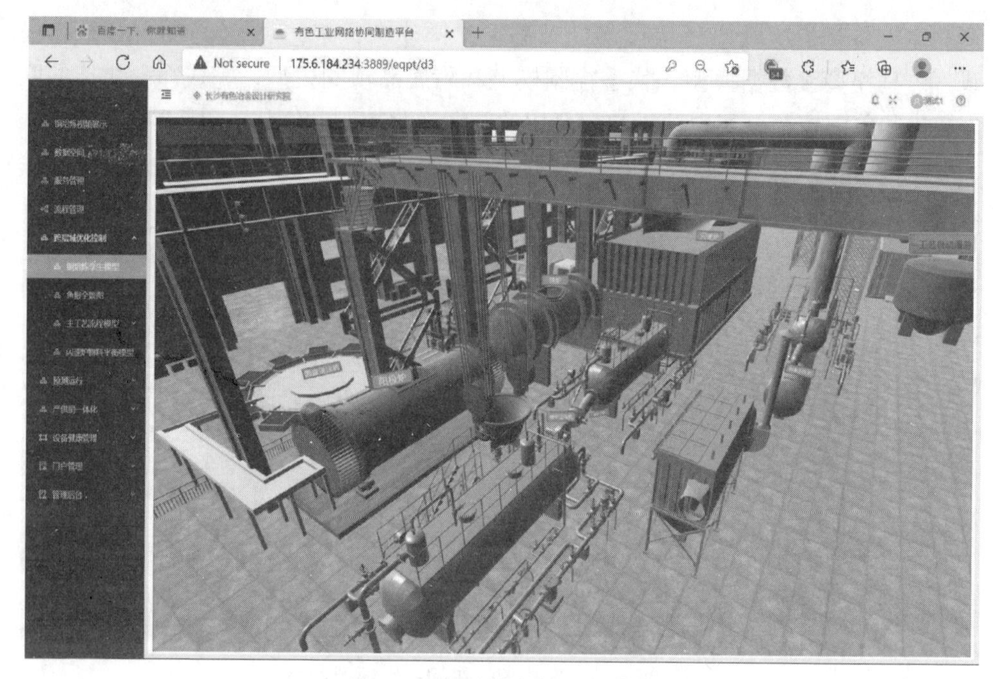

图 6.29　铜熔炼车间孪生模型

2# 闪速炉的几何位置、工况（状态监测）模型，以及基于大数据分析的设备状态参数预测性运营模型见图 6.30。

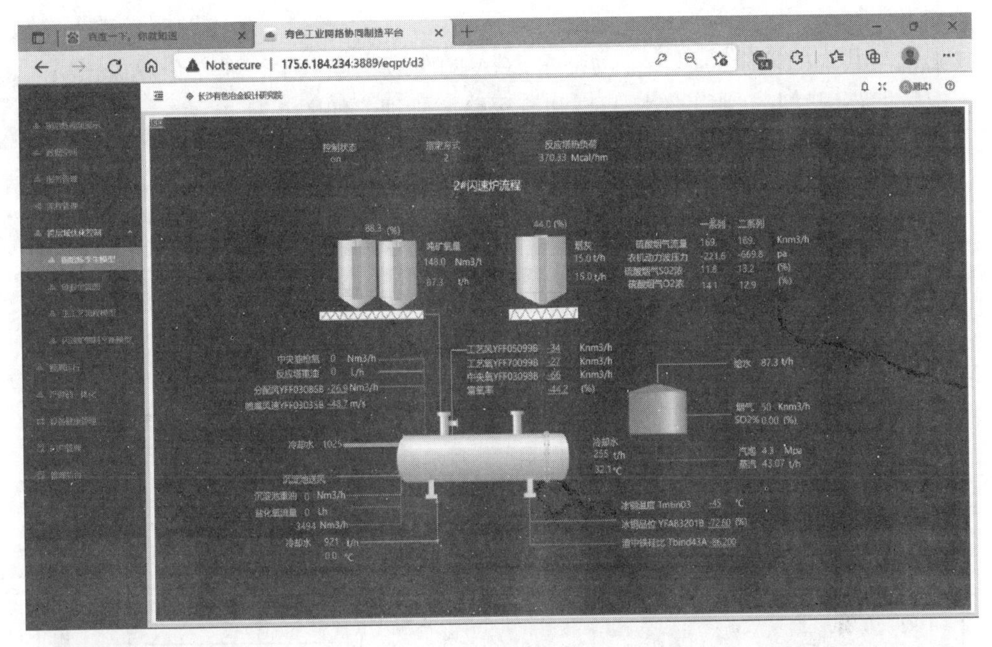

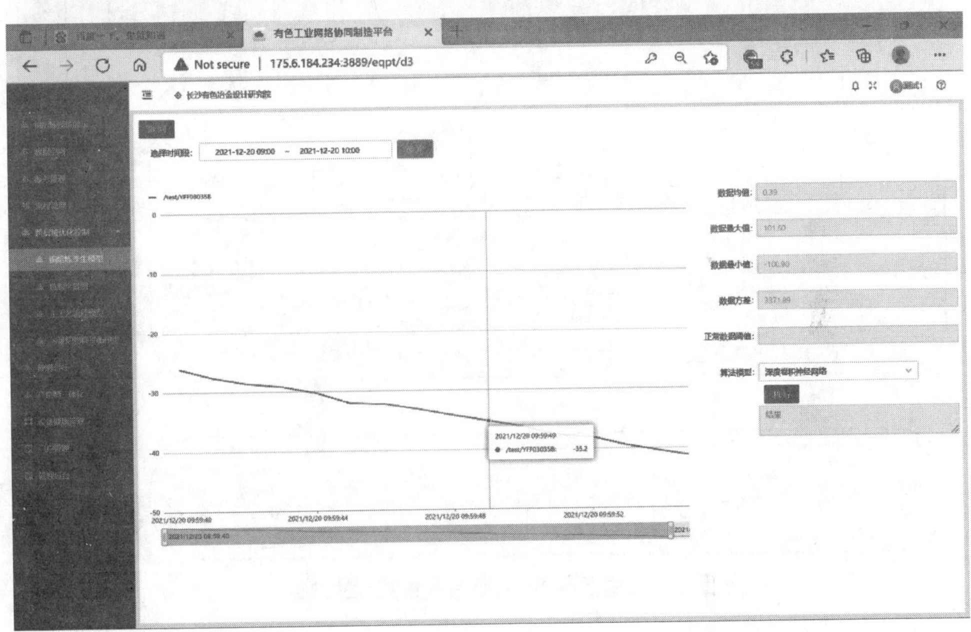

图 6.30　闪速炉的几何位置、工况（状态监测）和参数预测模型

6.2.3　数据互联 / 服务共享 / 流程管理的跨域集成框架

有色金属工业的选矿、冶炼、生产调度、物流转运及仓储管理等系统构成一

个动态、复杂、跨层跨域的企业生产运营环境，管控融合、多主题服务数据跨层域集成与共享的需求突出。开发基于SOA的跨域集成框架，建立企业数据空间，实现数据跨域互联、服务跨域共享和流程跨域管理，如图6.31所示。

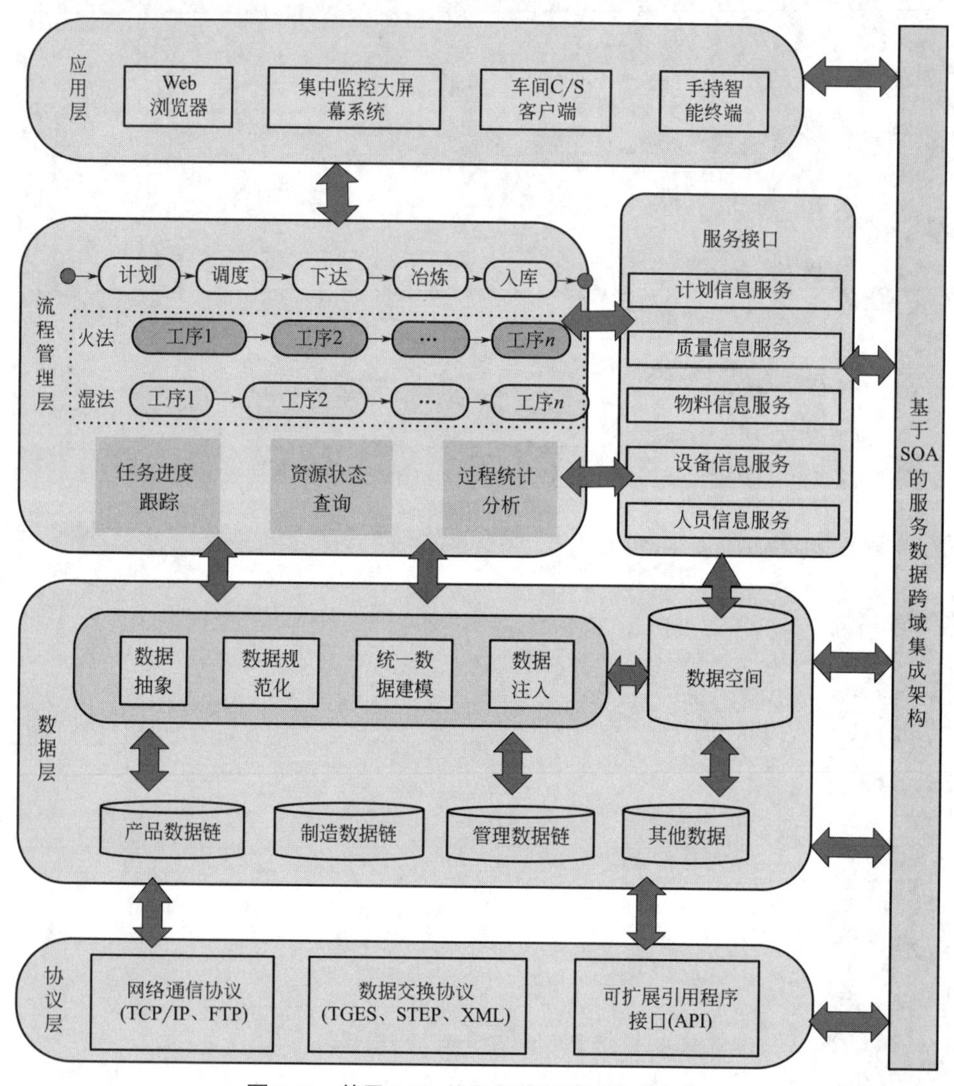

图6.31　基于SOA的服务数据跨域集成架构

SOA（service-oriented architecture，面向服务的架构）是一种分布式服务架构的构建思想和方法论，把各个系统分离成不同的服务，使用接口进行数据交互，达到整合系统的目的。

SOA架构提供了一种新的系统交互方式，首先针对各系统的协议、地址、交互方式构建统一标准，然后各系统分别根据所建立的统一标准向数据总线进行注册，各子系统调用其他子系统时，直接寻找数据总线，数据总线再根据统一标准寻找其他子系统，数据总线在 SOA 架构中充当中介和字典功能，如图 6.32 所示。

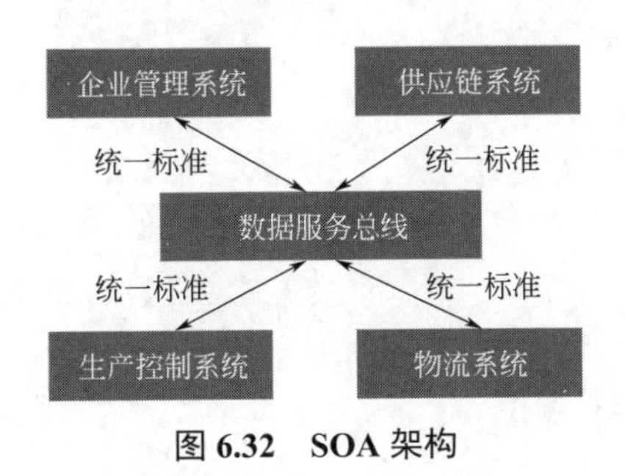

图 6.32　SOA 架构

（1）基于数据空间的实时数据跨域互联

针对有色金属冶炼全过程，结合现有企业信息化集成平台中存在的多源数据，进行数据的分析和整理。这些数据来自企业级 ERP 系统，以及精矿仓、熔炼车间、选矿车间、电解车间、硫酸车间等工艺车间的工艺系统及辅助生产系统，还有来自金属冶炼过程闪速炉、转炉、阳极炉、卡尔多炉、倾动炉等关键设备的 DCS 系统，借助现有的网络通信协议、数据交换协议、可扩展应用程序接口等各类协议，结合多源数据的分析与整理结果，在数据层构建涵盖产品数据、制造数据、管理数据等主题域的数据空间。

基于 SOA 架构中的元数据仓库构建方式，对有色金属冶炼全过程中所识别出的数据层中的多源数据，进行数据的抽象、数据的规范化、数据模型的统一，提取元数据，接下来，将这些元数据按照其在有色金属冶炼全过程中所对应的计划、调度、下达、冶炼、入库等各个流程环节，以及产品、制造、管理、物流和设备等相关流程，构建与 SOA 架构中相对应的元数据模型，并在此基础上构建适用于 SOA 架构的处理层和元数据仓库。进而，以与有色冶炼全流程相关的元数据集合为数据空间的数据集，以与有色冶炼全流程服务相关联的数据分类、查询、更新、索引等为基础服务，来构建服务数据跨域集成架构的数据空间（图 6.33）。

数据空间为整个网络协同制造平台提供了数据支持，具体包含了领域数据空间、领域知识图谱。有色金属冶炼过程数据空间主要提供了产品域、制造域、管理域、运营保障域响应的数据统计分析等功能，可以观察实时生产运营情况、设备运行状态评价和人员监控。有色金属冶炼过程领域知识图谱主要提供了实体查询、关系查询、命名实体查询等功能，铜冶炼过程领域知识图谱实现了 458 例实体总数、958 条关系总数（图 6.34）。

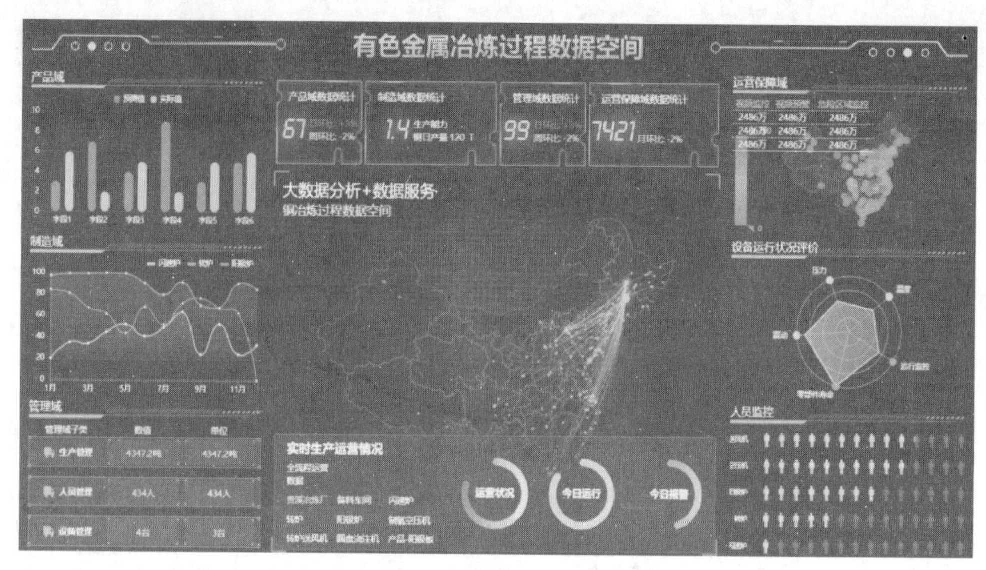

图 6.33　数据空间可视化模型

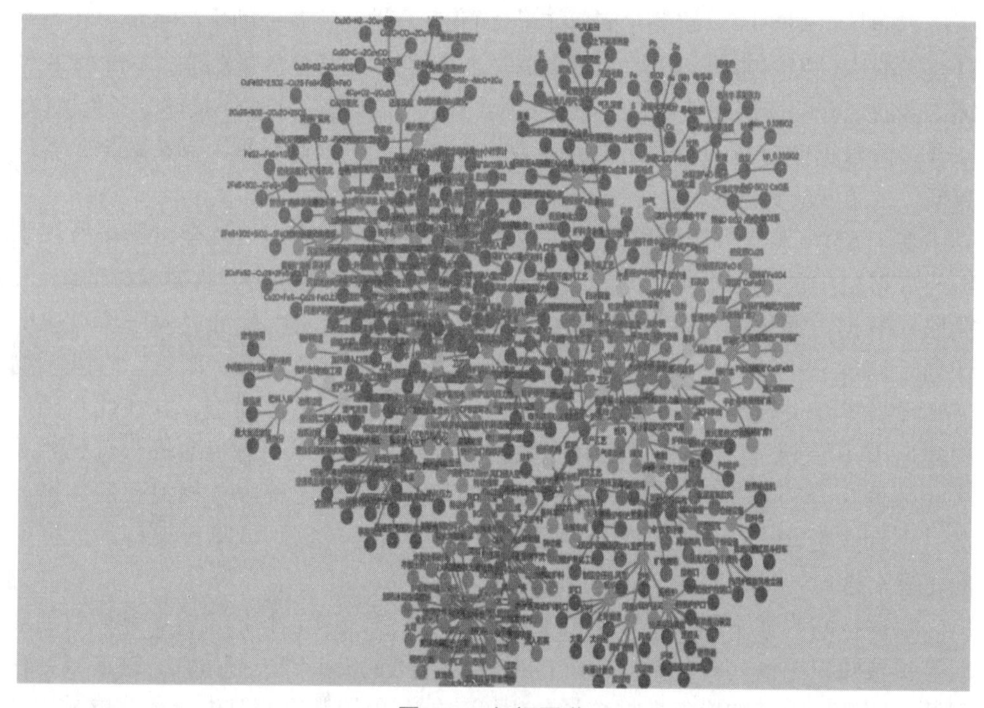

图 6.34　知识图谱

各类控制系统及各类生产、运营、管理系统之间缺乏有效的数据互联，基于 SOA 的数据跨域集成架构和数据空间涵盖来自有色金属冶炼原料厂、备料车间、熔炼车间等分布在不同地域、不同层次的制造信息。这些产品 / 制造 / 管理等主题域数据通过分布式服务总线中的通用协议配置器、数据库适配器等多种可拔插适配器链接进入分布式服务总线的数据总线，形成数据共享通道，实现实时数据跨域互联。其中，实体和关系查询界面见图 6.35。

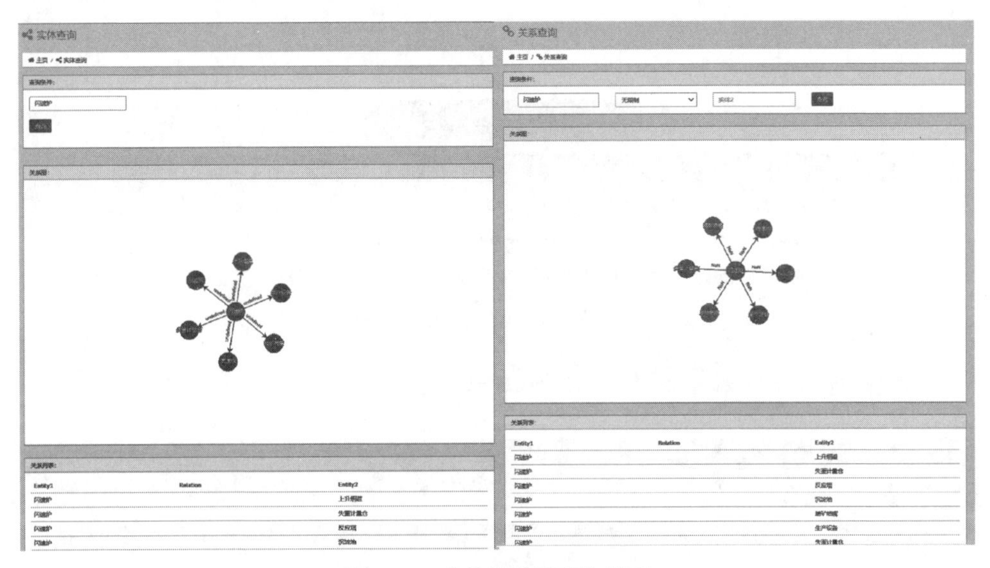

图 6.35　实体和关系查询界面

命名实体识别界面见图 6.36。

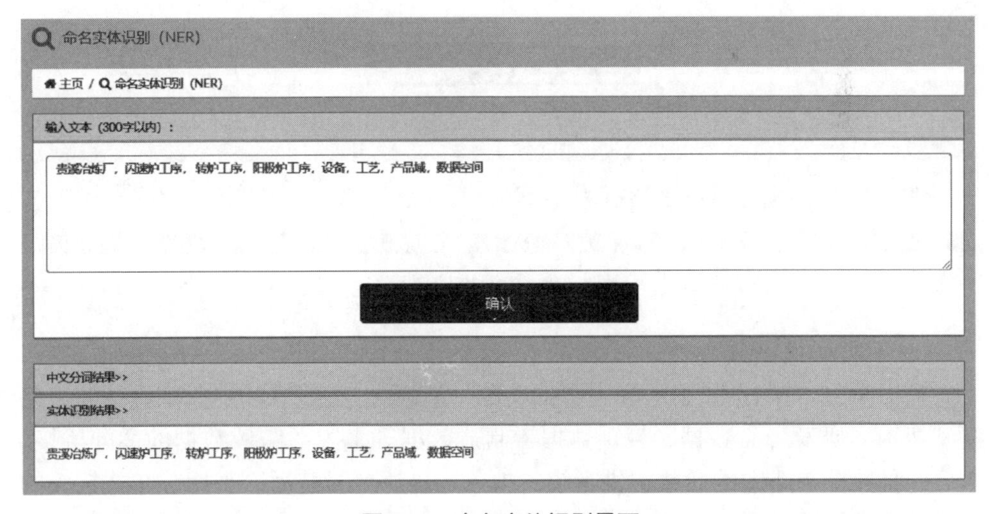

图 6.36　命名实体识别界面

实体间关系识别界面见图 6.37。

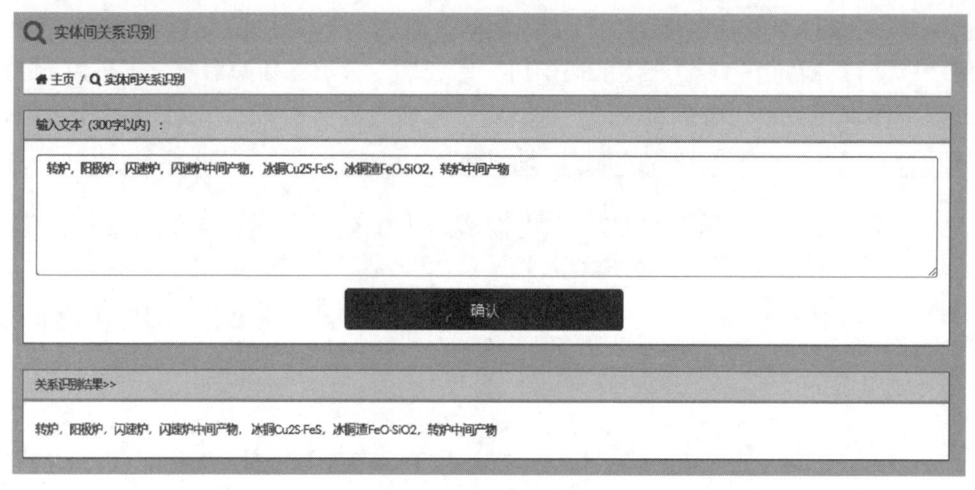

图 6.37　实体间关系识别界面

知识推理界面见图 6.38。

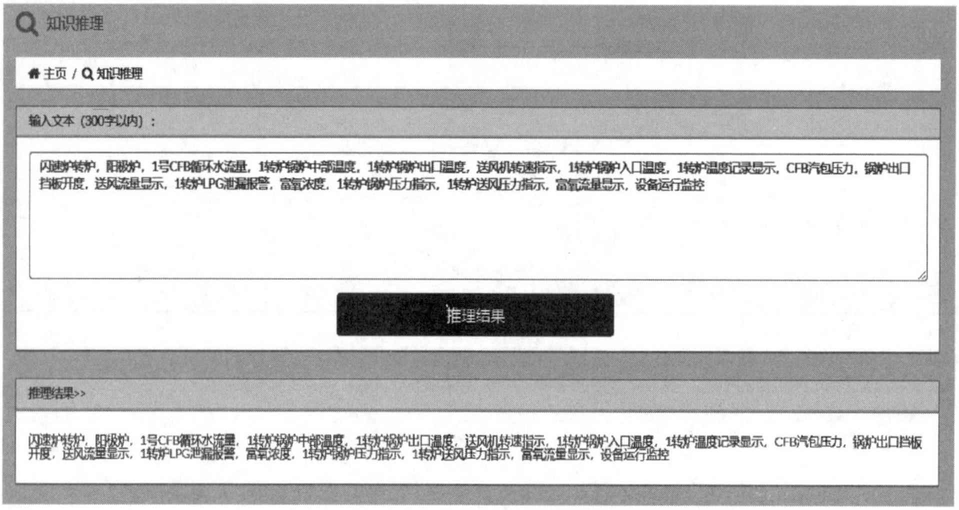

图 6.38　知识推理界面

（2）服务跨域共享

基于 SOA 的中介服务（涵盖技术网关、适配器、外观和功能添加服务）组建模型架构，研发产品数据、管理数据、制造数据等多主题跨域数据的适配桥接。然后，将数据空间中的元数据进行统一抽象、描述及封装后，采用分布式接入的方式接入桥接适配层，按统一的接口向上连接各种流程管理及数据服务组件，构建涵盖计划、质量、物料、设备、人员等信息服务接口的标准化服务共享交换接口，使异构组件以统一方式进行交互。

在此基础之上，以有色冶炼全流程各类生产管控系统为核心，以各类系统提供的生产过程监控、任务进度跟踪、供应链状态查询、设备故障诊断等为系统服务，封装涵盖生产、能源、设备、物流等业务的流程逻辑和知识，构建管理层和应用层，提供跨系统、跨域的数据访问和调用方案。服务管理中，提供了平台中所有服务的名称、描述、调度类型、运行脚本等信息，具体提供了 171 个服务。服务列表见图 6.39。

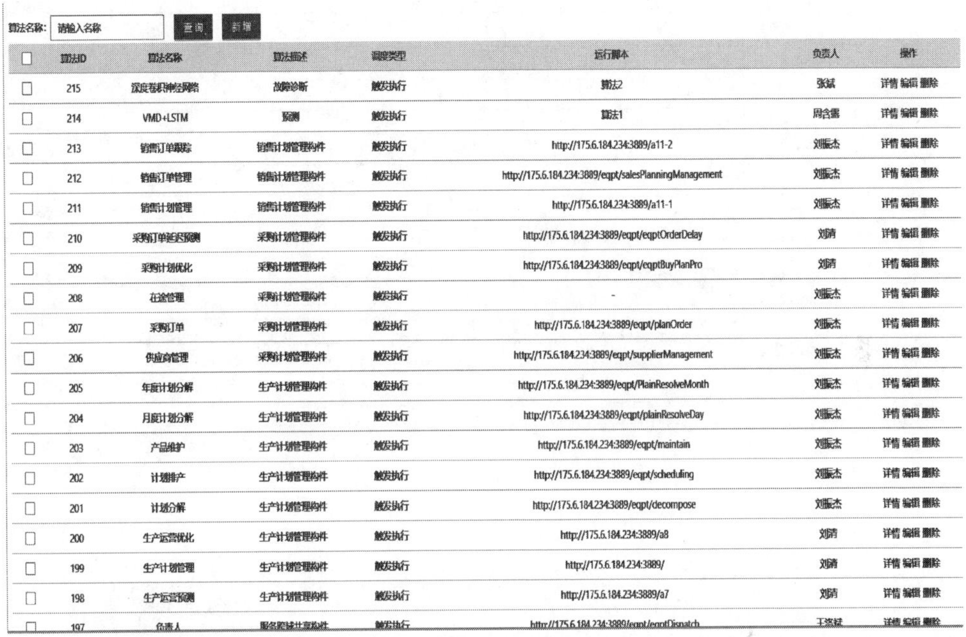

算法名称：请输入名称 查询 新增

☐	算法ID	算法名称	算法描述	调度类型	运行脚本	负责人	操作
☐	215	深度卷积神经网络	故障诊断	触发执行	算法2	张斌	详情 编辑 删除
☐	214	VMD+LSTM	预测	触发执行	算法1	周含露	详情 编辑 删除
☐	213	销售订单跟踪	销售计划管理构件	触发执行	http://175.6.184.234:3889/a11-2	刘振杰	详情 编辑 删除
☐	212	销售订单管理	销售计划管理构件	触发执行	http://175.6.184.234:3889/eqpt/salesPlanningManagement	刘振杰	详情 编辑 删除
☐	211	销售计划管理	销售计划管理构件	触发执行	http://175.6.184.234:3889/a11-1	刘振杰	详情 编辑 删除
☐	210	采购订单延迟预测	采购计划管理构件	触发执行	http://175.6.184.234:3889/eqpt/eqptOrderDelay	刘清	详情 编辑 删除
☐	209	采购计划优化	采购计划管理构件	触发执行	http://175.6.184.234:3889/eqpt/eqptBuyPlanPro	刘清	详情 编辑 删除
☐	208	在途管理	采购计划管理构件	触发执行	-	刘振杰	详情 编辑 删除
☐	207	采购订单	采购计划管理构件	触发执行	http://175.6.184.234:3889/eqpt/planOrder	刘振杰	详情 编辑 删除
☐	206	供应商管理	采购计划管理构件	触发执行	http://175.6.184.234:3889/eqpt/supplierManagement	刘振杰	详情 编辑 删除
☐	205	年度计划分解	生产计划管理构件	触发执行	http://175.6.184.234:3889/eqpt/PlainResolveMonth	刘振杰	详情 编辑 删除
☐	204	月度计划分解	生产计划管理构件	触发执行	http://175.6.184.234:3889/eqpt/plainResolveDay	刘振杰	详情 编辑 删除
☐	203	产品维护	生产计划管理构件	触发执行	http://175.6.184.234:3889/eqpt/maintain	刘振杰	详情 编辑 删除
☐	202	计划排产	生产计划管理构件	触发执行	http://175.6.184.234:3889/eqpt/scheduling	刘振杰	详情 编辑 删除
☐	201	计划分解	生产计划管理构件	触发执行	http://175.6.184.234:3889/eqpt/decompose	刘振杰	详情 编辑 删除
☐	200	生产运营优化	生产计划管理构件	触发执行	http://175.6.184.234:3889/a8	刘清	详情 编辑 删除
☐	199	生产计划管理	生产计划管理构件	触发执行	http://175.6.184.234:3889/	刘清	详情 编辑 删除
☐	198	生产运营预测	生产计划管理构件	触发执行	http://175.6.184.234:3889/a7	刘清	详情 编辑 删除
☐	197	负责人	服务跨域共享构件	触发执行	http://175.6.184.234:3889/eqpt/eqptDispatch	[illegible]	详情 编辑 删除

图 6.39 服务列表

可以编辑服务内容如图 6.40 所示。

（3）流程跨域管理

根据工艺优化、智能控制、计划调度、物料平衡、设备运维和能源管控等工作业务，对业务流程实行业务管理、业务模拟，实现各种业务流程信息的自动交换，以便改进企业操作，减少企业成本，提高各类业务响应速度，实现各类业务协同，对各类业务流程实现跨域管理。

流程跨域管理整体运行场景如图 6.41 所示，有色金属冶炼行业具有多种跨域业务，根据业务产生不同的初始流程，提取异构、跨域工作流之间的共享特征和方法，并通过流程整合算法整合出新的完整流程，为了让流程能够实际生效，有效运行，开发新的流程跨域管理工具对整合后的完整流程进行运行、维护、管理等，借助流程跨域管理可视化开发工具进行可视化，将各类小流程整合成新的完整大流程，更有助于有色金属企业实现流程模块化管理，使生产、运营、管理过程更加高效。

算法编辑 X

* 算法名称：深度卷积神经网络

* 运行脚本：算法2

调度类型：触发执行

* 算法描述：故障诊断

* 负责人：张斌

输入参数：新增 删除

	参数名称	输入方式	默认值	描述
☐	startTime	日期	2021-11-16 14:10:24	开始时间
☐	endTime	日期	2021-11-16 15:10:24	结束时间

< 1 >

取消 确定

图 6.40 可编辑服务内容

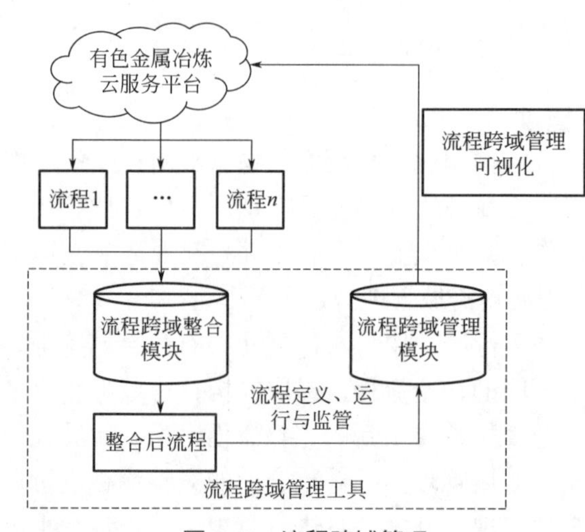

图 6.41 流程跨域管理

针对流程跨域管理可视化部分，利用 Petri 网对流程跨域管理可视化进行建模，Petri 网的作用是用于描述和分析系统中的控制流和信息流，尤其适合具有异步和并发活动的系统模型。如图 6.42 所示，域 1 和域 2 代表有色金属冶炼过程某一关键流程，其中包含不同的系统以及工作流，将域 1 与域 2 中的流程通过并行与拆分路由 T1 联系起来，再通过并行域合并路由将两个流程汇聚起来，形成新的大流程。

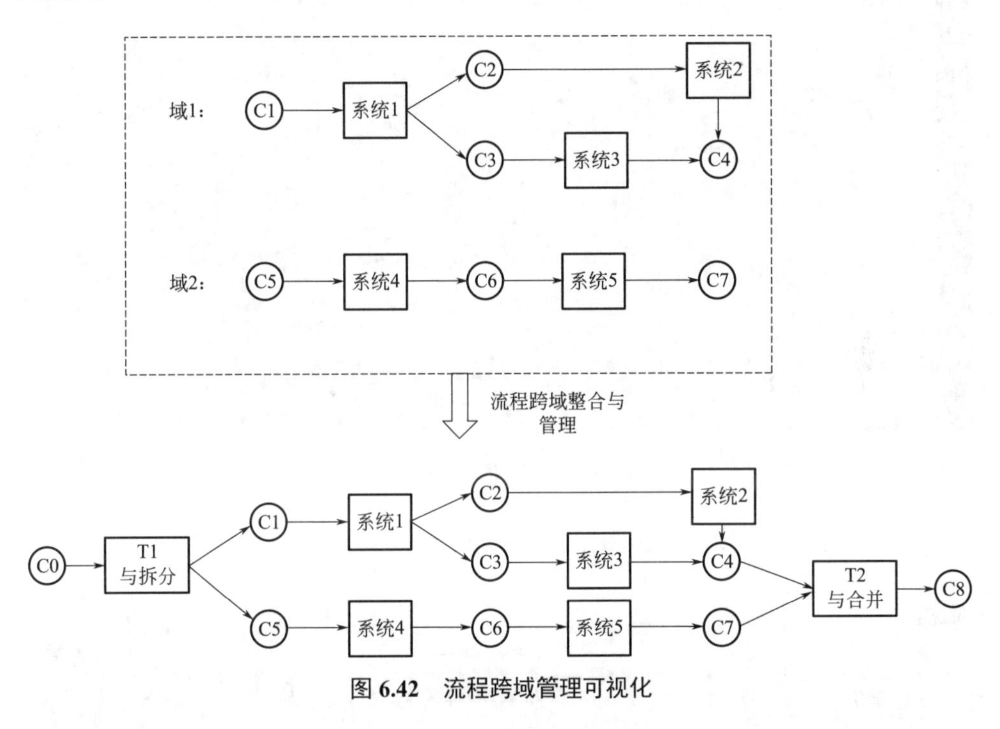

图 6.42　流程跨域管理可视化

流程管理中提供了流程定义、待办任务、已办任务查询、编辑等功能，如图 6.43 所示为流程定义。

	流程定义名称	日期	操作
□	测试	2021-07-27 12:15:21	设计 修改 删除
□	213	2021-10-14 09:31:47	设计 修改 删除
□	闪速炉工序	2021-11-04 13:51:20	设计 修改 删除
□	制氧空压机设备	2021-11-04 14:03:13	设计 修改 删除

图 6.43　流程定义

具体闪速炉工序流程定义如图 6.44 所示。

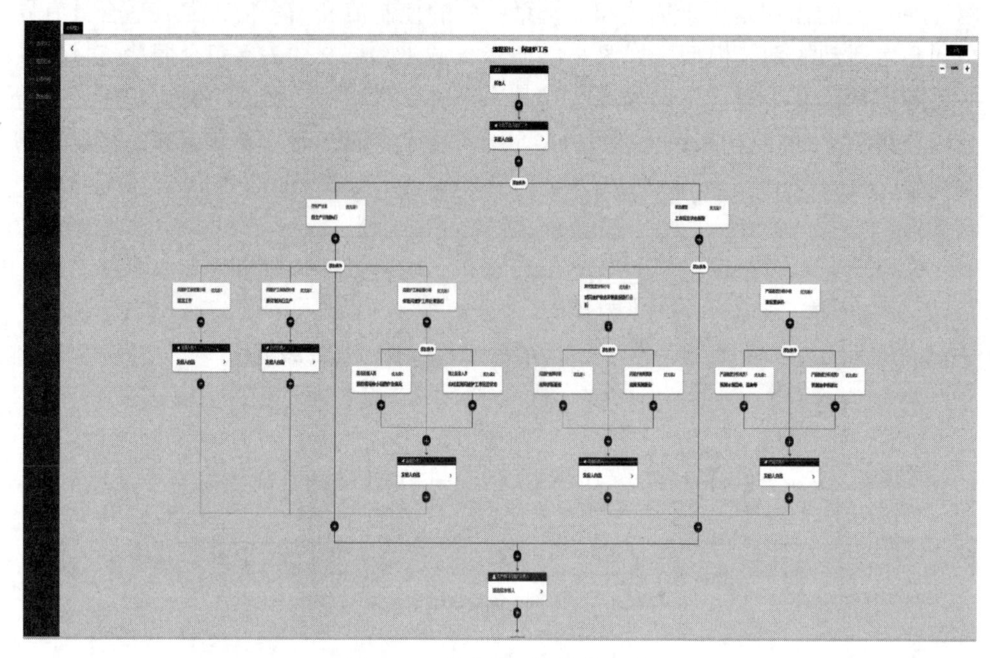

图 **6.44**　闪速炉工序流程定义

可以按需求自行定义流程图，如图 6.45 所示。

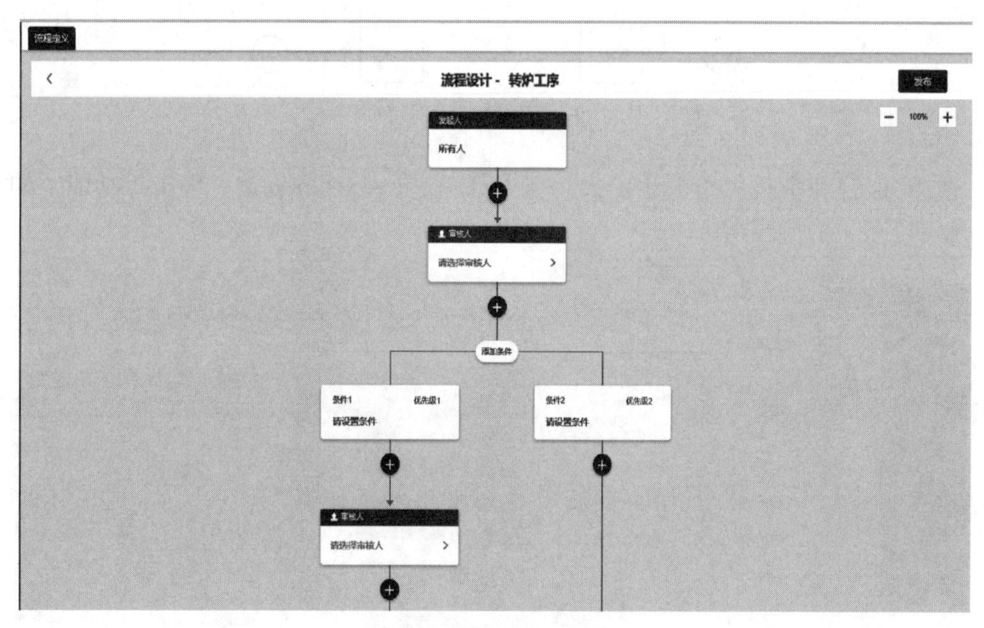

图 **6.45**　流程自定义过程

6.3 基于 HCPS 的业务协同决策支持系统

在有色工业网络协同制造平台中，图 6.46 展示了有色金属冶炼过程 - 铜元素蜕变路线。铁路编组站、计划智能编排、信号自动开放，每一列机车上应用兼容 GPS、GLONASS 和北斗定位系统，实现了信息流、物资流、资金流的三流合一。配料是铜精矿完美蜕变的起点，计算机控制的自动配料系统精准控制原料配比。混合铜精矿智能运输的整个过程由计算机自动控制，自动发出指令。熔炼是铜精矿走向至纯之路的关键环节，铜精矿在闪速炉数学模型及炉体感温技术的调控下产出冰铜。冰铜在转炉进行造渣造铜吹炼，灵活便捷的风眼机器人时刻保证送风时效，计算机精准智能判断造渣造铜期结束。粗铜在阳极炉进行浅氧化还原精炼，计算机对氧化还原过程进行提前预测，生产出品位达到 99.3% 以上的阳极铜，在圆盘浇铸机被浇铸成厚薄均匀、平整致密的阳极板，通过智能地下自动转运系统运输入库，阳极板被输送到电解车间完成至纯品质的最后升华，电解全流程智能控制，产出纯度高达 99.99% 的阴极板。

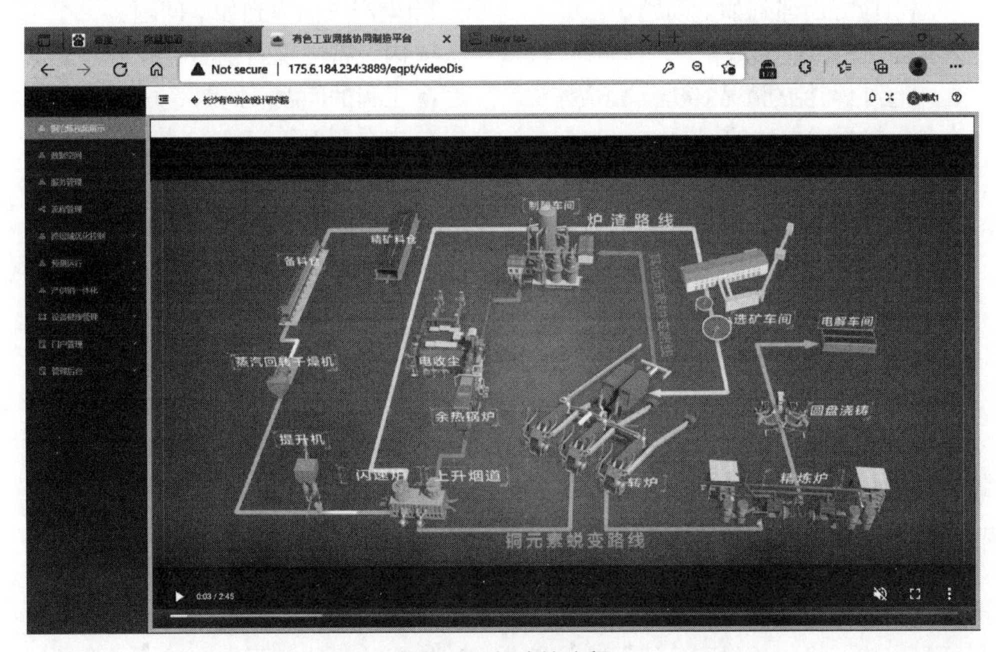

图 6.46　铜冶炼流程

所有的有价元素都将被赋予价值，通过闪速炉余热锅炉余热回收，硫酸铜、三氧化二砷等重要化工原料回收用于工厂发电和供热。熔炼过程中产生的炉渣通过智能缓冷、尾矿无人装车等先进工艺引领国内渣选行业。在极板电解过程中生成的阳极泥，经处理后输送至稀贵车间，完成金、银等高价值稀贵金属的析出和提纯。

在 12 个平台功能构件的基础上，面向火法 / 湿法 2 类流程的有色金属冶炼过程，提供基于人信息物理系统的主工艺跨层域优化控制、预测性维护与调度联合优化、产供销一体化计划等业务协同决策支持系统。

6.3.1 产供销一体化计划

有色金属工业生产类型以预测生产为主，主要采用以产定销的方式生产，根据制定的企业年度生产计划确定销售计划，将年度生产计划分解成季度生产计划和月生产计划，进一步根据生产计划、冶炼厂原料库存和在途来料，计算出完成生产计划所需的最小原料。对原料价格和有色金属价格进行预测，计算投产价差，基于价值预测趋势，结合库存及资金约束，确定原料采购计划。产供销一体化计划业务流程如图 6.47 所示。

（1）产供销一体化计划优化建模过程分析

当供应方面遇到如下问题：

- 原材料供应紧缺；
- 遇到不可控的情况（灾害、疫情等）；
- 运输异常导致的问题；
- 临时采购的问题；
- 原料品位波动过大下的配料调整。

当生产方面遇到如下问题：

- 因设备出现问题而不能生产；
- 工程的问题（拖期等）；
- 安全环保等问题；
- 检修、作业问题；
- 产能问题。

当销售方面遇到如下问题：

- 产品的仓库和发运异常；
- 产品出现质量问题。

考虑当出现以上问题时，工厂的产供销如何能够协调一致，确保能够正常运行。产供销一体化计划耦合分析如图 6.48 所示。通过调研发现，铜冶炼采取以产定销的方式，以产能的最大化来降低加工成本，提升市场竞争力。因此在其产供销一体化计划决策中，由“产”定“销”、由“产”定“供”。有色金属冶炼是经过火法或者湿法工艺从含有多种金属的矿石原料中获取一定纯度的金属单质或者金属化合物的生产过程。有色金属冶炼的矿石原料产地多、构成复杂，为了保持冶炼过程的稳定和高效，必须综合考虑原料的品位、构成、物流和价格等因素进行原料采购，优化原料配比满足企业特定的冶炼工艺和装备要求，兼顾产品的市场需求，通过降低原料成本、稳定产品质量、提高生产效率、合理安排产品库存等手段达到理想的技术经济指标，提高企业的综合经济效益。

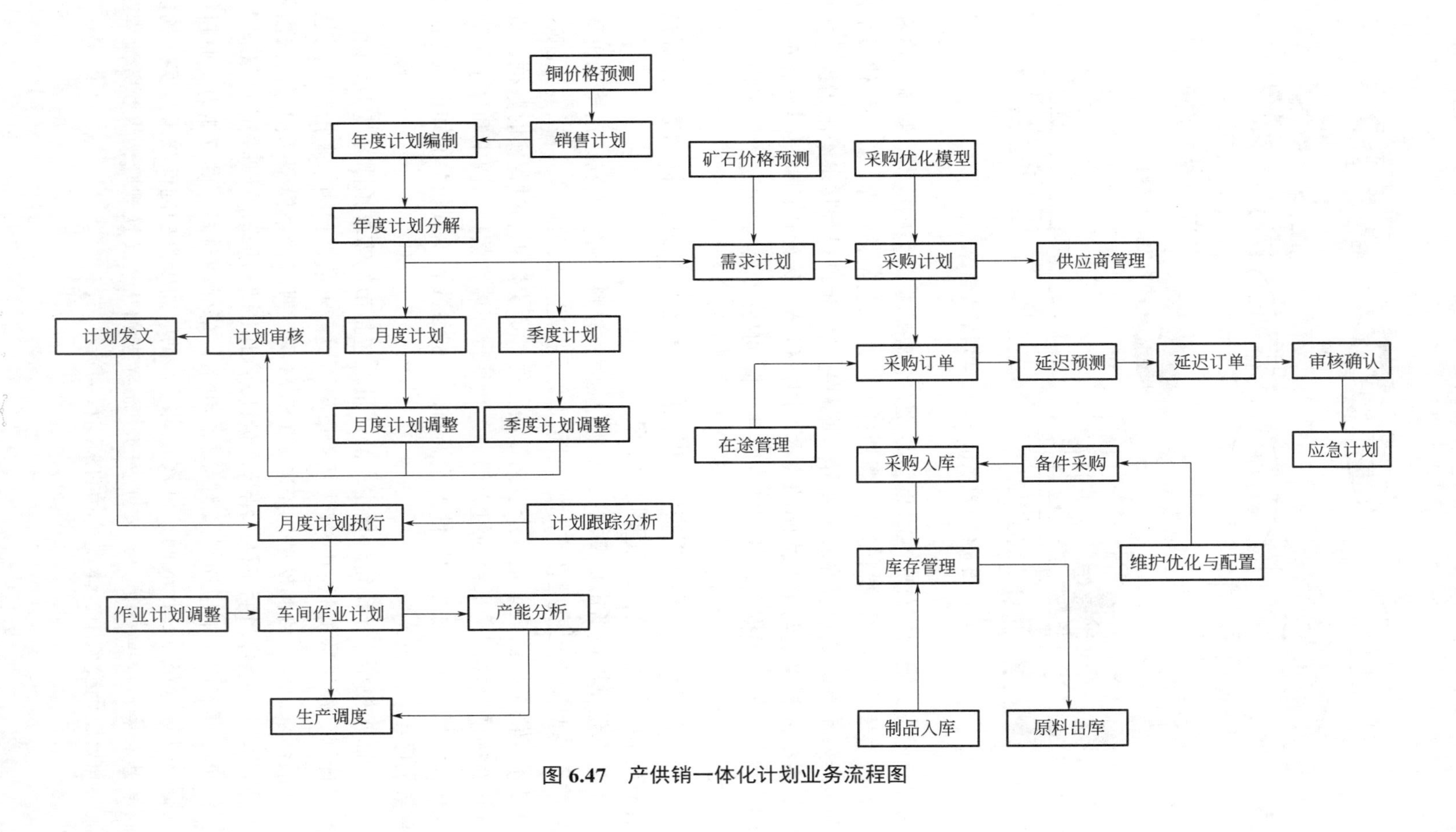

图 6.47　产供销一体化计划业务流程图

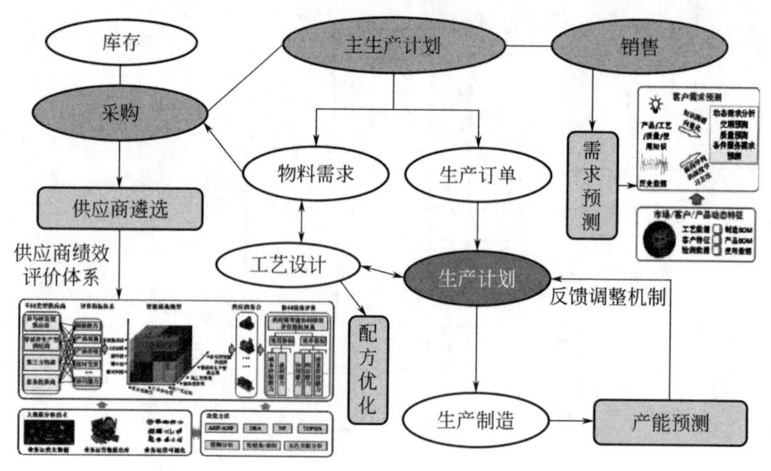

图 6.48　产供销一体化计划耦合分析

原料成本占铜冶炼总成本的 90% 以上，包括原料的采购成本、物流成本和库存成本。冶炼不同矿石原料时的能源消耗、生产工艺调整过程、设备维修维护成本、生产效率等方面也存在较大差异。原料是决定生产过程技术经济指标的主要因素，平衡原料采购与生产之间的成本，即产供销一体优化计划是提高有色冶炼经济效益的关键。根据企业的工艺和装备实际的技术经济性能，综合考虑矿石原料的采购与生产计划编制，特别是通过优化原料的种类、数量、订单提前时间、优化配料、合理编制生产计划来实现以供应链优化为核心的协同制造，是提高有色冶炼企业综合经济效益的重要技术手段。

生产单元建模包括市场需求、原料供应商、原料存储、配料、冶炼加工等在内的单元模型。单元模型在实际的时间尺度下描述产供销物理对象的功能响应、估计技术经济指标。模型是一个包括算法程序、历史数据、过程实时数据、机理和知识在内的整体，是平台的组成部分，与平台环境在数据、调用和显示等方面集成一体。模型采用独立的软件模块编制，模型参数和模型相关的知识库存储于平台数据库中。

市场需求模型用于确定新增主产品产量，包括市场需求预测、基于知识的新增产量计划。通过数据驱动的方法基于市场历史需求数据预测未来指定时间范围内的产品需求总量。预测模型优先采用 LSTM 深度神经网络模型结构。根据预测的产品需求量，结合当期库存，结合产量计划知识库自动确定计划新增产量。

供应商模型用于响应原料采购需求，包括订单处理时间、供应能力、原料检验数据、供货价格、物流时间、付款方式等。供应商模型中的参数来自实际的供应商信息采集和管理系统。定义对应的状态标志和状态转换规则，将商务流程和物流时间集成到模型中，体现实际的采购行为特征。

原料库存模型用于维护原料存储信息并产生成本输出，包括存储单元的数量、编号、容积、存料量、存料检验数据、原料供货商、进料操作准备时间、出料操作准备时间、实际进料速率、实际出料速率，定义对应的状态数据以及状态转换规则，体现实际的物料存储操作特征。

配料模型用于确定不同原料之间的比例，包括原料选择空间、配合料的采购成本、配料工艺知识库，经过模型计算输出配料方案、配料成本和配料方案的可持续时间。定义对应的状态数据以及状态转换规则，体现实际的配料操作特征。

冶炼加工模型用于计算指定原料下的冶炼加工过程的技术经济指标，包括处理能力上下限、产出计算、生产效率、能源成本、质量指标、装备维修维护成本等。冶炼模型是一个统称，在具体的有色冶炼工艺流程中，冶炼加工模型是该流程中的各个加工工序或者单元装置的模型。冶炼加工模型基于存储在平台数据库中的历史生产数据，通过数据驱动的方法获得。优先采用神经网络或者非参数估计的方法。定义对应的状态数据以及状态转换规则，体现实际的冶炼加工过程特征。

中间存储模型用于维护中间产品库存信息并产生库存成本输出，包括当前中间产品库存量、新增中间产品库存量、出库中间产品量、中间产品在库累计时间、库存成本。定义对应的状态数据以及状态转换规则，体现中间产品存储操作特征。

产品库存模型用于维护产品库存信息并产生库存成本输出，包括当前产品库存量、新增产品库存量、出库产品量、产品在库累计时间、库存成本。定义对应的状态数据以及状态转换规则，体现产品存储操作特征。

运营建模将单元模型按照冶炼流程进行逻辑连接，组合形成描述有色冶炼企业的运营模型。各个单元模型接收外部离散事件输入，产生内部状态并依据规则进行状态的转换，输出离散事件并触发关联单元模型。离散事件包括设备启停、间歇进料、设备故障、工艺调整、物料数量和质量波动、出料、检化验等在实际生产过程中发生的并影响生产过程的各种因素。

（2）产供销一体优化计划模型

以一组企业运营决策作为输入，获得企业运营的实际技术经济指标作为输出，将这些输入输出数据作为一个决策样本点。通过对决策空间的多次采样，经仿真可以得到多个决策样本点。多个决策样本点构成一个表征企业运营的决策样本集合。在产供销可行的决策空间内，基于该样本点集合，寻找以综合经济指标提升或者其他运营指标改善为目的的最优决策。

建立产供销一体化计划模型，包括目标函数和约束条件两部分。

产供销一体优化计划的主要目标是在特定产量的前提下，使采购和生产成本最低。目标函数由以下成本目标构成，但不限于如下目标：

采购成本：$J_c = \sum_{i=1}^{n} Q_i P_i$；

原料库存成本：$J_m = \sum_{i=1}^{n} \sum_{k=T_i}^{T_L} \left\{ \left[\left(Q_i + W_i \right) - G_1 \left(k \right) x_i \left(k \right) \right] C_i^m \right\}$；

生产成本：$J_p = \sum_{i=1}^{S} \sum_{k=T_i}^{T_L} G_i \left(k \right) C_i^p$；

产品库存成本：$J_w = \sum_{k=T_i}^{T_L} \left\{ \left[H_0 + h\left(k \right) - r\left(k \right) \right] C_w \right\}$；

中间产品库存成本：$J_z = \sum_{k=T_i}^{T_L} \left\{ \left[U_0 + u\left(k \right) - e\left(k \right) \right] C_z \right\}$。

产供销一体优化计划的主要约束条件包括供应商供应量范围（采购量的上下限）、各个生产单元产能上下限、上下游工序物料平衡约束、原料配比成分的波动范围等。但不限于这些内容：

采购量上下限约束：$Q_i^{\min} \leqslant Q_i \leqslant Q_i^{\max}$，$i \in \{1, \cdots, n\}$；

冶炼单元产能约束：$G_s^{\min} \leqslant G_s \leqslant G_s^{\max}$，$s \in \{1, \cdots, S\}$；

物料平衡约束：$G_{s+1} = D\left(G_s \right)$（以串行工序为例，可以推广到带有多输入和内部循环的生产流程）；

配料组分含量约束：$x_{k_j}^{(p)\min} \leqslant x_{k_j}^{(p)} \leqslant x_{k_j}^{(p)\max}$，$k_j \in \{1, \cdots, n\}$，$j$=1，2，…，$m$，$p$=1，2，…，$Z$；

原料库存量约束：$Q_i + W_i - G_1\left(k \right) x_i\left(k \right) \leqslant W_i^{\max}$，$i \in \{1, \cdots, n\}$，$T_i \leqslant k \leqslant T_L$，$W_i^{\max}$表示存储第 i 种原料的仓储单元的上限；

产品库存量约束：$H_0 + h\left(k \right) - r\left(k \right) \leqslant H_{\max}$，$T_i \leqslant k \leqslant T_L$；

中间产品库存量约束：$U_0 + u\left(k \right) - e\left(k \right) \leqslant U_{\max}$，$T_i \leqslant k \leqslant T_L$。

决策变量包括但不限于：

采购量 Q_i，$i \in \{1, \cdots, n\}$；

采购的时间点 T_i，$0 \leqslant T_i \leqslant T_L$；

物料处理量序列 $G_s(k)$，$T_i \leqslant k \leqslant T_L$，$s \in \{1, \cdots, S\}$；

原料配料方案 F_p，p=1，2，…，Z；

新增产品产量序列 $h(k)$，$T_i \leqslant k \leqslant T_L$。

数据特征提取与数据融合：考虑产供销全过程，涉及人、设备、物料、工艺、生产过程、环境等因素，其数据多源且异构，包括人、物料、设备、工艺过程、产品、服务等多种数据内容。制造过程各环节存在不确定性且人为主观的不确定性处理，导致获得的数据具有强不确定性。相邻数据、不同对象数据之间相互关联耦合，使数据具有高时空关联性且价值密度低。从工业现场传感器网络采集得到标量数据和多媒体数据，并分别进行数据处理。由于多媒体数据的复杂性，需对多媒体数据进行预处理，即特征提取和压缩。然后分别将标量数据和预处理后的多媒体数据通过改进后的多模态深度信念网络进行特征融合，以实现初始数据的清洗，将残缺、噪声等数据清除。

针对海量数据显著的标签不均衡特征，采用了无监督深度自动编码器来实现数据的特征提取及压缩。深度自动编码器是一种特殊类型的深度神经网络，网络的输入层和输出层有相同的维度，所期望得到的输出即为网络原始输入，可以提取原数据在隐含层的表示形式，即特征提取。

深度自动编码器不需要预先知道训练样本的类别信息，以原始输入作为校验，是一种无监督特征学习方法，实现对海量未标注数据的处理。当设置的隐含层节点数比输入层少时，便可实现特征压缩，其数据压缩框架结构如图 6.49 所示。

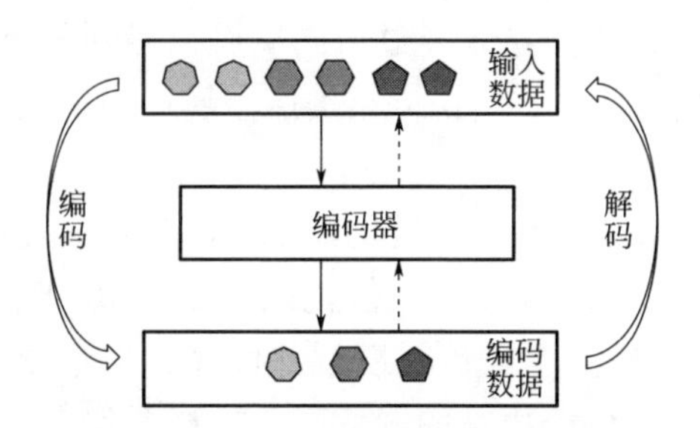

图 6.49　深度自动编码器数据压缩框架

深度自动编码器以最小化原始输入和重构输入之间的均方误差为目标函数进行参数调整，其损失函数记为：

$$J(W,b)=\left[\frac{1}{m}\sum_{i=1}^{m}J\left(W,b;x^{(i)},y^{(i)}\right)\right]+\frac{\lambda}{2}\sum_{l=1}^{n_l-1}\sum_{i=1}^{s_l}\sum_{j=1}^{s_{i+1}}\left(W_{ji}^{(l)}\right)^2$$
$$=\left\{\frac{1}{m}\sum_{i=1}^{m}\left[\frac{1}{2}|\ x^{(i)}-h_{W,b}(x^{(i)})|^2\right]\right\}+\frac{\lambda}{2}\sum_{l=1}^{n_l-1}\sum_{i=1}^{s_l}\sum_{j=1}^{s_{i+1}}\left(W_{ji}^{(l)}\right)^2$$

式中，第一项表示平均重构误差；第二项表示权重约束项，防止过度拟合；m 表示训练数据的数量；W 和 b 表示编码器的参数；$x^{\{i\}}$ 和 $y^{\{i\}}$ 分别表示编码器网络的原始输入和重构输入，满足条件：

$$y^{(i)}=h_{W,b}(x^{(i)})$$

通过深度自动编码器可对工业过程中的多媒体数据实现特征提取及压缩。

（3）产供销一体化计划知识库构建

产供销一体化计划知识库是产供销一体化计划智能决策的基础。产供销全过程中的知识具有复杂、不完备、稀疏性、多尺度、多维度、碎片化和动态性等特征属性。

定义知识元集合为 $K=\{k_1, k_2, \cdots, k_m\}$，由 m 个知识元组成，其中每个知识元 k_i 由数据元 d_i 与包含其对应的知识属性 $\{A_1, A_2, \cdots, A_j\}$，$j=1, 2, \cdots, n_{\text{attr}}$ 构成，知识元 $k_i \in K$ 可描述为

$$k_i=d_i:\{A_1, A_2, \cdots, A_j\}$$

构建产供销一体化计划知识库流程框架，具体过程如下。

首先，学习无标签知识元的流形结构，流形映射的定义如下：

$$f_i: D \to Y_i$$

其中，D 表示原始知识空间，Y_i 表示经过流形映射后的子空间。然后，利用有标签数据训练该流形上的分类器，利用训练得到的分类器预测未知样本的标签。之后根据流形映射的子空间进行聚类，可得到满足一定分布的良好聚类族，最终将各个流形映射子空间的聚类结果经过协同聚类，得到分布特性多样的聚类，利用属性库对各聚类族划分属性，若协同聚类产生属性库中没有的、新的聚类中心，则更新属性库。

围绕产供销一体化计划过程中存在的需求预测、供应商遴选、原料价格预测、配方优化等优化决策问题，在产供销一体化计划知识库基础上进行知识驱动决策。具体过程是对知识元训练库建立超图模型并优化，然后根据超图建立决策置信表，对于新的样本，求解各个决策的置信度，选择置信度最高的决策，如图 6.50 所示。

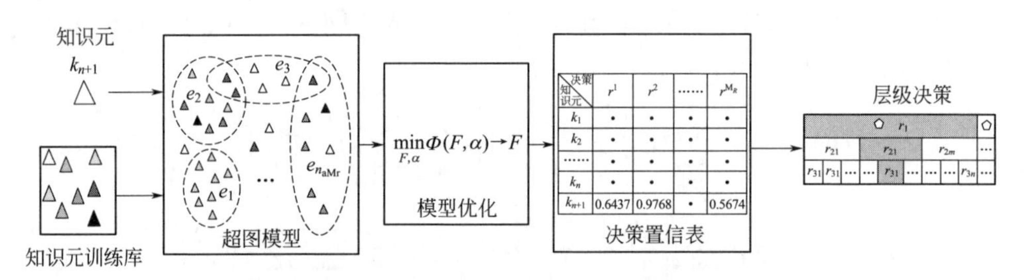

图 6.50　知识驱动的产供销关键环节优化决策架构

（4）产供销一体化计划实现框架

为了防止库存积压和脱销，在预测产品和原料需求的基础上，生产管理的重点是按量组织生产过程各环节之间的平衡，针对有色金属工业全流程计划和生产信息无法贯通、产供销脱节等问题，通过构建图 6.51 所示的有色金属产品市场价

格预测模型、原材料价格预测模型、原料采购计划优化模型、采购订单延迟预测模型以及供应链仿真模型等模型，预测铜产供销一体化计划运营决策过程，实现人机物协同预测和优化。

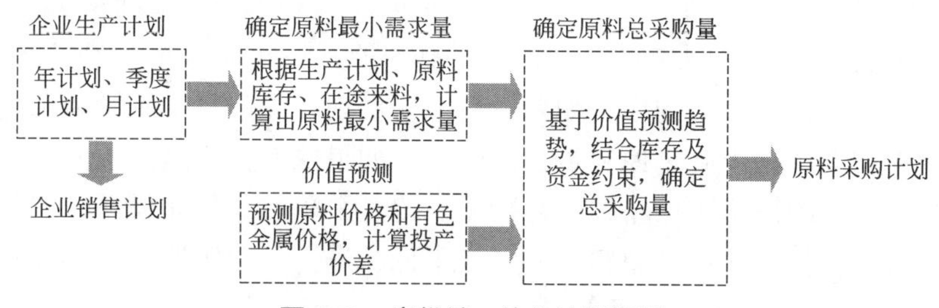

图 6.51　产供销一体化计划框图

图 6.52 展示了产供销人机物协同决策场景，下面以制定采购计划、供应中断预测和车间作业计划调整为例详细说明产供销一体化计划的实现框架。

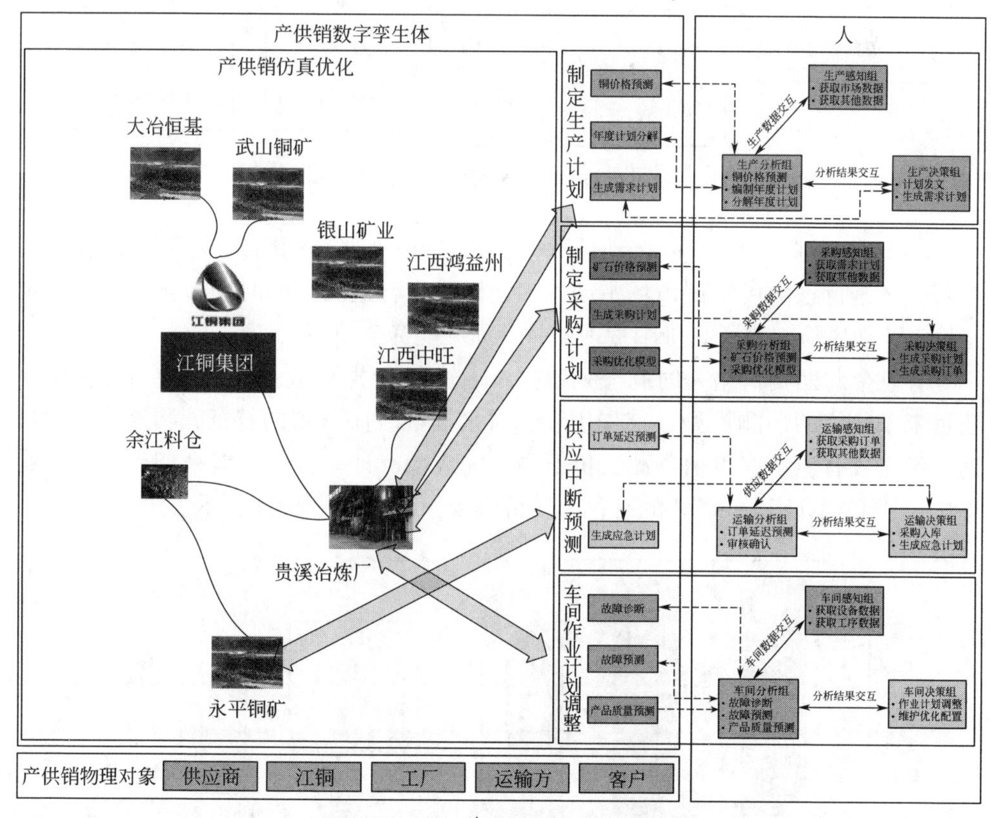

图 6.52　产供销人机物协同决策场景

1）制定采购计划　铜产品的原料采购成本占总成本的比例较高，而原料价格波动且不确定，这将给企业的生产经营带来极大的风险。为了解决这一问题，建立原料价格预测模型，实现对原料价格的预测，采购部门结合原料价格预测结果、需求计划和库存情况，建立采购优化模型，建立当前阶段总成本最小的采购优化方案。

原料采购计划框架图如图 6.53 所示，基于原料最小需求量及价值预测结果，考虑库存、资金、生产等约束，如果原料价格呈现上涨趋势，则增大采购量，根据库存约束和资金约束确定原料最大采购量，如果原料价格呈现下跌趋势，根据库存约束和生产约束确定最小原料采购量。建立采购总量优化模型，实现多节点采购决策滚动优化，使单位原料采购成本最低，进一步确定原料采购计划，包括原料采购点、原料采购量、采购基准价。

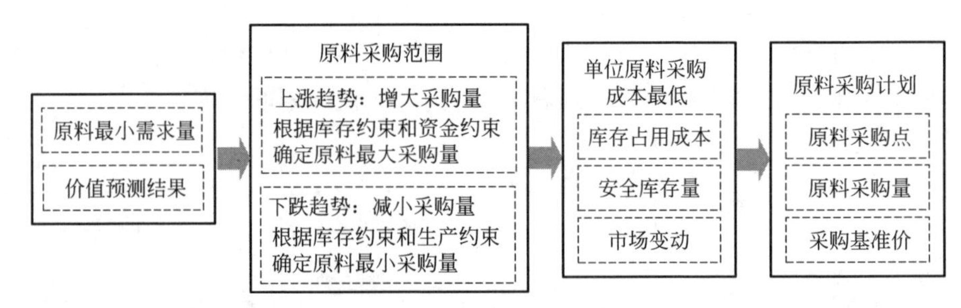

图 6.53　原料采购计划框架图

① 期货价值预测　有色金属原料及期货价格外部影响因素较多、波动较大，对其价格进行预测可掌握市场主动性，便于确定合适的采购时间节点及数量，规避价格波动风险，避免高价囤货现象，合理分配资金使用。

有色金属期货价格是时间序列数据，通过深度学习方法训练历史数据，建立期货未来价格的预测模型，首先用卷积层来提取时序数据的特征，再结合 LSTM 进一步完成有色金属价值预测。价值预测完成后，计算投产价差来调整原料采购总量。基于 CNN 和 LSTM 的有色金属价值预测框架如图 6.54 所示。

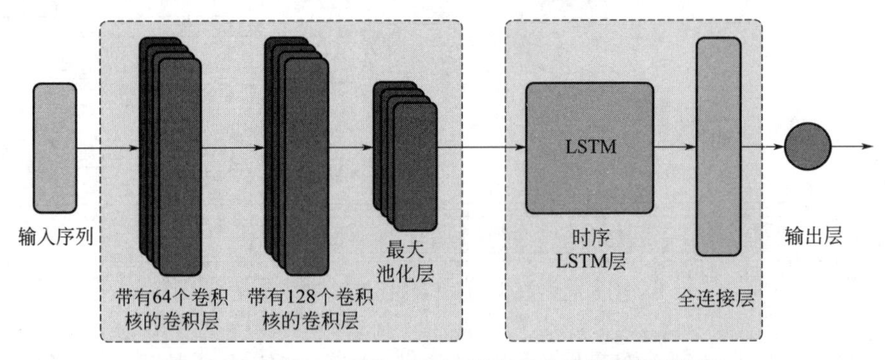

图 6.54　基于 CNN 和 LSTM 的有色金属价值预测框架

在一体化计划中，提供了产品价格预测、原料价格预测功能，如图 6.55 所示，以产品价格预测为例，点击预测会对产品价格进行预测，虚线为预测曲线。

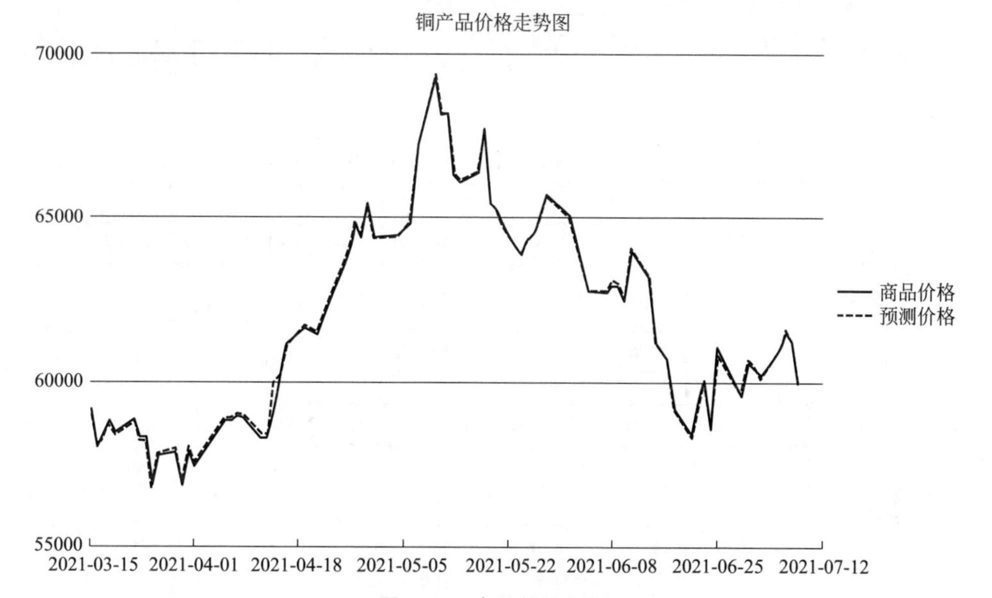

图 6.55　产品价格预测

② 原料价格预测　原料价格波动剧烈且不规律，非线性程度高，为了准确预测原料价格，建立了一种图 6.56 所示的基于两阶段序列分解的原料价格预测方法。首先，通过用 PSO 优化 VMD 参数，将原始价格序列分解成 K 个子序列；然后，针对幅值占比较高的第一个子序列，用 CEEMDAN 将该序列分解成 M 个子序列和残差项 R；最后，用 LSTM 模型分别预测每个子序列，并求和所有子序列的预测结果作为最终的预测结果。

③ 原材料成本　在 t_0 时刻，原材料市场价格为 p_0，在时刻 t_0，预测得到的针对 t_1、t_2、…、t_{n-1} 各时刻的原材料价格分别为 p_1、p_2、…、p_{n-1}，并且企业在 t_0、t_1、t_2、…、t_{n-1} 各时刻点的原材料采购量为 x_0、x_1、x_2、…、x_{n-1}。若令 C_p 表示原材料采购计划时域 T 内的原材料成本，则关于 C_p 的数学计算公式可以表示为：

$$C_p = \sum_{i=0}^{n-1} x_i p_i \tag{6.1}$$

需要指出的是，为了满足有色金属冶炼工业连续生产不允许缺货的要求，x_0、x_1、x_2、…、x_{n-1} 需要满足如下约束：

$$\sum_{j=1}^{i} x_{j-1} + q \geqslant \sum_{j=1}^{i} d_j,\ \ i=1,\ 2,\ \cdots,\ n \tag{6.2}$$

式中，q 表示时刻 t_0 的原材料库存量。

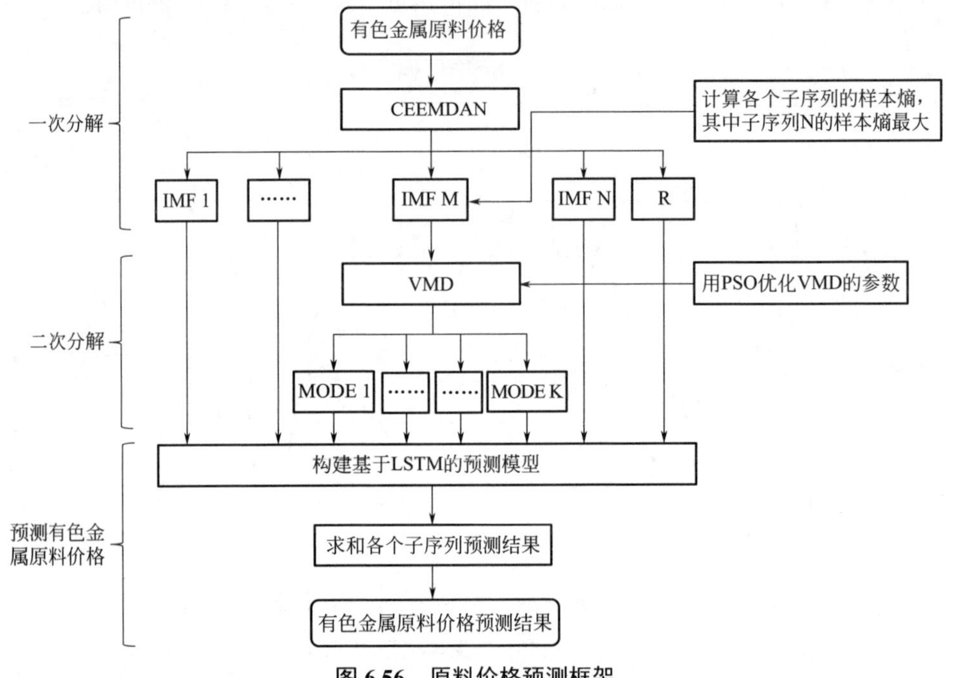

图 6.56　原料价格预测框架

④ 一次性采购费用　企业每次进行原材料采购均需要支付一次性采购费用 c_1，且 y_i=0 表示企业在时刻 t_i 没有采购原材料，y_i=1 表示企业在时刻 t_i 采购了原材料，i=0，1，2，…，n−1。若令 C_F 表示原材料采购计划时域 T 内发生的一次性采购费用，则关于 C_F 的数学计算公式可以表示为：

$$C_F = \sum_{i=0}^{n-1} y_i c_i \tag{6.3}$$

需要指出的是，如果 x_i=0，则 y_i=0；如果 x_i≠0，则 y_i=1。x_i 和 y_i 的这种关系可以通过如下公式表示：

$$x_i\left(y_i - 1\right) = 0,\ i = 0,\ 1,\ 2,\ \cdots,\ n-1 \tag{6.4}$$

⑤ 原材料库存费用　令 Q_i^B 表示阶段 S_i 初（即时刻 t_{i-1}）完成采购后的原材料库存量，Q_i^E 表示阶段 S_i 末（即时刻 t_i）进行采购前的原材料库存量。Q_i^B 和 Q_i^E 可以分别被表示为：

$$Q_i^B = \sum_{j=1}^{i} x_{j-1} + q - \sum_{j=1}^{i-1} d_j,\ i = 1,\ 2,\ \cdots,\ n \tag{6.5}$$

$$Q_i^E = \sum_{j=1}^{i} x_{j-1} + q - \sum_{j=1}^{i} d_j,\ i = 1,\ 2,\ \cdots,\ n \tag{6.6}$$

在式（6.5）和式（6.6）中，$\sum_{j=1}^{i} x_{j-1}$表示阶段S_1、S_2、…、S_i（即时刻t_0、t_1、t_2、…、t_{i-1}）的总的原材料采购量；q表示时刻t_0的原材料库存量；$\sum_{j=1}^{i-1} d_j$表示多个阶段S_1、S_2、…、S_{i-1}的原材料累计消耗量；$\sum_{j=1}^{i} d_j$表示多个阶段S_1、S_2、…、S_{i-1}、S_i的原材料累计消耗量。因此，在阶段S_i内的平均原材料库存量为：

$$\bar{Q}_i = \frac{Q_i^B + Q_i^E}{2} = \sum_{j=1}^{i} x_{j-1} + q + 0.5d_i - \sum_{j=1}^{i} d_j,\ i = 1,\ 2,\ \cdots,\ n \tag{6.7}$$

记C_I^i表示阶段S_i内的原材料库存费用，即从时刻t_{i-1}到时刻t_i所发生的库存费用，i=1，2，…，n，则关于C_I^i的数学计算公式可以被表示为：

$$C_I^i = \left(\sum_{j=1}^{i} x_{j-1} + q + 0.5d_i - \sum_{j=1}^{i} d_j \right) c_2,\ i = 1,\ 2,\ \cdots,\ n \tag{6.8}$$

记C_I表示原材料采购计划时域T内发生的总的原材料库存费用，则依据式（6.8），C_I可以被表示为：

$$C_I = \sum_{i=1}^{n} C_I^i = \sum_{i=1}^{n} \left(\sum_{j=1}^{i} x_{j-1} + q + 0.5d_i - \sum_{j=1}^{i} d_j \right) c_2,\ i = 1,\ 2,\ \cdots,\ n \tag{6.9}$$

⑥ 原材料采购模型　根据式（6.1）、式（6.3）和式（6.9），可以构建针对时刻t_0的原材料采购最优策略模型，如式（6.10）～式（6.15）所示。

$$\min C = \sum_{i=0}^{n-1} x_i p_i + \sum_{i=0}^{n-1} y_i c_i + \sum_{i=1}^{n} \left(\sum_{j=1}^{i} x_{j-1} + q + 0.5d_i - \sum_{j=1}^{i} d_j \right) c_2 \tag{6.10}$$

$$s.t. \sum_{j=1}^{i} x_{j-1} + q \geqslant \sum_{j=1}^{i} d_j,\ i = 1,\ 2,\ \cdots,\ n \tag{6.11}$$

$$\sum_{j=1}^{n} x_{j-1} + q = \sum_{j=1}^{n} d_j \tag{6.12}$$

$$x_i \left(y_i - 1 \right) = 0,\ i = 0,\ 1,\ 2,\ \cdots,\ n-1 \tag{6.13}$$

$$y_i \in \{0,\ 1\},\ i = 0,\ 1,\ 2,\ \cdots,\ n-1 \tag{6.14}$$

$$x_i \geqslant 0,\ i=0,1,2,\cdots,n-1 \tag{6.15}$$

其中，式（6.10）表示综合考虑原材料成本、一次性采购费用和库存费用并使原材料采购综合成本达到最小；式（6.11）表示在原材料采购计划时域 T 内不允许出现缺货；式（6.12）表示在原材料采购计划时域 T 之后原材料库存量为 0；式（6.13）表示当 S_i 阶段的采购 $x_i \neq 0$ 时，必然存在 $y_i=1$。对于式（6.14），$y_i=0$ 表示在 S_i 阶段没有进行原材料采购，$y_i=1$ 表示在 S_i 阶段进行了原材料采购。式（6.15）则表示原材料采购量 x_i 为非负。

构建图 6.57 所示的使采购综合成本最小的多阶段采购模型，通过求解模型来确定多阶段最优采购量并实施当期最优采购量。进一步地，在下一个原材料采购时刻点，依据最新获得的各方面信息对原材料价格重新进行预测，并依据新的预测价格再构建多阶段采购模型并确定当期最优采购量，依次滚动进行，从而确定后面每个时刻点的采购量。

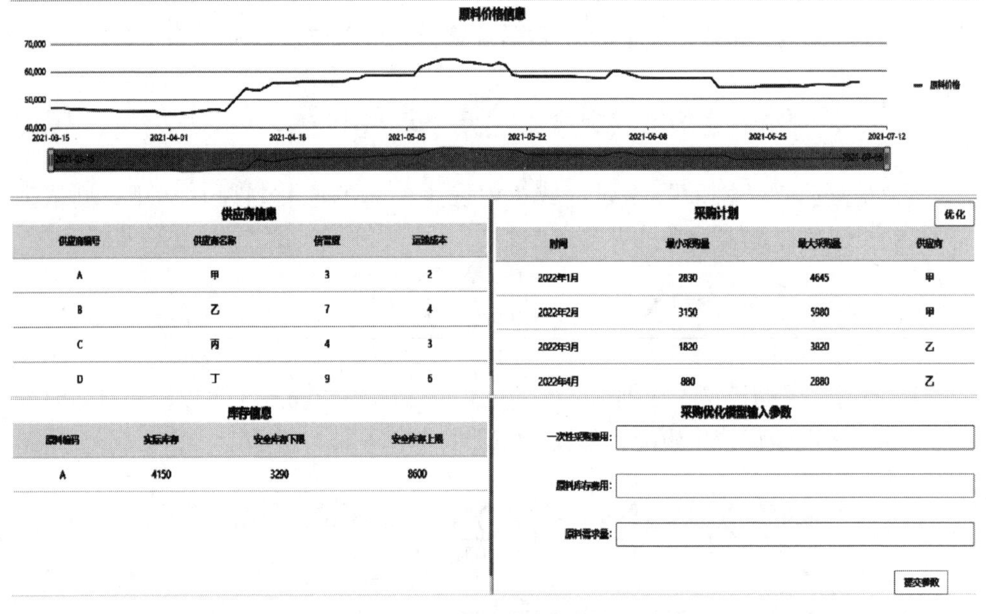

图 6.57　采购优化模型界面

2）供应中断预测　铜产品的原料供应商有几百家，分布在不同的区域，混合多种运输方式，通常一个采购计划包含成百上千的采购订单，而采购订单的延时，即使是很小的占比，随着时间的推移，也会构成大量需要处理的中断，这将给企业生产经营带来极大的风险。所以，建立如图 6.58 所示的预测框架，对订单延迟进行预测，掌握供应的主动权。若预测结果为延迟，则启用应急计划，降低或规避供应中断的风险。

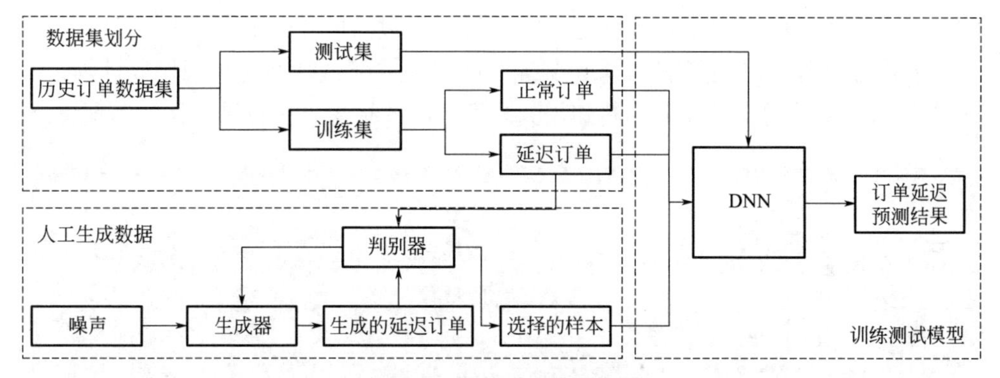

图 6.58　订单延迟预测框架

基于历史数据建立订单延时预测模型面临样本不平衡问题，因为历史数据中大多数的订单是非延时的，延时的订单占比很低。在这种情况下，建立的预测模型通常预测精度低，若把大量的正常订单识别成延时订单，企业频繁启动应急计划，将带来资源浪费。若把延时订单识别成正常订单，则会因延时造成供应中断风险，产生经济损失。因此，建立准确率高的预测模型是非常必要的。对少数类样本过采样能够提升预测性能，传统的基于 SMOTE 的过采样方法不具备非线性映射能力，存在一定的局限性，基于 GAN 的过采样方法能够解决这一问题，该方法过采样少数类样本，平衡少数类和多数类样本，然后基于 DNN 建立订单延迟预测模型。

图 6.59 展示了订单延迟预测功能界面，支持采购订单的延迟预测。

新增　修改　删除

产品编码：请输入产品编码　产品类型：请输入产品类型　下单日期：请输入下单日期　查询

订单编号	产品编号	产品类型	下单日期	交货周期	计划发货日期	计划交货日期	实际发货日期	运输方式	供应商ID	供货商过去6个月绩效	供货商过去12个月绩效	是否延迟
1	A	原料	2021-9-1	14	2021-9-5	2021-9-19	2021-9-5	铁路	A	0.3	0.3	是
2	B	原料	2021-9-14	14	2021-9-20	2021-10-4	2021-9-25	货运	B	0.3	0.3	是
3	c	辅料	2021-9-26	21	2021-10-1	2021-10-22	2021-10-1	货运	D	0.3	0.3	是
4	D	辅料	2021-10-12	21	2021-10-18	2021-11-8	2021-10-19	货运	C	0.3	0.3	是
5	E	辅料	2021-10-18	21	2021-10-24	2021-11-14	2021-10-27	铁路	E	0.3	0.3	是

图 6.59　订单延迟预测功能界面

3）作业计划调整　在生产计划的执行过程中，产品质量和设备故障影响着作业计划的执行，需要根据产品质量状态和设备的运营状态及时调整作业计划。因此，需要建立工序和设备状态监控模型。图 6.60 为闪速炉运营状态监控界面，对闪速炉工序的关键指标在线监控，图 6.61 为闪速炉关键指标预测界面，冰铜品位和温度反映产品的质量，通过数据和机理模型实时预测冰铜品位和冰铜温度，从而实现对产品质量的预测。图 6.62 为转炉送风机运行状态监控界面，对齿轮箱振动信号、进气口压力和压差等状态实时监控，通过故障诊断和预测模型分析设备的健康状态。若产品质量有问题或设备出现故障情况，则调整车间作业计划，并根据图 6.63 所示的设备故障诊断和预测模型给出的结果，执行维护优化与配置。

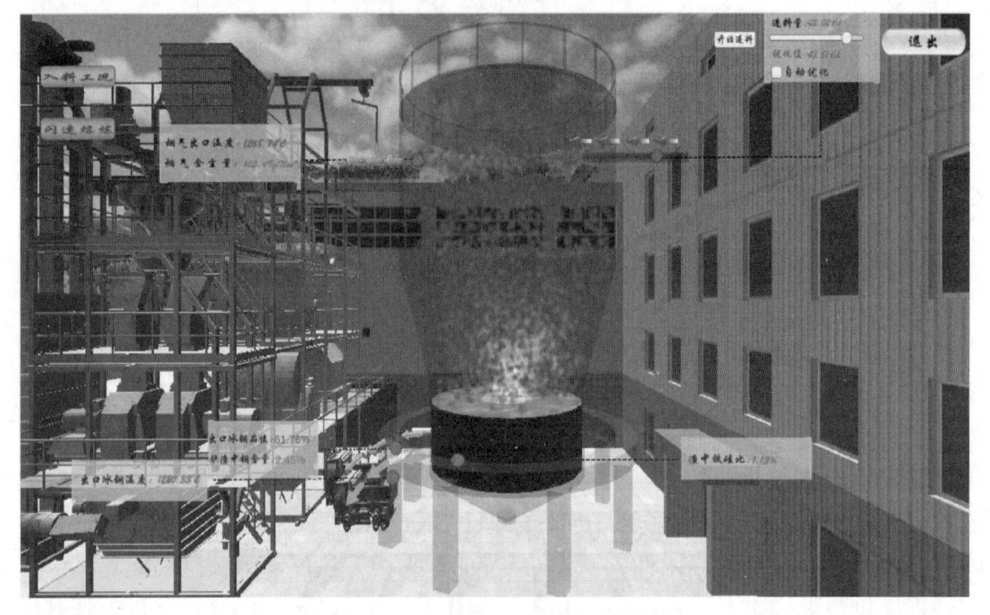

图 6.60 闪速炉运营状态监控界面

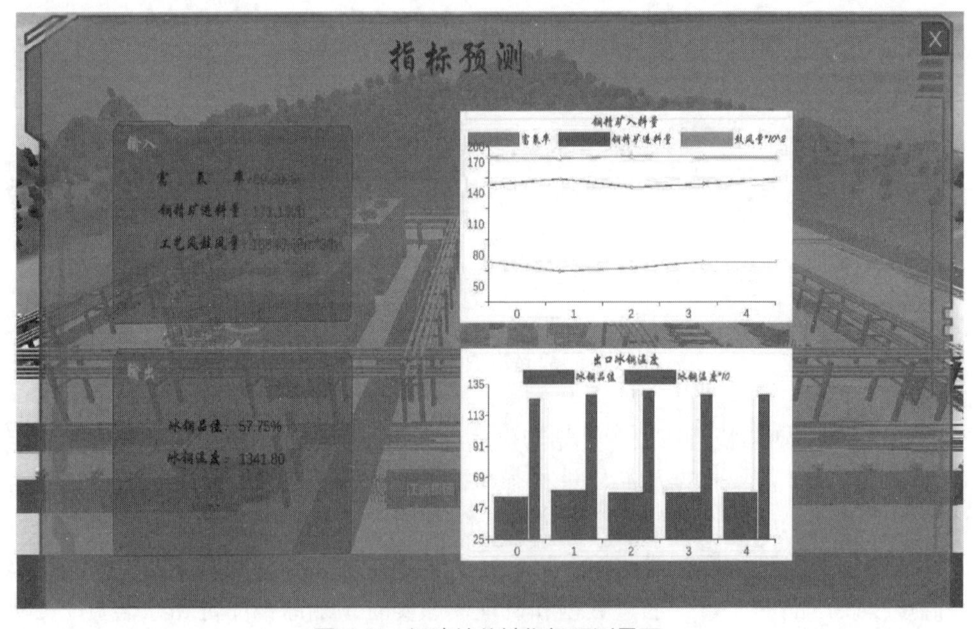

图 6.61 闪速炉关键指标预测界面

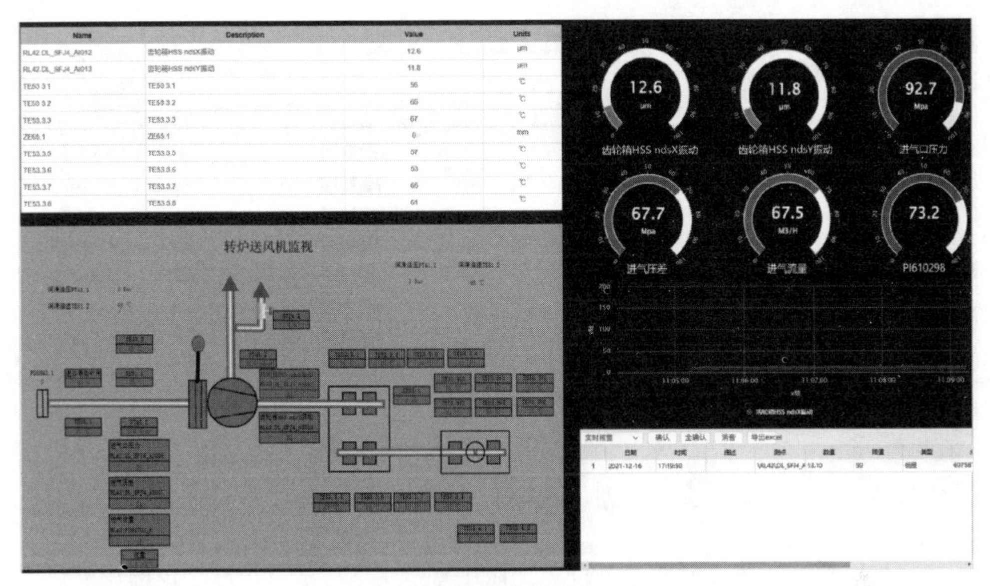

图 6.62　转炉送风机运行状态监控界面

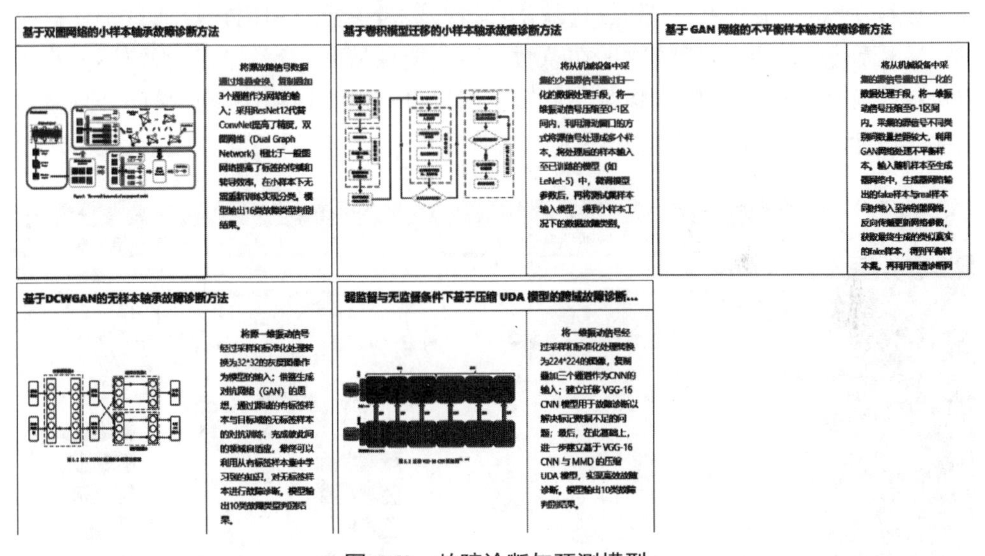

图 6.63　故障诊断与预测模型

（5）产供销一体化计划实现界面

① 年度计划　年度计划由企业管理层综合企业内外部多种因素和战略规划而制定，是产供销一体优化计划功能的输入数据。系统手动录入年度主计划，对生产年度主计划进行集中管理，该模块包括图 6.64 所示的“添加”“修改”“删除”“月排产”功能操作。

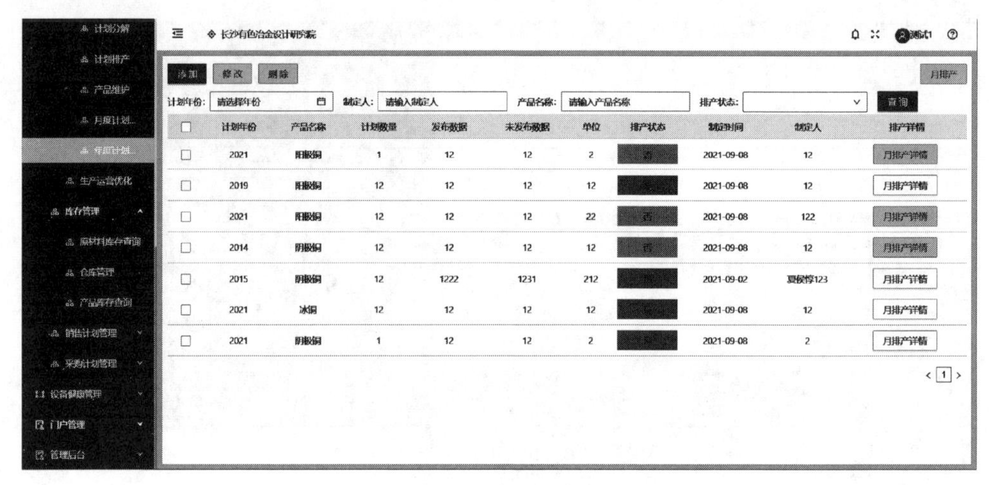

图 6.64　年度计划列表

② 月计划　在执行完成“月排产”操作后，系统自动将年计划按照规则执行月排产，并将“月排产详情”结果以图 6.65 所示形式展示，其中排产数量是根据规则或算法获得的结果，实际数量默认和排产数量一致，但用户可通过手动修改排产数量列数据，修改后的数据在总数上一定要保持和总量一致，否则不允许用户进行“确认发布”操作。修改完成后，用户可自由选择将相应月份的计划发布出去，以便车间进行日计划排产。

图 6.65　月度计划列表

③ 日计划　在发布月排产计划以后，用户可对每个产品每个月进行“日排产”操作，点击此操作后，系统自动通过运营预测计算确定每日的生产计划量。日生产计划量是在工厂产能范围内根据年计划和检修等事件逐日确定的。排产的最终结果导入到日计划表中。

日排产完成后，用户可通过“日排产详情”查看和依据经验修改排产结果，日排产详情中左侧为树状结构，层级依次为年度计划 - 产品 - 工序 / 车间，右侧为日历表，通过点击左侧“产品”可以查看当前产品对应每月的计划（每个月显示内容有产品名称、产品计划数量），如果点击左侧“工序 / 车间”，右侧显示的则是对应工序每天生产计划，具体显示字段如图 6.66 所示，用户可对日计划中的“实际数量”字段修改，修改完成后通过“确认发布”按钮将日计划下发到各个工序 / 车间。

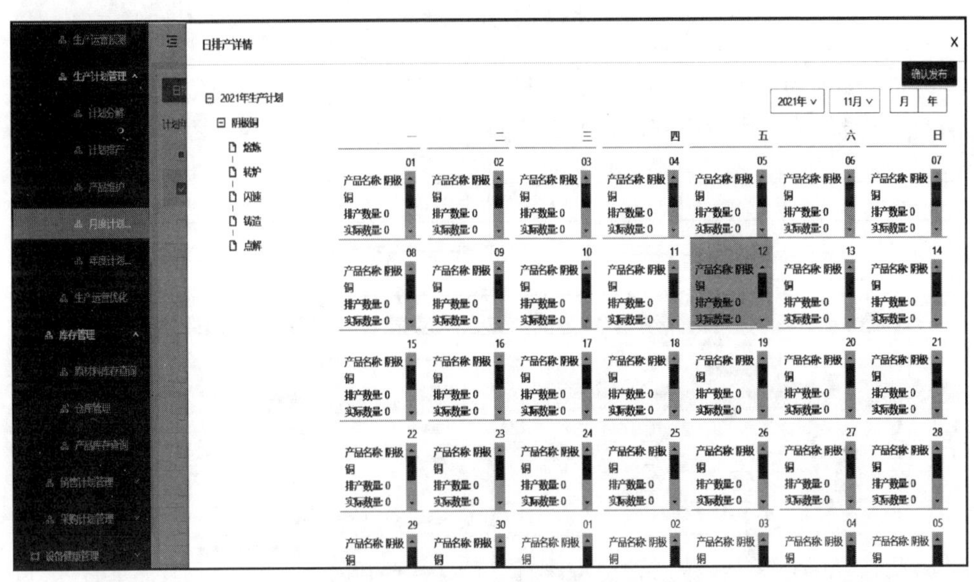

图 6.66　工序 / 车间计划日历

④ 销售计划管理　销售订单管理用于记录企业销售计划，同时针对销售计划进行状态跟踪。同步销售订单可集成 ERP 数据，也可用户手动录入，作为产供销一体化计划组件的输入参数来源，在面向需求的情况下进行运营优化。

⑤ 采购计划管理　根据制定的月生产计划（已发布确认的），结合当前库存、在途物料、实际生产情况（设备检修、工序产能）、原料价格波动自动生成采购计划单，然后由生产采购人员根据需求手动添加采购订单。只有发布采购订单，相应的供应商才能够接收到；未发布的订单，供应商接收不到。通过“物流”操作能够查看当前采购订单的基本信息和物流信息，如图 6.67 所示。

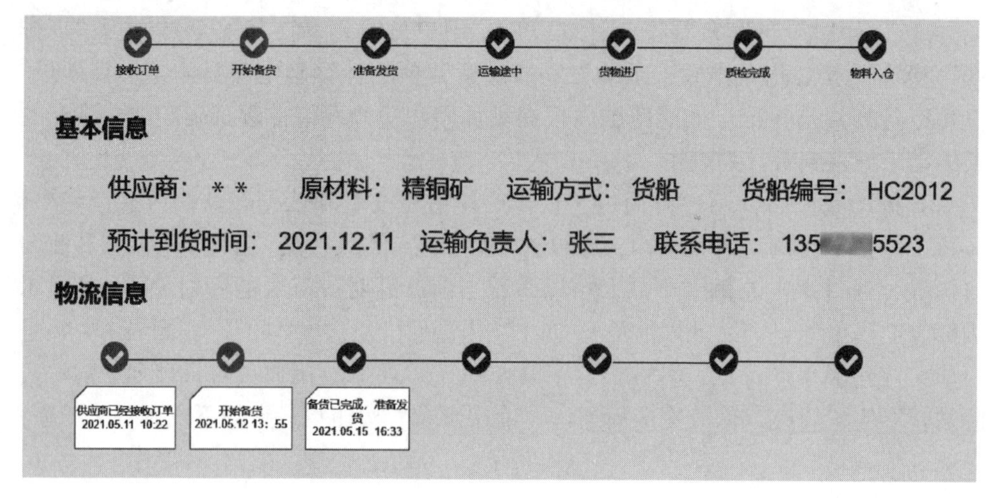

图 6.67　物流状态

在图 6.68 的采购计划优化中，提供了原料价格信息、供应商信息、采购计划、库存信息以及采购优化模型输入参数功能。

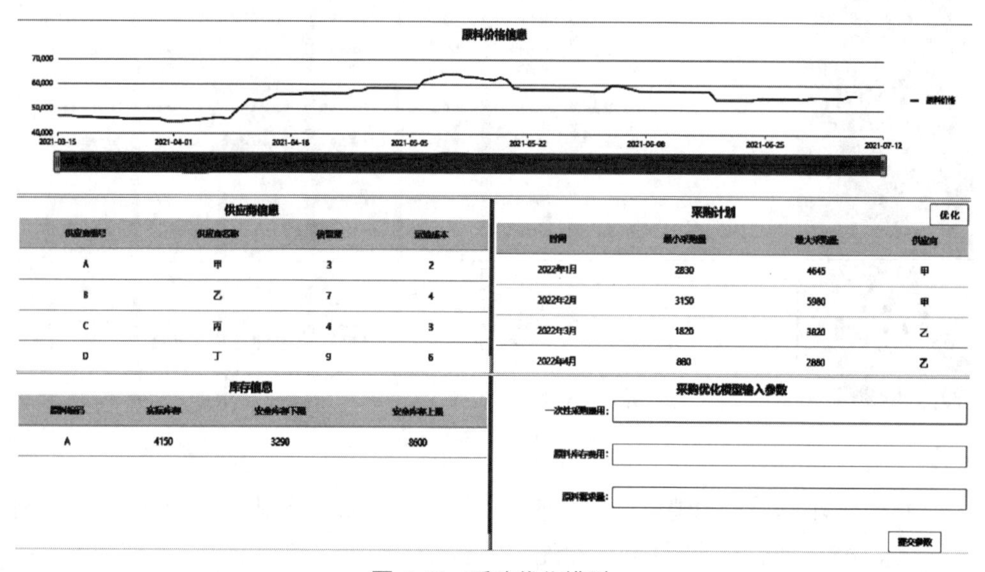

图 6. 68　采购优化模型

图 6.69 所示的采购订单延迟预测提供预测企业各产品类型的采购订单是否延迟等功能。

⑥ 供应商管理　供应商管理维护供应商基本信息，包括“交货能力”（0 ～ 10）、“质量评价”（1 ～ 5，用五角星展示）、“服务水平”（1 ～ 5，用五角星展示），如图 6.70 所示 。

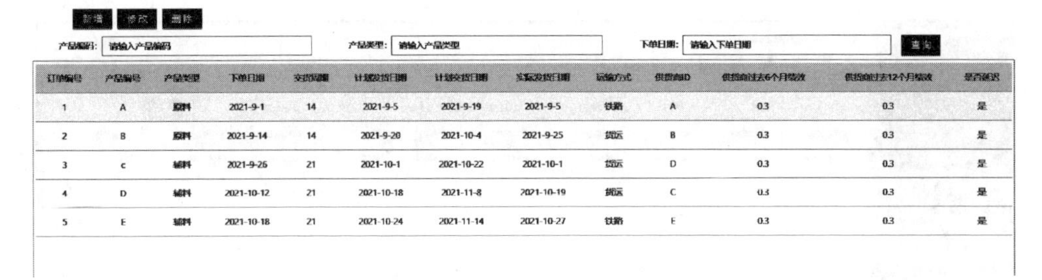

订单编号	产品编号	产品类型	下单日期	交货周期	计划发货日期	计划交货日期	实际发货日期	运输方式	供货商ID	供货商过去6个月绩效	供货商过去12个月绩效	是否延迟
1	A	原料	2021-9-1	14	2021-9-5	2021-9-19	2021-9-5	铁路	A	0.3	0.3	是
2	B	原料	2021-9-14	14	2021-9-20	2021-10-4	2021-9-25	货运	B	0.3	0.3	是
3	c	辅料	2021-9-26	21	2021-10-1	2021-10-22	2021-10-1	货运	D	0.3	0.3	是
4	D	辅料	2021-10-12	21	2021-10-18	2021-11-8	2021-10-19	货运	C	0.3	0.3	是
5	E	辅料	2021-10-18	21	2021-10-24	2021-11-14	2021-10-27	铁路	E	0.3	0.3	是

图 6.69　订单延迟预测

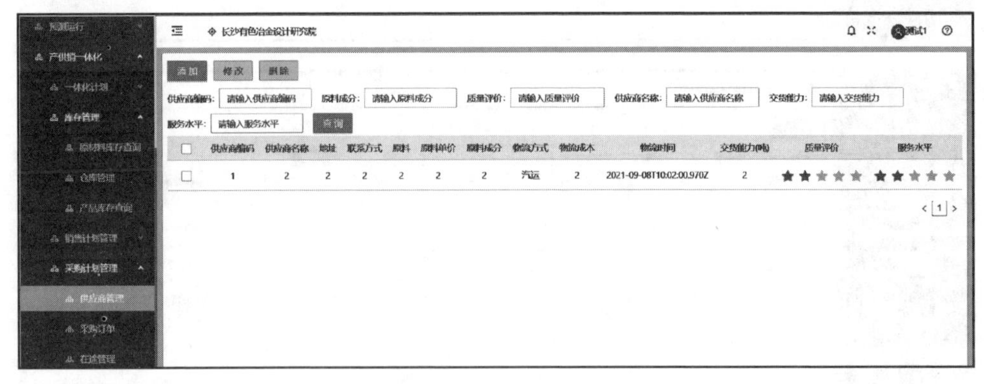

供应商编码	供应商名称	地址	联系方式	原料	原料单价	原料成分	物流方式	物流成本	物流时间	交货能力(吨)	质量评价	服务水平
1	2	2	2	2	2	2	汽运	2	2021-09-08T10:02:00.970Z	2	★★★★★	★★★★★

图 6.70　供应商管理

⑦ 在途管理　物料在途管理采用可视化的形式展示，在地图中实时展示车辆位置信息，车辆根据自身运输方式在地图中分别以“船”“火车”“客车”三种方式展示状态。展示界面的左侧部分显示在途车辆总数、预计正常到货车辆数、预计延期的车辆数量；右侧显示在途物料明细，从左到右依次显示单位名称、物料名称、数量、运输方式、预计到货时间（数据滚动显示）。

⑧ 库存管理　库存管理包括仓库管理、料仓管理、原材料库存查询、产品库存查询，如图 6.71 所示。

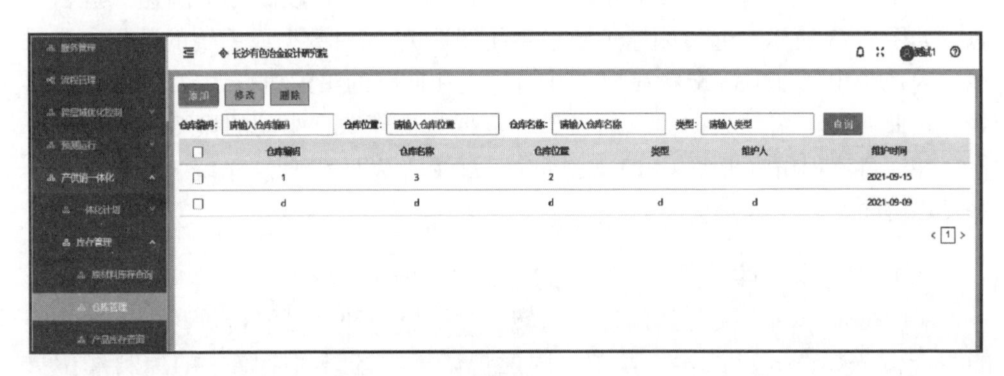

仓库编码	仓库名称	仓库位置	类型	维护人	维护时间
1	3	2			2021-09-15
d	d	d	d	d	2021-09-09

图 6.71

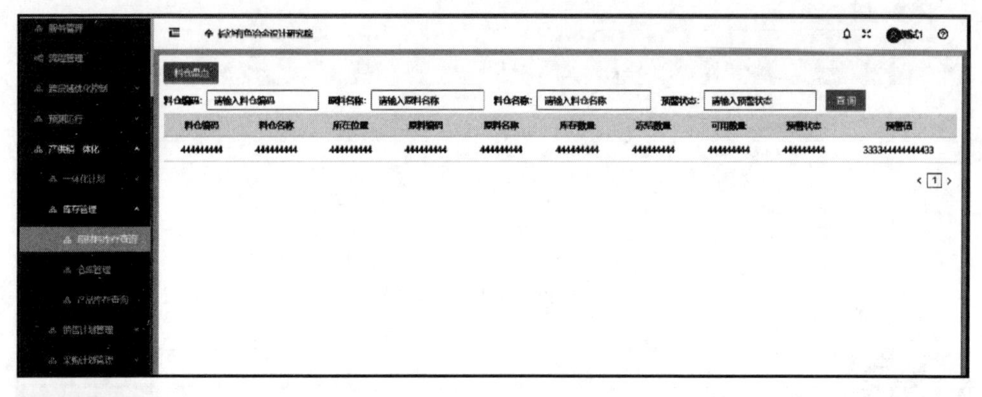

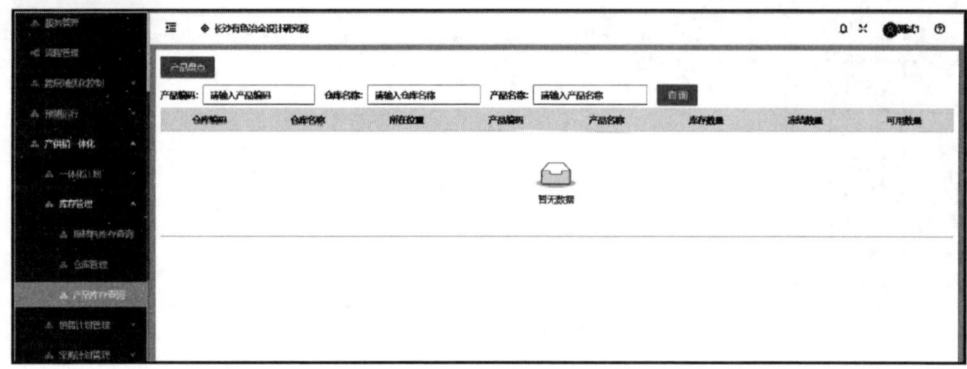

图 6.71　库存管理

6.3.2　主工艺跨层域优化控制

在铜冶炼过程中，通过建模 #2 系统 3 个炉子（闪速炉 / 转炉 / 阳极炉）的工序过程，预测分析相应的关键工序运营状态，实现主工艺跨层域优化控制（图 6.72）。

实现过程通过基于人在数字孪生模型回路的方法，预测分析闪速炉运营状态。如图 6.73 所示，通过闪速炉数模系统读取 PI 实时数据库系统的数据，实时优化闪速炉中风油氧等配料参数，并通过人在回路的决策执行调整 DCS 系统参数，在此基础上增加数据驱动的模型、数据与机理融合驱动的模型实现预测分析，并通过流程仿真模型（PI web view）展示，从而实现 #2 系统 3 个炉子的工序过程协同。

（1）不确定条件下铜熔炼车间的动态生产调度优化

铜的熔炼车间主要包括闪速炉、转炉、阳极炉和圆盘浇铸机，各工序之间的生产流程如图 6.74 所示。其中，闪速炉熔炼工艺是将干燥后的原料经中央精矿喷嘴与工艺风充分混合后喷入闪速炉，在高温反应塔内进行热离解和氧化反应的熔炼过程，得到的冰铜（52% ～ 70%）在沉淀池内分离。由包子吊车把冰铜加入转炉进行送风吹炼，把冰铜中的硫和铁几乎全部氧化除去而得到粗铜（98.5% ～ 99.5%）。粗铜由吊车加入阳极炉，在阳极炉中进行氧化、还原作业，脱除粗铜中的有害杂质，通过浇铸，生产出满足电解精炼的合格阳极板。

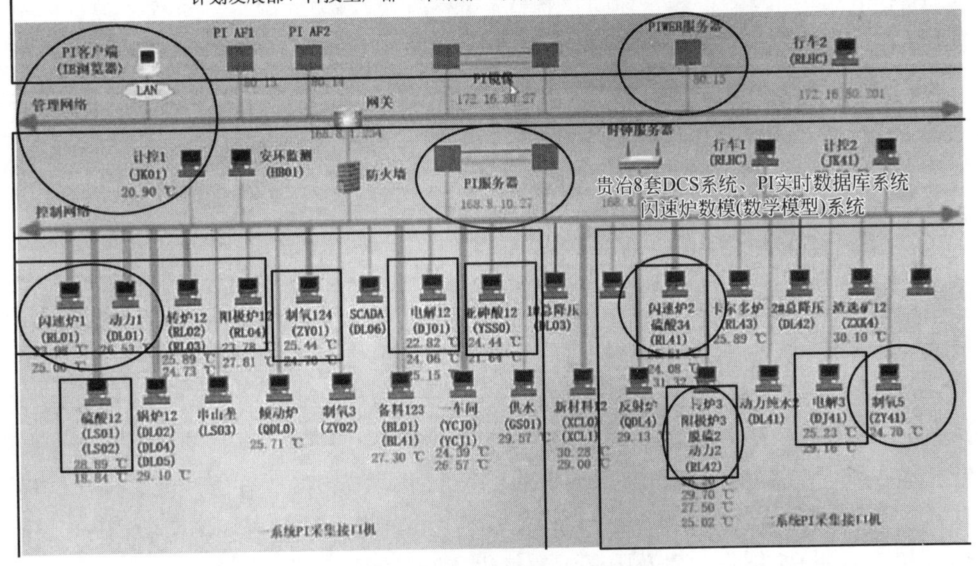

图 6.72　主工艺跨层域优化控制

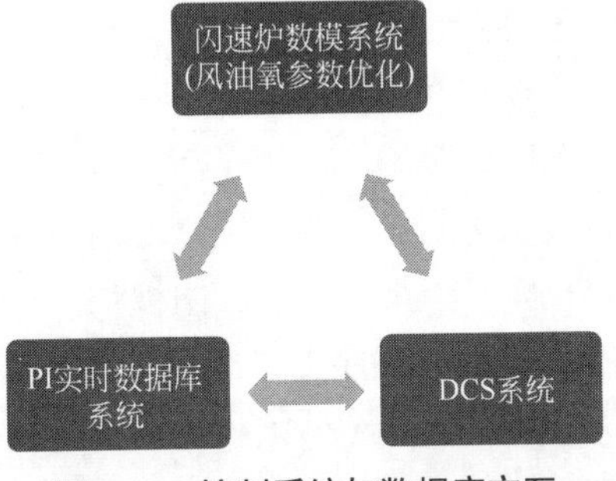

图 6.73　控制系统与数据库交互

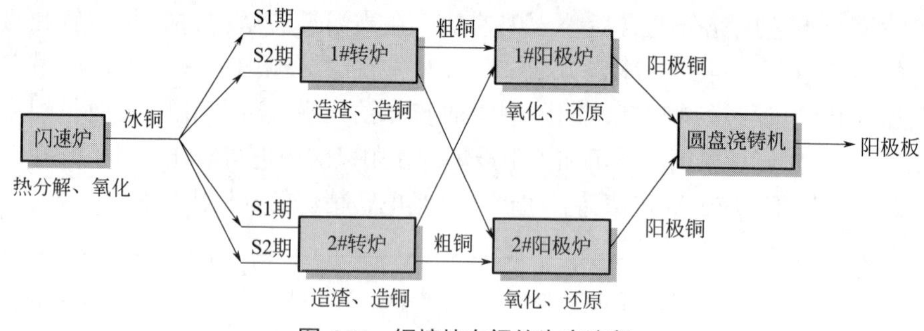

图 6.74 铜熔炼车间的生产流程

熔炼过程是铜生产的关键环节，它决定了生产出的阳极板的合格率，影响着整个生产过程中的物料平衡和热平衡。其中，熔炼车间的生产调度计划是其生产运行控制的主要依据，合理的车间生产调度计划可以降低物耗与能耗成本，减小生产时间，增加收益、稳定质量，提高企业核心竞争力。但是，熔炼流程是一个由多阶段大型高温生产单元所构成的离散与连续工序相混杂的系统，具有多目标、多约束、动态变换等复杂系统特征，且工艺流程方面具有不同的特点，因此建立统一且有效的车间生产调度模型难度较大。

针对铜熔炼过程中的工时不确定性、工况动态波动等影响因素进行车间生产调度优化，建立相应的预测和优化控制模型。

① 转炉、阳极炉反应终点预测　针对转炉造渣期、造铜期终点和阳极炉氧化、还原终点不可预知问题，建立转炉、阳极炉反应终点的预测模型，通过利用终点时刻的烟气成分（如二氧化硫、一氧化碳、氧气等）浓度和其他特征（如烟气温度）的不同，对终点时刻进行分析和预判，为进一步进行车间生产动态调度优化提供基础。在实现过程，获取现场气体取样检测系统中得到的烟气成分及各成分浓度、烟气温度数据，并采集炉前各辅助量信号，将所有信号汇总进行数模计算，依据在反应终点数据信号的特征，利用 BP 神经网络对转炉造渣期 S1、S2 终点和造铜期 B2 终点，以及阳极炉的氧化还原终点进行智能预判。

② 不确定条件下铜熔炼车间的动态生产调度优化　针对转炉吹炼终点时间、阳极炉氧化还原终点时间不确定，熔炼车间三大炉工况动态波动变化的背景下难以保证生产调度计划与生产现场执行同步的问题，引入区间数描述设备加工时间不确定问题，依据铜熔炼车间的生产工艺特点、生产条件约束，以总生产时间和偏离预计浇铸的惩罚时间最小为目标，构建在不确定条件下铜熔炼车间动态生产调度模型，并以智能算法求解。在获得转炉、阳极炉工序反应时间边界的基础上，引入区间数理论用以描述不确定的工序加工时间，并考虑铜熔炼车间的生产特点和工艺约束，以熔炼车间总生产时间最小化和偏离浇铸机开浇时间最小化为目标，建立不确定条件下铜熔炼车间的动态生产调度优化模型，并运用改进的智能算法

对该调度模型进行求解。

③ 关于不确定条件下铜熔炼车间的动态生产调度　可通过参数设置得出整个熔炼车间闪速炉、转炉、阳极炉的生产调度最优方案，为调控熔炼车间的生产节奏提供依据，真正达到有序、协调、可控、高效的运行效果。依据动态生产调度模型和改进的智能算法，设计并开发不确定条件下铜熔炼车间的动态生产调度系统，可通过参数设置，得出整个熔炼车间闪速炉、转炉、阳极炉的生产调度最优方案。

（2）基于 METSIM 的闪速炉动态优化与控制

METSIM 软件最初起源于一个冶金工艺的模拟程序，该程序可用于复杂工艺流程图中主要单元操作的质量平衡计算。该应用程序的成功，使它的应用扩展到热平衡计算、化学反应、过程控制、设备设计、成本估算和过程分析。目前，METSIM 几乎可以对所有的冶金工艺流程进行模拟计算。

铜冶炼技术的发展经历了漫长的过程，但至今铜的冶炼仍以火法冶炼为主。火法炼铜一般是先将含铜百分之几或千分之几的原矿石，通过选矿提高到 20% ～ 30% 作为铜精矿，在密闭鼓风炉、闪速炉进行造硫熔炼，产出的冰铜（熔硫）送入转炉进行吹炼成粗铜。伴随着铜闪速熔炼强度和产量的大幅度提升，技术人员在闪速炉生产过程中发现了诸如熔炼过程中气 - 粒混合欠佳、生料率和鼓风量配比波动大，以及鼓风量对闪速炉内颗粒的分散效果影响均可能导致反应效率下降的问题，针对引起这些问题的原因，作为研究内容并制定相应解决方案，以探寻在实际闪速炉生产中鼓风量与入料量的配比优化与控制措施。

建立一个合适的闪速熔炼 METSIM 模型，建模过程应当包括如下步骤：

① 初步的工艺流程图。初步工艺流程图应当在开始建立模型之前就准备好，包括物流的走向以及设备的初步选用。

② 化合物的选定。在有了初步工艺流程图以后，可以开始进行模型的搭建，第一步应该是选择整套工艺流程涉及的各个化合物。

③ 模型中流程图的建立。根据事先准备的初步工艺流程图，在模型中建立对应的物流线、设备模块，并将物流走向确定。

④ 编制名称。为了方便操作及追溯，应当在流程图建立后，给每个设备及物流输入对应的名称。

⑤ 给每个设备模块输入化学反应方程式或一些设备参数。

⑥ 增加过程控制器，并输入对应的函数命令。在流程图建立、模块内容补充完毕后，应对物流及模块内的反应进行控制设定。

⑦ 对模型的检查。在模型建立后，要进行测试，推荐的方法是一个一个模块进行测试，这样能较容易地找出模型编制过程中的错误。

⑧ 对模型计算结果的检验。当模型运行无问题后，应当对计算结果进行检查，检查的内容包括关键技术参数指标（出口冰铜品质）是否符合实际情况，产出的产品是否和正常值偏差很大等。

METSIM 仿真流程趋于理想化，搭建的模型在不考虑杂质的情况下，闪速炉内无法结合之前的入料、出料及耗氧量、鼓风量等参数进行动态仿真，转化率接近 100%，缺乏动态的反应过程，这样就和实际生产过程严重不符，因此，所得数据还须进一步与实际生产数据对比分析。

（3）基于运营状态的有色冶金过程产品品质预测

有色金属冶炼过程中，各生产环节中的产品品质（如金属品位、杂质含量等）无法通过传感器实时检测，主要依赖实验室化学分析获得，存在很大的滞后。这不仅不利于实现产品品质的实时监测，更是严重地妨碍了生产过程的优化控制。因此，研究并建立有色冶金过程产品品质与生产过程中的运营状态之间的数学模型，对产品品质进行在线预测，对实现生产过程的优化控制具有极其重要的意义。非线性过程特性在有色金属冶炼过程中几乎普遍存在，且与其他过程特性相结合呈现出复杂非线性过程特性。故从过程特性出发，有针对性地对有色金属冶炼过程进行软测量建模研究。基于铜、锌、稀土等有色金属生产过程的运营状态参数，实现关键产品品质参数的预测，预测精度达到 90% 以上。

在一些有色金属冶炼过程中，由于环境的改变、生产设备的变化、原料成分的变化等带来工况的变化，会使软测量模型的精度下降。故针对有色金属冶炼非线性时变过程建立相应软测量模型，以提高在线检测或预测精度。在一些有色金属冶炼过程中，采样所得到的数据在时间维度上存在不同的相关性，当前所要检测的关键参数与前面若干个时刻的关键参数也存在关联，呈现出自相关性。常规的静态模型不能满足这种动态特性，从而导致模型精度下降，故针对有色金属冶炼非线性动态过程建立软测量模型。

① 针对有色金属冶炼过程软测量建模的变量选择方法　在有色金属冶炼过程中，由于分布式系统的普及，现场具有多维度的数据，从多维度的数据中挑选出与关键参数高度关联的辅助变量，从而进行数据处理和后续的建模研究工作。

②针对有色金属冶炼非线性时变过程的软测量模型　对有色金属生产过程中非线性时变为主导特性的过程进行评估，确定相应关键参数，通过变量选择的方法确定辅助变量，从而针对不同的冶炼过程进行相应的软测量建模研究。

③ 提出针对有色金属冶炼非线性动态过程的软测量模型　对铜、锌、稀土等有色金属生产过程中非线性动态为主导特性的过程进行评估，确定相应关键参数，通过变量选择的方法确定辅助变量，从而针对不同的过程建立相应的模型。

（4）跨层域优化控制与预测运行

铜熔炼孪生模型中，提供了手动漫游以及各工艺设备孪生模型等功能。通过滑动鼠标滚轮或拖动鼠标可以做到手动漫游，观察到熔炼车间具体细节和整个工厂的全貌。点击右上角“工艺自动漫游”按钮后，可以自动观察整个熔炼车间工艺（图 6.75）。

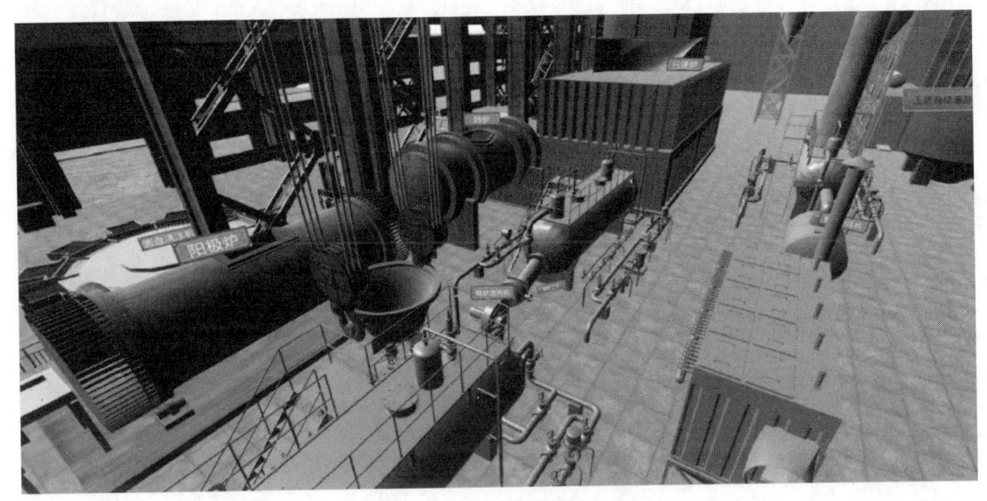

图 6.75　熔炼车间工艺

鱼眼全景图主要提供了闪速炉、转炉、阳极炉、制氧空压机和转炉送风机的全景图展示，以闪速炉为例，点击闪速炉可以看到 4 个不同角度的闪速熔炼真实场景（图 6.76 为场景 3)，通过鼠标操作可以观察 360° 实际场景。

图 6.76　闪速炉鱼眼全景图（场景 3）

主工艺流程模型中，平台提供了闪速炉、转炉、阳极炉三大工艺和转炉送风机、制氧空压机两大设备的流程监测界面，其中的数据直接与江铜PI数据库连接，如图 6.77 所示，以阳极炉为例，其中燃气压力、燃气流量、压缩空气压力、压缩空气流量、事故风压等数据均为动态数据，可以实时监测阳极炉工艺状态。

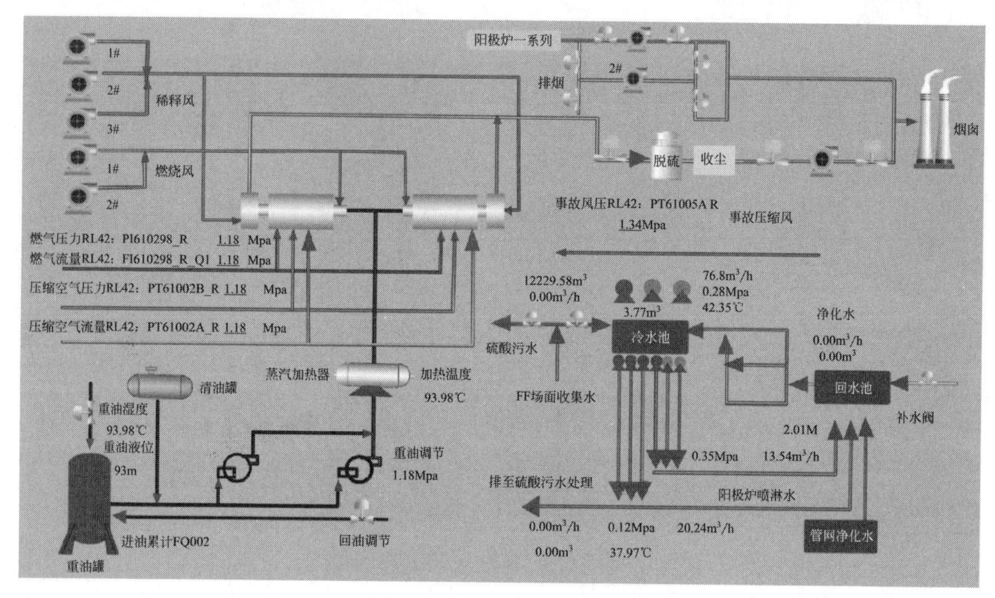

图 6.77　阳极炉工艺状态

点击某一个数据，例如燃气压力，会显示其历史数据点，并可以提供故障诊断、故障预测等服务调用。预测运行中，平台提供了主工序运营状态监测界面，以闪速炉为例，如图 6.78 所示。

图 6.78　主工序运营状态监测界面

产品质量预测中，提供了冰铜品位、冰铜温度等指标预测，如图 6.79 所示。

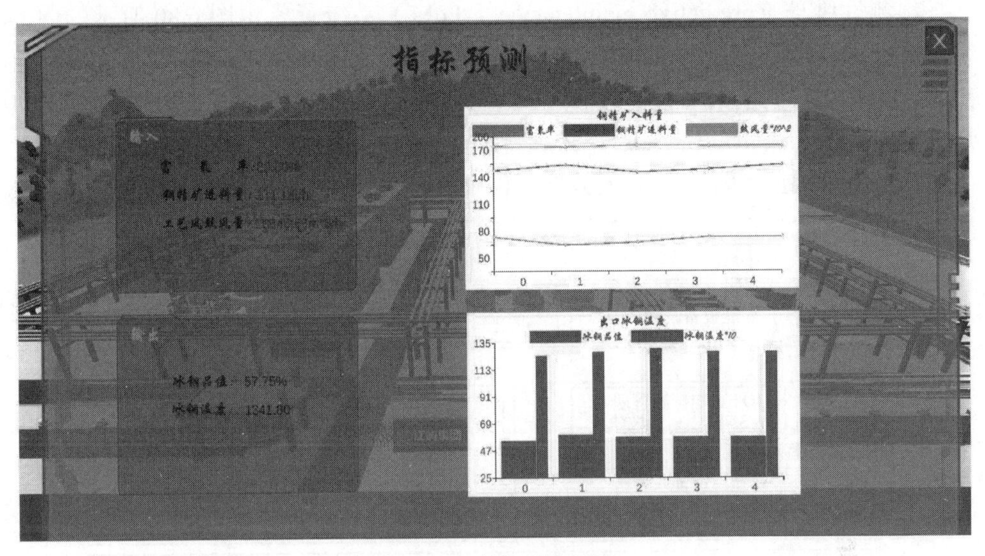

图 6.79　产品质量预测

6.3.3 设备智能维护与调度联合优化决策

工厂对设备的维护一般采用计划维护的方式，定期对各设备进行维护检修，若设备出现问题，则考虑修理、更换，若设备没有出现问题，则等待下一次检修。针对传统预防性维护中的维护不足及维护过剩导致的高成本问题，考虑设计大数据驱动的设备智能维护模型。模型能够根据设备历史状态数据，有效地诊断设备健康状况、预测设备的剩余使用寿命，从而制定灵活高效的设备维护计划。针对实际生产过程中生产调度计划与设备维护计划相互影响，而生产与维护部门相互独立作业的问题，考虑设备预测性维护和生产调度联合优化，将设备剩余使用寿命变量与生产信息流综合起来，优化生产调度计划。

针对设备智能维护模型和算法，搭建关键设备与工艺参数采集系统，基于数据模型和机理模型形成双驱动的故障特征提取方法，构建有色金属冶炼行业工序异常数据库以及关键设备故障特征数据库；研究数据和模型混合驱动的工况异常监测与关键设备故障特征匹配方法，实现基于模型和数据驱动的工况异常在线监测与关键设备故障诊断；研究基于历史数据与故障预估模型的设备预测性维护方法，形成关键设备运行维护与健康管理策略；在预测性维护中，针对模型泛化能力弱的问题，研究提高诊断模型鲁棒性的方法，实现设备高效智能维护；研究跨设备域的故障数据集，构建不同设备域之间的故障数据库，搭建智能诊断模型，实现故障数据的跨域智能诊断。

（1）大数据时代下的预测性维护系统框架

预测性维护（predictive maintenance，PdM）系统通常由图 6.80 所示的内容组成：数据获取和预处理、故障诊断和故障预测、维护决策、维护服务配置。近年来，由于工厂智能化程度的不断提升，大量的设备状态监控数据已经显示出爆炸性增长迹象。大量的研究工作（包括理论研究和工业应用）着重实施 PdM 工业大数据分析。因此，深入研究大数据时代中 PdM 系统的发展，整理出模型、方法和数据驱动的故障诊断和预测框架具有现实意义。

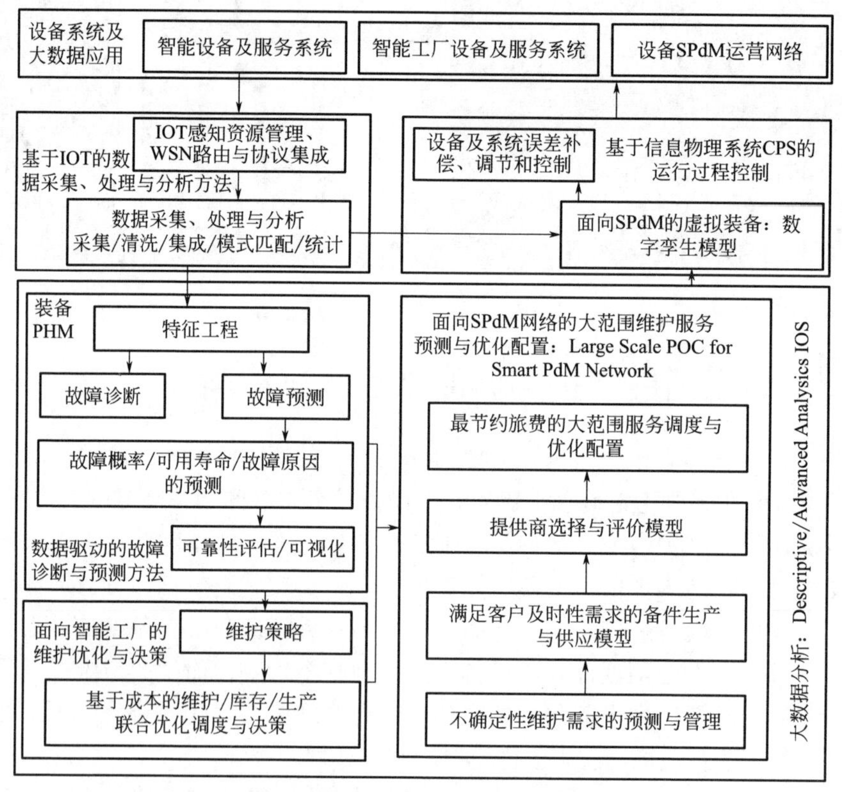

图 6.80　大数据时代下的预测性维护系统框架

（2）故障检测与在线诊断

故障检测和诊断（FDD）对于工业设备的稳定、可靠和安全运行至关重要。近年来，由于深度学习模型具有自动特征学习功能，因此已广泛用于数据驱动的 FDD 方法中。通常，这些模型是在传感器历史数据上训练的，很难满足在线 FDD 应用程序的实时要求。由于迁移学习可以利用从源领域学到的知识有效地解决目标领域中不同但相似的问题，因此研究基于深度迁移卷积神经网络（TCNN）框架的在线故障诊断方法（图 6.81）可以高效解决在线故障诊断的问题。

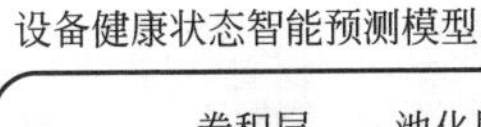

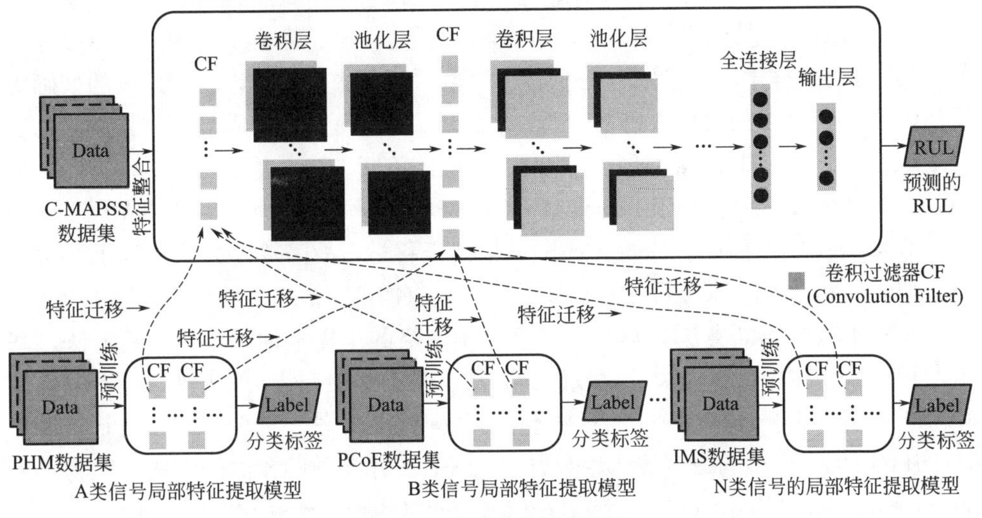

图 6.81　故障在线诊断框架

设备台账中，提供了闪速炉、转炉、阳极炉、制氧空压机、转炉送风机的设备详细说明。

关键设备运行状态中，提供了闪速炉、转炉、阳极炉、转炉送风机和制氧空压机的设备运行状态检测界面，以闪速炉为例，运行状态如图 6.82 所示。

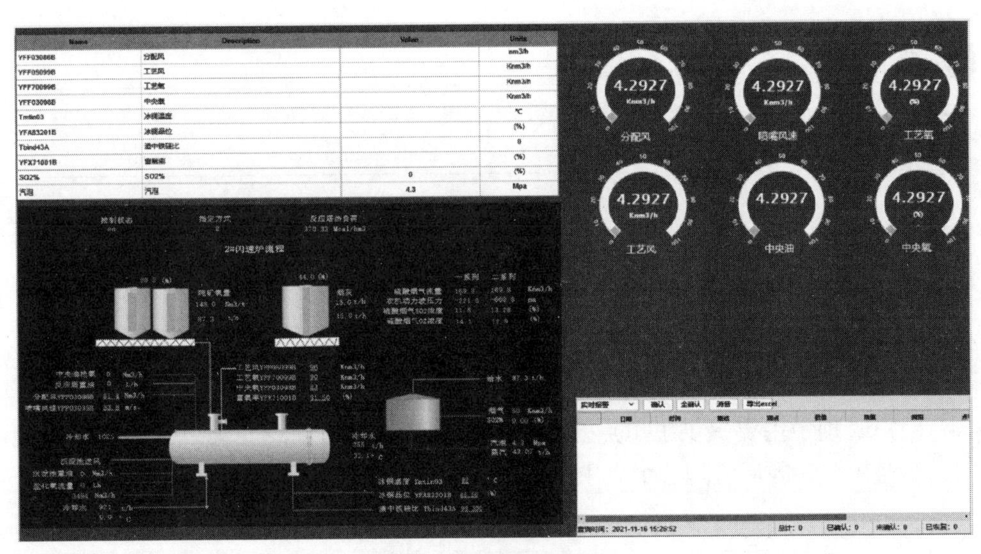

图 6.82　闪速炉运行状态

图 6.82 左上角部分提供了各变量名、描述和值，右上角提供相应的可视化数值，右下角提供了实时报警和历史报警查询功能，均可以 Excel 的形式导出。

诊断与预测模型为有色金属冶炼过程炉窑、反应器等关键设备，实现了基于模型和数据驱动的工况异常在线监测与关键设备故障诊断，建立了 5 种小样本故障诊断方法、8 种大样本故障诊断方法和 2 种故障预测方法，故障诊断与预测的准确率达 90% 以上。具体的大样本故障诊断方法分别为：基于深度迁移卷积神经网络的在线故障诊断方法、基于深度迁移卷积网络的故障诊断方法、基于深度卷积神经网络和随机森林集成学习、基于 LeNet-5 网络的跨域轴承故障诊断、基于 GAP-CNN 的轴承故障诊断方法、基于 DenseNet 网络架构迁移学习故障诊断方法、基于 ResNet 网络架构迁移学习故障诊断方法、基于迁移 VGG-16 模型的轴承故障诊断方法共 8 种；小样本故障诊断方法分别为：基于双图网络的小样本轴承故障诊断方法、基于卷积模型迁移的小样本轴承故障诊断方法、基于 GAN 网络的不平衡样本轴承故障诊断方法、基于 DCWGAN 的无样本轴承故障诊断方法、弱监督与无监督条件下基于压缩 UDA 模型的跨域故障诊断方法共 5 种；用于故障预测的方法分别为基于 VMD 和 LSTM 网络预测方法、基于卷积深经网络的智能预测方法共 2 种。

开放诊断数据集提供了一个开放的故障数据平台，开放的故障数据集（OFDB）是现实的、大规模的和多样化的基准数据集，可用于故障诊断和故障预测等任务。OFDB 数据集是使用 OFDB Data Loader 自动下载、处理和拆分的，可以使用 OFDB 评估器以统一的方式来评估模型性能，提供基于 OFDB 数据集的各类预训练模型，用于故障诊断和预测应用。

6.4 平台支持技术

平台支持技术主要提供网络协同制造平台的一些支持功能，如门户管理和后台管理等功能。

6.4.1 门户管理

门户管理中主要提供了单点登录、角色管理、企业信息、菜单管理、组织机构、企业用户、区域管理、个人中心等模块。

6.4.2 后台管理

后台管理主要提供了企业应用、用户管理、企业用户、产品应用、企业管理五个模块。

参考文献

[1] 高金吉，杨国安．流程工业装备绿色化、智能化与在役再制造 [J]. 中国工程科学，2015, 17(7): 54- 62.

[2] 桂卫华，王成红，谢永芳，等．流程工业实现跨越式发展的必由之路 [J]. 中国科学基金，2015, 29(5): 337- 342.

[3] 丁进良，杨翠娥，陈远东，等．复杂工业过程智能优化决策系统的现状与展望 [J]. 自动化学报，2018, 44(11): 1931- 1943.

[4] 钱锋．流程工业制造系统智能化——人工智能与流程制造深度融合 [J]. Engineering, 2019, 5(6): 980- 981.

[5] 科伦．全球化制造革命 [M]. 倪军，陈靖芯，译．北京：机械工业出版社，2015.

[6] YUAN Xiaofeng, GUI Weihua, CHEN Xiaofang, et al. Transforming and upgrading nonferrous metal industry with artificial intelligence[J]. Chinese Journal of Engineering Science, 2018, 20(4): 59- 65.

[7] 刘伟．人机融合：超越人工智能 [M]. 北京：清华大学出版社，2021.

[8] 中国科学院信息科技战略研究组．信息科技：加速人 - 机 - 物三元融合 [R/OL].（2012- 09- 28）[2021- 10- 25].http://www.ict.cas.cn/liguojiewenxuan_162523/wzlj/lgjxsbg/201912/P020191227654599734800.pdf.

[9] 周济．智能制造——“中国制造 2025”的主攻方向 [J]. 中国机械工程，2015, 26(17): 2273- 2284.

[10] 周济，李培根，周艳红，等．走向新一代智能制造 [J]. Engineering, 2018, 4(1): 28- 47.

[11] ZHOU Ji, LI Peigen, ZHOU Yanhong, et al. Toward new- generation intelligent manufacturing[J]. Engineering, 2018, 4(1): 11- 20.

[12] ZHOU Ji, ZHOU Yanhong, WANG Baicun, et al. Human- cyber- physical systems (HCPSs) in the context of new-generation intelligent manufacturing[J]. Engineering, 2019, 5(4): 624- 636.

[13] 王柏村，臧冀原，屈贤明，等．基于人 - 信息 - 物理系统 (HCPS) 的新一代智能制造研究 [J]. 中国工程科学，2018, 20(4): 29- 34.

[14] LIU Qing, LIU Min, WANG Zichun, et al. A novel intelligent manufacturing mode with human- cyber- physical collaboration and fusion in the non- ferrous metal industry[J]. The International Journal of Advanced Manufacturing Technology, 2022, 119(1/2): 549- 569.

[15] LIU Qing, WANG Zichun, LIU Min. HCPS-driven intelligent network collaborative manufacturing mode of process industry and open architecture of Intelligent Enterprise[J]. IFAC- PapersOnLine, 2020, 53(5): 140- 145.

[16] PEREIRA A C, ROMERO F. A review of the meanings and the implications of the Industry 4.0 concept[J]. Procedia Manufacturing, 2017, 13: 1206- 1214.

[17] NUNES D, SÁ SILVA J, BOAVIDA F. A Practical Introduction to Human- in-the- Loop Cyber- Physical Systems[M].

Chichester, UK: John Wiley & Sons, Ltd, 2017.

[18] MADNI A M, SIEVERS M, MADNI C C. ADAPTIVE CYBER- PHYSICAL-HUMAN SYSTEMS: Exploiting cognitive modeling and machine learning in the control loop[J]. INCOSE International Symposium, 2018, 28(1): 1067- 1077.

[19] MADNI A M. Exploiting augmented intelligence in systems engineering and engineered systems[J]. Insight, 2020, 23(1): 31- 36.

[20] JIN M. Data- efficient analytics for optimal human- cyber- physical systems[M]. Berkeley: University of California, Berkeley (Doctoraldissertation), 2017.

[21] 杨青峰 . 未来制造 : 人工智能与工业互联网驱动的制造范式革命 [M]. 北京 : 电子工业出版社 , 2018.

[22] 库恩 . 科学革命的结构：第 4 版 [M]. 金吾伦，胡新和，译 . 2 版 . 北京 : 北京大学出版社 , 2012.

[23] 刘敏 , 严隽薇 . 智能制造 : 理念、系统与建模方法 [M]. 北京 : 清华大学出版社 , 2019.

[24] 李杰，倪军，王安正 . 从大数据到智能制造 [M]. 上海：上海交通大学出版社，2016

[25] 安筱鹏 . 展望 2030：工业互联网平台演进的四个关键词 [R/OL]. 2021 世界工业互联网大会 , 2021.

[26] VALENCIA A, MUGGE R, SCHOORMANS J, et al. The design of smart product-service systems (PSSs): An exploration of design characteristics[J]. International Journal of Design, 2015,9(1).

[27] 谢弗尔 , 索维 . 产品再造 : 数字时代的制造业转型与价值创造 [M]. 彭颖婕，李睿 , 译 . 上海 : 上海交通大学出版社 , 2019.

[28] LAUKKANEN M, TURA N. The potential of sharing economy business models for sustainable value creation[J]. Journal of Cleaner Production, 2020, 253: 120004.

[29] SAVOLAINEN J, COLLAN M. How additive manufacturing technology changes business models? Review of literature[J]. Additive Manufacturing, 2020, 32: 101070.

[30] TEECE D J. Business models and dynamic capabilities[J]. Long Range Planning, 2018, 51(1): 40- 49.

[31] LI Feng. The digital transformation of business models in the creative industries: A holistic framework and emerging trends[J]. Technovation, 2020, 92/93: 102012.

[32] SARA M, SILVIA C, SILVIA V, et al. The business model concept and disclosure: A preliminary analysis on integrated reports[C].Warsaw:The 9th Annual Conference of the EuroMed Academy of Business , 2016.

[33] SAEBI T, LIEN L, FOSS N J. What drives business model adaptation? The impact of opportunities, threats and strategic orientation[J]. Long Range Planning, 2017, 50(5): 567- 581.

[34] TEECE D J. Business models, business

strategy and innovation[J]. Long Range Planning, 2010, 43(2/3): 172- 194.

[35] AMIT R, ZOTT C. Value creation in E-business[J]. Strategic Management Journal, 2001, 22(6/7): 493- 520.

[36] SHAFER S M, SMITH H J, LINDER J C. The power of business models[J]. Business Horizons, 2005, 48(3): 199-207.

[37] MAGRETTA J.Why business models matter[J]. Harvard Business Review, 2002, 80 (5): 86- 92.

[38] MASSA L, TUCCI C L, AFUAH A. A critical assessment of business model research[J]. Academy of Management Annals, 2017, 11(1): 73- 104.

[39] WIRTZ B W, PISTOIA A, ULLRICH S, et al. Business models: Origin, development and future research perspectives[J]. Long Range Planning, 2016, 49(1): 36-54.

[40] EVANS S, VLADIMIROVA D, HOLGADO M, et al. Business model innovation for sustainability: Towards a unified perspective for creation of sustainable business models[J]. Business Strategy and the Environment, 2017, 26(5): 597-608.

[41] OSTERWALDER A, PIGNEUR Y. Business model generation[M]. Hoboken: wiley, 2010.

[42] FOSS N J, SAEBI T. Fifteen years of research on business model innovation[J]. Journal of Management, 2017, 43(1): 200- 227.

[43] CHESBROUGH H. Business model innovation: Opportunities and barriers[J]. Long Range Planning, 2010, 43(2/3): 354- 363.

[44] FRANK A G, DALENOGARE L S, AYALA N F. Industry 4.0 technologies: Implementation patterns in manufacturing companies[J]. International Journal of Production Economics, 2019, 210: 15-26.

[45] ROJKO A. Industry 4.0 concept: Background and overview[J]. International Journal of Interactive Mobile Technologies (IJIM), 2017, 11(5): 77.

[46] ŚLUSARCZYK B, HASEEB M, HUSSAIN H I. Fourth industrial revolution: A way forward to attain better performance in the textile industry[J]. Engineering Management in Production and Services, 2019, 11(2): 52- 69.

[47] ARNOLD C, KIEL D, VOIGT K I. Innovative business models for the industrial Internet of Things[J]. BHM Berg- Und Hüttenmännische Monatshefte, 2017, 162(9): 371- 381.

[48] IBARRA D, GANZARAIN J, IGARTUA J I. Business model innovation through Industry 4.0: A review[J]. Procedia Manufacturing, 2018, 22: 4- 10.

[49] JOYCE A, PAQUIN R L. The triple layered business model canvas: A tool

to design more sustainable business models[J]. Journal of Cleaner Production, 2016, 135: 1474- 1486.

[50] 张霖 . 关于数字孪生的冷思考及其背后的建模和仿真技术 [J]. 系统仿真学报 , 2020, 32(4): 1- 10.

[51] PIASCIK B,VICKERS J,LOWRY D, et al. Technology Area 12: Materials, Structures, Mechanical Systems, and Manufacturing Road Map[M]. Washington: NASA Office of Chief Technologist, 2012.

[52] 陶飞 , 刘蔚然 , 张萌 , 等 . 数字孪生五维模型及十大领域应用 [J]. 计算机集成制造系统 , 2019, 25(1): 1- 18.

[53] 王中杰 , 谢璐璐 . 信息物理融合系统研究综述 [J]. 自动化学报 , 2011, 37(10): 1157- 1166.

[54] BROY M, CENGARLE M V, GEISBERGER E. Cyber- physical systems: imminent challenges[C]. Springer, Berlin, Heidelberg:In Proceedings of the 17th Monterey conference on Large- Scale Complex IT Systems: development, operation and management,2012.

[55] KAASINEN E, SCHMALFUß F, ÖZTURK C, et al. Empowering and engaging industrial workers with Operator 4.0 solutions[J]. Computers & Industrial Engineering, 2020, 139: 105678.

[56] FANTINI P, PINZONE M, TAISCH M. Placing the operator at the centre of Industry 4.0 design: Modelling and assessing human activities within cyber- physical systems[J]. Computers & Industrial Engineering, 2020, 139: 105058.

[57] SUN Shengjing, ZHENG Xiaochen, GONG Bing, et al. Healthy operator 4.0: A human cyber- physical system architecture for smart workplaces[J]. Sensors, 2020, 20(7): 2011.

[58] LI Jiwei, MILLER A H, CHOPRA S, et al.Dialogue learning with human-in- the- loop[J/OL]. (2016- 11- 29) [2021- 11- 14].https://doi.org/10.48550/arXiv.1611.09823 Submission history.

[59] WALSH C. Human- in- the- loop development of soft wearable robots[J]. Nature Reviews Materials, 2018, 3(6):78- 80.

[60] PERRUSQUÍA A, YU Wen. Human- in-the- loop control using Euler angles[J]. Journal of Intelligent & Robotic Systems, 2020, 97(2): 271- 285.

[61] NUNES D S, ZHANG Pei, S Á SILVA J. A survey on human- in- the- loop applications towards an Internet of all[J]. IEEE Communications Surveys & Tutorials, 2015, 17(2): 944- 965.

[62] ZHANG Juanjuan , FIERS P , WITTE K A , et al. Human- in- the- loop optimization of exoskeleton assistance during walking[J]. Science, 2017, 356(6344):1280- 1283.

[63] WANG Lihui, HAGHIGHI A. Combined

strength of holons, agents and function blocks in cyber- physical systems[J]. Journal of Manufacturing Systems, 2016, 40: 25- 34.

[64] NUNES D, SÁ SILVA J, BOAVIDA F. A practical introduction to human- in- the- loop cyber- physical systems[M]. Chichester: John Wiley & Sons, Ltd, 2017.

[65] CIMINI C, PIROLA F, PINTO R, et al. A human- in- the- loop manufacturing control architecture for the next generation of production systems[J]. Journal of Manufacturing Systems, 2020, 54: 258- 271.

[66] WANG Wenbin. A stochastic model for joint spare parts inventory and planned maintenance optimisation[J]. European Journal of Operational Research, 2012, 216(1): 127- 139.

[67] KAWAI H. An optimal ordering and replacement policy of a Markovian degradation system under complete observation: Part I[J]. Journal of the Operations Research Society of Japan, 1983, 26(4): 279- 292.

[68] KAWAI H. An optimal ordering and replacement policy of a Markovian deterioration system under incomplete observation: Part ii[J]. Journal of the Operations Research Society of Japan, 1983, 26(4): 293- 308.

[69] ELWANY A H, GEBRAEEL N Z. Sensor- driven prognostic models for equipment replacement and spare parts inventory[J]. IIE Transactions, 2008, 40(7): 629- 639.

[70] WANG Ling, CHU Jian, MAO Weijie. A condition- based replacement and spare provisioning policy for deteriorating systems with uncertain deterioration to failure[J]. European Journal of Operational Research, 2009, 194(1): 184- 205.

[71] RAUSCH M, LIAO Haitao. Joint production and spare part inventory control strategy driven by condition based maintenance[J]. IEEE Transactions on Reliability, 2010, 59(3): 507- 516.

[72] ZHAO Jianmin, XU Chang'an. A joint policy for condition- based maintenance and spare provisioning using simulation[J]. Proceedings of the IEEE 2012 Prognostics and System Health Management Conference , 2012: 1- 7.

[73] CHO D I, PARLAR M. A survey of maintenance models for multi- unit systems[J]. European Journal of Operational Research, 1991, 51(1): 1- 23.

[74] KARSTEN F, BASTEN R J I. Pooling of spare parts between multiple users: How to share the benefits? [J]. European Journal of Operational Research, 2014, 233(1): 94- 104.

[75] XIE Jun, WANG Hongwei. Joint

optimization of condition- based preventive maintenance and spare ordering policy[C]//2008 4th International Conference on Wireless Communications, Networking and Mobile Computing. October 12- 14, 2008, Dalian, China. IEEE, 2008: 1- 5.

[76] WANG Ling, CHU Jian, MAO Weijie. An optimum condition- based replacement and spare provisioning policy based on Markov chains[J]. Journal of Quality in Maintenance Engineering, 2008, 14(4): 387- 401.

[77] HORENBEEK A V , PINTELON L . A joint predictive maintenance and inventory policy[J]. Springer International Publishing, 2015:387- 399.

[78] KEIZER M C A O, TEUNTER R H, VELDMAN J. Joint condition- based maintenance and inventory optimization for systems with multiple components[J]. European Journal of Operational Research, 2017, 257(1): 209- 222.

[79] ELWANY A H, GEBRAEEL N Z, MAILLART L M. Structured replacement policies for components with complex degradation processes and dedicated sensors[J]. Operations Research, 2011, 59(3): 684- 695.

[80] BORRERO J S, AKHAVANTABATABAEI R. Time and inventory dependent optimal maintenance policies for single machine workstations: An MDP approach[J]. European Journal of Operational Research, 2013, 228(3): 545- 555.